本书由上海市教育发展基金会和上海市教育委员会"晨光计划"项目（19CG24）、上海市哲学社会科学规划青年课题（2019EJB001）资助

同 济 大 学 社 会 科 学 丛 书
SOCIAL SCIENCE SERIES OF TONGJI UNIVERSITY

门洪华　主编

基于行政问责的环境规制有效性研究

A STUDY OF IMPROVING THE ENFORCEMENT
OF ENVIRONMENTAL REGULATION THROUGH
STRENGTHENING
BUREAUCRATIC ACCOUNTABILITY

李博英　著

中国社会科学出版社

图书在版编目（CIP）数据

基于行政问责的环境规制有效性研究／李博英著．—北京：中国社会
科学出版社，2020.5

（同济大学社会科学丛书）

ISBN 978 - 7 - 5203 - 6236 - 8

Ⅰ.①基…　Ⅱ.①李…　Ⅲ.①环境规划—行政管理—责任制—
研究—中国　Ⅳ.①X32

中国版本图书馆 CIP 数据核字（2020）第 059552 号

出 版 人　赵剑英
责任编辑　喻　苗
责任校对　李　莉
责任印制　王　超

出　　　版　中国社会科学出版社
社　　　址　北京鼓楼西大街甲 158 号
邮　　　编　100720
网　　　址　http://www.csspw.cn
发 行 部　010 - 84083685
门 市 部　010 - 84029450
经　　　销　新华书店及其他书店

印　　　刷　北京明恒达印务有限公司
装　　　订　廊坊市广阳区广增装订厂
版　　　次　2020 年 5 月第 1 版
印　　　次　2020 年 5 月第 1 次印刷

开　　　本　710×1000　1/16
印　　　张　21.5
插　　　页　2
字　　　数　320 千字
定　　　价　99.00 元

凡购买中国社会科学出版社图书，如有质量问题请与本社营销中心联系调换
电话：010 - 84083683

目　　录

第一章 绪论

第一节 研究问题的提出

一 研究背景

当前，中国的生态环境问题成为世界各国关注的焦点。近年来，随着中国经济的快速发展，生态环境问题越来越严重。雾霾、沙尘、极端天气、水和土壤污染已经严重影响着人民群众的基本生活[①]，同时也影响着中国经济社会的可持续发展。2018 年，全国 338 个地级及以上城市中，空气质量达标的城市仅 121 个，占 35.8%；空气质量超标的城市占 64.2%[②]。中国的水质自 1991 年到 2005 年这 15 年以来也几乎没有任何改善[③]。

生态环境问题不仅和经济问题有关，同时也是政治问题，党和国家高度重视生态环境问题。党的十八届三中全会提出："探索编制自然资源资产负债表，对领导干部实行自然资源资产离任审计，建立生态环境损害责任终身追究制。"2016 年 1 月 4 日，中央环境保护督察组成立。2017 年中央环境保护督察组对全国环境督察实行全覆盖，环境保护督察立案达 1.8 万件，罚款 7.28 亿元，处理问责领导干部

---

① 李博英、尹海涛：《领导干部自然资源资产离任审计方法研究——基于模糊综合评价理论的分析》，《审计与经济研究》2016 年第 6 期。

② 中华人民共和国生态环境部：《2018 中国生态环境状况公报》，2019 年 7 月 31 日，中华人民共和国生态环境部官网（http：//www.mee.gov.cn）。

③ The World Bank，*Water Quality Management-Policy and Institional Considerataions*，accessed July 31，2019，The World Bank Official Website（https：//www.worldbank.org）。

1.4 万人①。2017 年 5 月 26 日，习近平总书记在中央政治局第 41 次集体学习时指出："生态环境保护能否落到实处，关键在领导干部。"

为了把领导干部的生态环境保护责任落到实处，2017 年 9 月，中共中央办公厅和国务院办公厅印发了《领导干部自然资源资产离任审计暂行规定》。2018 年 3 月 13 日，国务院机构改革方案中，原来的环境保护部不再保留，将重新组建生态环境部②。虽然只有几个字的差别，但这充分体现了党和政府对生态环境工作的高度重视。自 2018 年以来，中国 13 个省、自治区、直辖市的环保厅局长发生了变更，这些新上任的环保厅局长有不少来自地方政府的领导干部（如：原地方市长、副市长等主政官员）③。由此可见，国家针对中国面临的环境保护工作的形势已经做出了战略调整，中央和地方政府都给予环保工作更高的重视程度，尤其是强调领导干部在保障环保治理工作力度、改善地方环境质量的积极作用。

为什么党和政府对生态环境方面的要求越来越严格，生态环境方面的规制也越来越多（见图 1 - 1），2015 年 1 月 1 日开始施行的新《环境保护法》甚至被称为"史上最严环保法"④，但中国的生态环境问题依然严峻，各类全国性突发环境案件仍然高居不下？目前中国所有与大气污染相关的指标（如二氧化硫、氮氧化物、二氧化碳、PM2.5 等）的排放量均位居世界第一⑤。2018 年度全球处置突发环境事件次数仍有 286 次，其中生态环境部直接调度处置突发环境事件 50 次⑥。根据耶鲁

① 周宏春：《中国环境污染形势严峻 2018 年环保攻坚战怎么打?》，2019 年 7 月 31 日，中国网（http：//news. china. com. cn/）。

② 新华网：《组建生态环境部不再保留环境保护部》，2019 年 7 月 31 日，新华网（http：//www. news. cn/）。

③ 董瑞强：《13 省市环保厅局长易帅，背后有何深意?》，2019 年 7 月 31 日，经济观察网（http：//www. eeo. com. cn）。

④ 网易新闻：《专家解读"史上最严"新〈环保法〉》，2019 年 7 月 31 日，网易新闻（http：//news. 163. com）。

⑤ 观察者：《环保部专家：中国几乎所有污染物排放均世界第一》，2019 年 7 月 31 日，观察者网（https：//www. guancha. cn）。

⑥ 中华人民共和国生态环境部：《2018 中国生态环境状况公报》，2019 年 7 月 31 日，中华人民共和国生态环境部官网（http：//www. mee. gov. cn）。

大学和哥伦比亚大学的科学家联合发布的关于环境表现指数（Environmental Performance Index）的报告显示，中国在全球 180 个国家和地区中的 EPI 排名仅为第 120 名[①]。为什么会出现这种现象？生态环境问题产生的最主要原因是什么？其中一个很重要的方面是：虽然中国出台了很多的环境法律和法规，但是在环境规制的实施方面仍存在严重短板。因此，本书拟对中国基于行政问责的环境规制有效性进行系统深入的研究，寻找中国环境规制的实施有效性差的原因，提出进一步完善中国环境规制、推进中国环境污染治理工作的政策建议。

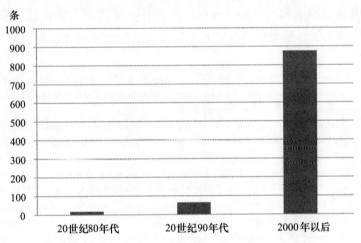

图 1-1 环境法律、法规、规章及规范性文件总数
资料来源：作者根据环保部网站自行计算、整理并绘制。

为了克服环境规制实施不力、不能达到预期环保目标的弊端，学者们提出了两个思路。首先抛弃依赖实施的命令和控制的手段，更多地依靠市场机制或者信息公开的力量，约束企业的环保行为。从这个思路出发，许多学者提出了基于市场化（market-oriented）或者信息

---

① Yale Center for Environmental Law & Policy, Yale University: *Environmental Performance Index*, accessed July 31, 2019, Yale Center for Environmental Law & Policy Website（https://epi. envirocenter. yale. edu）.

化（infromation-oriented）的环境规制理论，即通过市场的信号创造自下而上的行为动机，引导企业做出既有利于自身企业发展，同时也有利于环境友好的行为决策。这种环境规制手段在市场化发展水平较高的发达国家获得了较为成功的政策效果，但从中国政府的实践经验来看，实施效果似乎并不理想。例如：自2002年开始试行的二氧化硫总量管制与交易制度（cap-and-trade）[1]，或者自2010年中国环保部开始实行的对涉及环境违法事件的上市公司进行信息披露的制度[2]。

其次，通过革新实施手段，强化命令和控制型的环保规制的实施。学者认识到了环境规制的实施对于环境规制的重要性[3]，提出了通过强化环境规制的实施（enforcement）来进行环境管制。学者们大多通过探索如何给予环境规制的制定者更具有创新性的环境规制实施的工具[4]

---

[1] Jintian Yang and Jeremy Schreifels, "Implementing SO2 Emissions Trading in China", *OECDGlobal Forum on Sustainable Development*: *Emissions Trading*, Paris: OECD Global Forum on Sustainable Development: Emission Trading, 2003.

[2] Xiaodong Xu, Saixing Zeng and Chiming Tam, "Stock Market's Reaction to Disclosure of EnvironmentalViolations: Evidence from China", *Journal of Business Ethics*, Vol. 107, No. 2, 2012, pp. 227 – 237.

[3] Maureen L. Cropper and Wallace E. Oates, "Environmental Economics: A Survey", *Journal of Economic Literature*, Vol. 30, No. 2, 1992, pp. 675 – 740; Mark A. Cohen, "Monitoring and Enforcement of Environmental Policy", Social Science Electronic Publishing, 1998; Jérôme Foulon, Paul Lanoie and Benoît Laplante, "Incentives for Pollution Control: Regulation or Information?", *Journal of Environmental Economics and Management*, Vol. 44, No. 1, 2002, pp. 169 – 187; Lana Friesen, "Targeting Enforcement to Improve Compliance with Environmental Regulations", *Journal of Environmental Economics and Management*, Vol. 46, No. 1, 2003, pp. 72 – 85; Mark A. Cohen and Jay Shimshack, "Monitoring, Enforcement and the Choice of Environmental Policy Instruments", *Encyclopedia of Environmental Law*: *Policy Instruments in Environmental Law*, 2017.

[4] Wesley A. Magat and W. Kip Viscusi, "Effectiveness of the EPA's Regulatory Enforcement: The Case of Industrial Effluent Standards", *Journal of Law & Economics*, Vol. 33, No. 2, 1990, pp. 331 – 360; Kathryn Harrison, "Is Cooperation the Answer? Canadian Environmental Enforcement in Comparative Context", *Journal of Policy Analysis and Management*, Vol. 14, No. 2, 1995, pp. 221 – 244; Carlos Wing Hung Lo and Sai Wing Leung, "Environmental Agency and Public Opinion in Guangzhou: The Limits of a Popular Approach to Environmental Governance", *The China Quarterly*, Vol. 163, 2000, pp. 677 – 704; Dietrich Earnhart, "Regulatory Factors Shaping Environmental Performance at Publicly-owned Treatment Plants", *Journal of Environmental Economics and Management*, Vol. 48, No. 1, 2004, pp. 655 – 681; Robert L. Glicksman and Dietrich Earnhart, "The Comparative Effectiveness of Government Interventions on Environmental Performance in the Chemical Industry", *Stanford Environmental Law Journal*, 2007.

和策略①。例如：通过强制金融机构在其发放贷款的决策中考虑企业的环境绩效（即绿色信贷政策）②，给予环境保护部门更多的权力和政治重要性（如将原来的副部级单位"国家环境保护总局"升为现在的正部级单位"国家生态环境部"）③ 等。

目前，在强化"命令与控制"类型的环境规制的实施方面，很少有学者关注行政问责制在改善环境、监督领导干部环保责任履行方面的作用。事实上，由于行政问责在整个社会特殊的中介作用，行政问责的内容、追责方法和问责对象直接影响生态环境的改善，从而使得行政问责作为撬动经济社会可持续发展的强有力的工具。尤其是在中国，行政体系高度集中，行政动员能力非常突出，通过行政问责，强化环境规制的实施，是个非常值得探索的课题。

从中国的行政实践上看，政府已经开展了对地方领导干部的环保责任进行行政问责的制度，在各方面积累了一定的经验。但从目前领导干部环保行政问责工作的实际情况来看，仍处于探索阶段，例如：淮河流域领导干部水质目标责任考核制度、环境保护督察制度、领导干部自然资源资产离任审计制度等。

由这些探索可见，对领导干部实行环保行政问责制是中国进行环境保护的新趋势。目前的文献研究主要是通过定性的分析，提出领导

① Bernard Sinclair-Desgagné and H. Landis Gabel, "Environmental Auditing in Management Systems and Public Policy", *Journal of Environmental Economics and Management*, Vol. 33, No. 3, 1997, pp. 331 – 346; Howard C. Kunreuther, Patrick J. McNulty and Yong Kang, "Third-party Inspection as an Alternative to Command and Control Regulation", *Risk Analysis*, Vol. 22, No. 2, 2002, pp. 309 – 318; Haitao Yin, Howard Kunreutherand Matthew W. White, "Risk-Based Pricing and Risk-Reducing Effort: Does the Private Insurance Market Reduce Environmental Accidents?", *Journal of Law and Economics*, Vol. 54, Issue 2, 2011, pp. 325 – 363.

② Zhaoguo Zhang, Xiaocui Jin, Qingxiang Yang and Yi Zhang, "An Empirical Study on the Institutional Factors of Energy Conservation and Emissions Reduction: Evidence from Listed Companies in China", *Energy Policy*, Vol. 57, Issue 3, 2013, pp. 36 – 42; Motoko Aizawa and Chaofei Yang, "Green Credit, Green Stimulus, Green Revolution? China's Mobilization of Banks for Environmental Cleanup", *Journal of Environment and Development*, Vol. 19, Issue 2, 2010, pp. 119 – 144.

③ Carlos Wing Hung Lo and Sai Wing Leung, "Environmental Agency and Public Opinion in Guangzhou: The Limits of a Popular Approach to Environmental Governance", *China Quarterly*, Vol. 163, Issue 163, 2000, pp. 677 – 704.

干部环保行政问责制的问责主体、问责对象、问责程序等具体操作层面方面的建议。对于最为关键的问题，即领导干部环保行政问责制度是不是必要的，是否可以有效地改善环境以及该制度对经济发展、企业行为造成的影响，现有文献对这一问题的研究较为缺乏。因此，环保行政问责制相关实践的发展需要扎实的定性和定量研究提供支持。本书正是在这样的背景下，通过构建基于行政问责的环境规制有效性的委托代理模型，运用数学模型来论证该制度的理论有效性，然后通过国控水质监测站层面的环境数据和企业层面的经济数据，实证检验了领导干部环境行政问责制度的实施效果，从而为领导干部环保行政问责制度构建的有效性提供理论和实证方面的证据支持，推进领导干部环保行政问责制的进一步发展。

二 研究问题

本书研究的核心问题是基于行政问责的环境规制的有效性。主要包括以下六个方面的具体研究问题。

（1）从理论上看，行政问责能否有效改善环境规制的实施，特别是在信息不对称条件之下。本书构建基于行政问责的环境规制有效性理论模型，证明基于行政问责的环境规制的理论有效性。

（2）构建基于行政问责的环境规制有效性机制设计模型，对基于行政问责的领导干部隐匿信息和隐匿行为两种情况下的环境规制有效性机制进行设计。根据本书的研究成果，提出提高中国环境规制有效性机制的政策建议。

（3）环境规制的实施是否有助于提高领导干部的环保责任的履行，是否能促使领导干部改变其环境治理的行为，进而最终实现地方环境的改善？该部分将聚焦于对领导干部的水资源资产责任考核制度进行分析，将以淮河流域领导干部水质目标责任考核制度为例来深入探究制度的环境影响。

（4）环境规制的实施对企业的经济活动可能产生哪些影响？该制度对水污染行业的企业以及非水污染行业的企业是否会产生相同的影响？该部分同样聚焦于对领导干部的水资源资产责任考核制度进行分

析，并以淮河流域领导干部水质目标责任考核制度为例来深入探究制度的经济影响。

（5）针对中国环境保护行政问责制度在实施中存在的问题，本书从理论和实证分析的基础上，提出了进一步通过行政问责，提高环境规制有效性的意见与建议。

（6）构建了领导干部审计监督型环境规制和领导干部自然资源资产责任审计制度框架，并针对该制度实施提出意见与建议。

三 研究意义

（一）研究的现实意义

1. 中国的生态环境问题严峻并受世界关注

生态环境问题已经成为全世界关注的重大问题。特别是在中国，改革开放以来，中国经济发展取得了举世瞩目的成就，近五年来，GDP 以年均接近 8% 的速度增长。2016 年，GDP 达到 74.41 万亿元（《国民经济与社会发展统计公报》，2016 年）。但是，高速的经济增长建立在高污染、高排放的粗放式模式基础之上。伴随着中国经济的快速发展，资源和环境问题越来越严重，雾霾[①]、酸雨[②]、沙尘、极端天气，水、空气和土壤污染已经严重影响着老百姓的基本生活。

生态环境问题已经不是简单的经济问题，同时也成为政治问题。这个问题如果不能很好地解决，将会威胁我们党的执政基础。可见，生态环境问题是极端重要的问题，也是摆在我们面前急需要解决的问题。因此，立足中国的实际国情，考虑到中国独特的政治和经济体制，本书希望审视中国特色的环保实施手段并对其实施所产生的环境和经济影响进行评估分析，力图构建适合中国国情、具有可操作性的

[①] Minghui Tao, Liangfu Chen, Xiaozhen Xiong, Meigen Zhang, Pengfei Ma, Jinhua Tao and Zifeng Wang, "Formation Process of the Widespread Extreme Haze Pollution over Northern China in January 2013: Implications for Regional Air Quality and Climate", *Atmospheric Environment*, Vol. 98, 2014, pp. 417 – 425.

[②] Xiaofeng Huang, Xiang Li, Lingyan He, Ning Feng, Min Hu, Yuwen Niu and Liwu Zeng, "5 – Year Study of Rainwater Chemistry in a Coastal Mega-city in South China", *Atmospheric Research*, Vol. 97, Issue 1 – 2, 2010, pp. 185 – 193.

基于行政问责的中国环境规制政策。从这个意义上讲，本书的选题是正确的，也具有重大的现实意义。

2. 唯 GDP 论的政绩观威胁经济社会可持续发展

自然资源是人类社会生存与发展的物质基础。没有充足的自然资源，人类的经济活动就无法展开；没有良好的生态环境，人类的生存就会受到威胁，也同样无法正常开展经济活动。

改革开放以来，伴随着快速的经济发展，中国在环境恶化和资源短缺方面付出了巨大的代价。部分领导干部"唯 GDP 论英雄"的政绩观，导致粗放式的经济增长方式与生态环境恶化、自然资源短缺的矛盾关系日益凸显。自然资源是稀缺资源，储量是有限的，而人类对自然资源的需求是无限的。生态环境是脆弱的，生态环境的承载力也是有限的，并且随着人们生活质量的提高，人类对生态环境的要求也越来越高。因此，人类一定要意识到自然资源与生态环境的承载力是有限的，并且通过采取多种方式，更加有效地保护和使用有限的自然资源和赖以生存的生态环境。这是促进经济社会持续发展的根本举措，也是经济社会发展的客观要求。

3. 领导干部环保行政问责制是国家环境管理手段的创新和干部监督工作的客观要求

环境规制能否有效实施，领导干部非常关键。领导干部既是环境规制的制定者，又是环境规制的实施者。领导干部在个人利益面前，往往会有牺牲长远利益换取当期利益、牺牲生态环境效益换取经济效益、牺牲国家与他人利益换取个人利益的思想冲动。如果在这种情况下不能对领导干部进行全方位监督的话，领导干部犯错误、出问题的概率将会极高，这对党和国家以及领导干部本人都是极其有害的。

自 2004 年国家从战略层面提出"科学发展观"的国家治理理念以来，党和政府对生态环境工作越来越重视，出台了一系列的自然资源与生态环境管理的环境规制（即环境法律、法规和标准），对生态环境责任的问责力度也不断加大。但是，中国的生态环境状况仍在不断恶化，各类生态环境事件不断发生。这足以说明中国环境规制的有效性存在问题。为什么环境规制越来越多，行政问责力度越来越大，而环境规制的有效性却越来越差？

本书拟从理论与实践层面，对中国基于行政问责的环境规制有效性进行系统研究。本书将深入探究基于行政问责视角下，中国环境规制实施有效性差的原因，提出进一步降低环境规制实施成本、加大环境规制监督力度、提高环境规制有效性的政策建议。

（二）研究的理论意义

1. 寻求中国特色的环保治理手段

环境规制由规制目标和达成目标的工具这两方面构成。环境规制的目标一般是通过促使企业降低污染物的排放量，进而实现生态环境保护或改善的目标。根据达成环境规制目标的手段，可以将环境规制分为三种："命令与控制型"（command-and-control）环境规制、市场激励型（market-based）环境规制和信息型（information-based）环境规制[1]。

美国1970年的《清洁空气法案》和1972年的《清洁水法》都属于命令控制型的措施。20世纪70年代出现的"命令与控制型"的环境规制在行政管制的效率、成本的有效性和技术创新的激励性方面存在问题。在80年代中期，出现了第二代的环境规制手段——市场机制手段[2]。市场机制手段是通过市场信号来影响企业的经济利益，进而引导企业做出有利于环境友好的行为决策。常见的包括排污费（emission fees）[3]、排污税（emission taxes）[4]、总量控制和排放交易

---

① 苏晓红：《环境管制政策的比较分析》，《生态经济》（中文版）2008年第4期。

② 李挚萍：《20世纪政府环境管制的三个演进时代》，《学术研究》2005年第6期。

③ Richard Schmalensee, Paul L. Joskow, A. Denny Ellerman, Juan Pablo Montero and Elizabeth M. Bailey, "An Interim Evaluation of Sulfur Dioxide Emissions Trading", *Journal of Economic Perspectives*, Vol. 12, Issue 3, 1998, pp. 53 – 68; Robert S. Main, "Simple Pigovian Taxes vs. Emission Fees to Control Negative Externalities: A Pedagogical Note", *The American Economist*, Vol. 12, Issue 3, 2010, pp. 104 – 110.

④ Robert E. Kohn, "The Limitations of Pigouvian Taxes as a Long-run Remedy for Externalities: Comment", *The Quarterly Journal of Economics*, Vol. 101, Issue 3, 1986, pp. 625 – 630; Klaus Conrad, "Taxes and Subsidies for Pollution-Intensive Industries as Trade Policy", *Journal of Environmental Economics and Management*, Vol. 25, Issue 25, 1993, pp. 121 – 135; Arild Vatn, "Input versus Emission Taxes: Environmental Taxes in a Mass Balance and Transaction Costs Perspective", *Land Economics*, Vol. 74, Issue 4, 1998, pp. 514 – 525.

（cap-and-trade）、排污权交易（pollution rights trading）[1]、可交易的排污许可证（tradable emission permit）[2] 和环境保险（environmental insurance）[3] 等等。

自 20 世纪 80 年代以来，市场机制手段已经成为许多国家环境政策的主流选择。Harrison et al.[4] 提出，大多数文献中都发现排污费、排污权交易或者进项税（input taxes）是最有效并且成本最低的减少污染的方式。在中国，利用市场进行环境规制的手段也受到了越来越多的关注，表面上热热闹闹，取得实质进展的并不多，甚至在一些地方已经陷入困局[5]。例如：二氧化硫（SO_2）排污权交易制度在美国是一个典型的成功案例[6]，但该制度在中国的试点结果并不理想。不仅交易量很少（有部分试点地区甚至出现了没有交易量的情况），并且二氧化硫排污许可证的价格更多地受到政府的指导和规范，不反映供需关系。[7] 这种困境导致了中国二氧化硫排污权交易市场是由"国家主导"的伪市场（qseudo market），而并不是全面自主

---

① Robert N. Stavins, "Transaction Costs and Tradable Permits", *Journal of Environmental Economics and Management*, Vol. 29, Issue 29, 1995, pp. 133 – 148.

② Robert W. Hahn, "Market Power and Transferable Property Rights", *Quarterly Journal of Economics*, Vol. 99, Issue 4, 1984, pp. 753 – 765; Yu-Bong Lai, "Auctions or Grandfathering: The Political Economy of Tradable Emission Permits", *Public Choice*, Vol. 136, Issue 1 – 2, 2008, pp. 181 – 200.

③ Haitao Yin, Howard Kunreutherand Matthew W. White, "Risk-Based Pricing and Risk-Reducing Effort: Does the Private Insurance Market Reduce Environmental Accidents?", *Journal of Law and Economics*, Vol. 54, Issue 2, 2011, pp. 325 – 363; Haitao Yin, Alex Pfaff and Howard Kunreuther, "Can Environmental Insurance Succeed Where Other Strategies Fail? The Case of Underground Storage Tanks", *Risk Analysis*, Vol. 31, Issue 1, 2011, pp. 12 – 24.

④ Ann Harrison, Benjamin Hyman, Leslie Martin, Shanthi Nataraj, "When Do Firms Go Green? Comparing Price Incentives with Command and Control Regulations in India", *Working Papers*, Issue 36, 2015.

⑤ 吴卫星：《排污权交易制度的困境及立法建议》，《环境保护》2010 年第 12 期。

⑥ 马中：《环境经济与政策：理论及应用》，中国环境科学出版社 2010 年版，第 23—67 页。

⑦ 王金南等：《排污交易制度的最新实践与展望》，《环境经济》2008 年第 10 期；李永友、文云飞：《中国排污权交易政策有效性研究——基于自然实验的实证分析》，《经济学家》2016 年第 5 期。

的市场（"autonomous" market）。[1]

随着"第三浪潮"信息时代的到来，信息型的环境规制政策也得到了发达国家越来越多地使用。大量证据表明，企业在环境保护方面的表现受到投资者和社会各界的关注。[2] 而对于以中国为代表的许多发展中国家而言，信息手段在环保领域的应用仍处于初级阶段。受社会环保意识欠缺、市场监管不足等因素影响，环境信息披露的效果仍有待检验。

基于中国政治体制和经济体制的特殊性，这些在市场化水平较高的欧美发达国家获得较好政策效果的环境管制手段，具体应用到中国的环境问题时，效果往往不尽理想。对市场扭曲（market distortion）程度较低的国家而言，基于市场化的经济手段比传统的命令控制手段的效果好。[3] 发展中国家最优的管制政策不同于发达国家。[4] 因此，立足现阶段的实际国情和制度环境，中国更依赖于政府的命令控制手段来进行环境管制。

2. 命令与控制的最大问题在于实施

命令控制手段包括：各种法律法规、必须实施的命令和不可交易的配额等。命令控制手段的目标明确，具有强制力，如果实施成功，见效速度快，适宜应对突发性环境事件。

但是命令控制手段的最大难点就在于实施（enforcement）：一方面，环境经济学的大多数文献都假设企业会遵守环境规制的要求，然而在实

[1] Julia Tao and Daphne Ngar-Yin Mah, "Between Market and State: Dilemmas of Environmental Governance in China's Sulphur Dioxide Emission Trading System", *Environment & Planning C Government & Policy*, Vol. 27, Issue 1, 2009, pp. 175 – 188.

[2] Steven J. Schueth, "Investing in Tomorrow", GEMI Conference Proceedings-Corporate Quality Environmental Management II: Measurements and Communications. *Global Environmental Management Initiative*, 1992.

[3] Ann Harrison, Benjamin Hyman, Leslie Martin, Shanthi Nataraj, "When Do Firms Go Green? Comparing Price Incentives with Command and Control Regulations in India", *Working Papers*, Issue 36, 2015.

[4] Jean – Jacques Laffont, 2005, *Regulation and Development*, Cambridge, U. K.: Cambridge University Press, pp. 20 – 28; Antonio Estache and Liam Wren – Lewis, "Toward a Theory of Regulation for Developing Countries: Following Jean-Jacques Laffont's Lead", *Journal of Economic Literature*, Vol. 47, Issue 3, 2009, pp. 729 – 770.

际中并非如此，得不到实施的环境规制将是无效的。[①] 另一方面，实施需要庞大的执法队伍，并且由此带来很高的实施成本和由于政府干预而加于其他部门的经济成本，给国家财政造成较大的负担。[②] 其次，命令控制手段通常采用了"一刀切"的方法，灵活性较差，有时甚至会出现"激励倒错"现象（即企业的实际行动与管制的目标背道而驰）。[③]

3. 行政问责是环境规制实施机制的创新

现有文献大多是在研究如何给予环境规制的制定者更有效的、用以强化规制实施的环境规制工具和策略（environmental tool and strategy）。用以强化环境实施的工具诸如罚款和罚金（fine and penalty），更严格的法律、法规，赋予环保部门更高的级别、更大的权力（如将原先行政级别仅为副部级的国家环保总局升为部级单位——生态环境部）等[④]。用以强化环境实施的策略诸如环境

① Maureen L Cropper and Wallace E Oates, "Environmental Economics: A Survey", *Journal of Economic Literature*, Vol. 30, Issue 2, 1992, pp. 675 – 740; Jérôme Foulon, Paul Lanoie, Benoît Laplante, "Incentives for Pollution Control: Regulation or Information?", *Journal of Environmental Economics and Management*, Vol. 44, Issue 1, 2002, pp. 169 – 187; Lana Friesen, "Targeting Enforcement to Improve Compliance with Environmental Regulations", *Journal of Environmental Economics and Management*, Vol. 46, Issue 1, 2003, pp. 72 – 85; Mark A. Cohen, "Monitoring and Enforcement of Environmental Policy", *Social Science Electronic Publishing*, 1998, p. 61; Cohen M A., Shimshack J P. Monitoring, Enforcement and the Choice of Environmental Policy Instruments. *Encyclopedia of Environmental Law: Policy Instruments in Environmental Law*, 2017, pp. 89 – 102.

② 马中:《环境经济与政策：理论及应用》，中国环境科学出版社 2010 年版，第 23—67 页。

③ 苏晓红:《环境管制政策的比较分析》，《生态经济》（中文版）2008 年第 4 期。

④ Wesley A. Magat and W. Kip Viscusi, "Effectiveness of the EPA's Regulatory Enforcement: The Case of Industrial Effluent Standards", *Journal of Law and Economics*, Vol. 33, Issue 2, 1990, pp. 331 – 360; Kathryn Harrison, "Is Cooperation the Answer? Canadian Environmental Enforcement in Comparative Context", *Journal of Policy Analysis and Management*, Vol. 14, Issue 2, 1995, pp. 221 – 244; Carlos Wing Hung Lo and Sai Wing Leung, "Environmental Agency and Public Opinion in Guangzhou: The Limits of a Popular Approach to Environmental Governance", *China Quarterly*, Vol. 163, Issue 163, 2000, pp. 677 – 704; Robert L Glicksman and Dietrich H. Earnhart, "The Comparative Effectiveness of Government Interventions on Environmental Performance in the Chemical Industry", *Stanford Environmental Law Journal*, 2007; Dietrich Earnhart, "Panel Data Analysis of Regulatory Factors Shaping Environmental Performance", *Review of Economics and Statistics*, Vol. 86, Issue 1, 2004, pp. 391 – 401; Dietrich Earnhart, "Regulatory Factors Shaping Environmental Performance at Publicly-owned Treatment Plants", *Journal of Environmental Economics and Management*, Vol. 48, Issue 1, 2004, pp. 655 – 681.

保险①。

然而，很少有学者能关注到对领导干部的环保行政问责在改善生态环境、提高资源的利用效率、促进企业可持续发展和环境规制的落实方面的作用。事实上，环保行政问责制可以被视为自然资源、生态环境政策实施的助推器。同时，环保行政问责制在改善生态环境质量、实现可持续发展战略方面发挥了积极作用。

根据中国环保部的《重点流域水污染防治考核办法答问》（以下简称《考核办法答问》）显示，从 2006—2008 年，环保部和国务院有关部门对淮河流域四省政府实行目标责任考核制度，即对淮河流域四省政府落实《责任书》的情况进行年度考核。考核结果在上报国务院批准后，向社会公众公示。该制度提高了淮河流域四省政府对治污工作的重视程度和努力程度。淮河流域内四省政府按照《责任书》的要求，严格推进淮河流域水污染防治工作，治污工作进展明显。根据《考核办法答问》显示，淮河"十五""十一五"规划项目的完成率分别为 85% 和 53%，均分别高于其他重点流域 68% 和 27% 的平均水平。考核试点以来，淮河流域内经济发展不断加快的情况下，淮河总体水质不仅没有恶化，而且持续改善。

由此可见，环保行政问责制对生态环境质量的改善起到了一定的正面作用，但是目前学界尚不清楚环保行政问责制对自然资源与生态环境影响的作用机理、对企业经济活动和决策反应的影响。因此，本书希望通过对环保行政问责制的制度设计与实证研究，来进一步研究环保行政问责制对生态环境质量改善的作用机理与可能产生的效果，本书拟从理论与实证两方面进行比较详细的探讨。

（三）研究的政策意义

基于行政问责的环境规制有效性研究的政策意义，就是系统分析

---

① Howard C. Kunreuther, Patrick J. McNulty and Yong Kang, "Third-party Inspection as an Alternative to Command and Control Regulation", *Risk Analysis*, Vol. 22, Issue 2, 2002, pp. 309 – 318; Haitao Yin, Alex Pfaff and Howard Kunreuther, "Can Environmental Insurance Succeed Where Other Strategies Fail? The Case of Underground Storage Tanks", *Risk Analysis*, Vol. 31, Issue 1, 2011, pp. 12 – 24.

中国环境规制有效性不足的原因，提出进一步提高中国环境规制有效性的政策建议，同时探索新时期对领导干部管理国家自然资源与生态环境资源的监督管理方式。本书的研究拟提出如下三条具体政策建议：

第一，为了提高中国环境规制的有效性，本书建议要进一步加强对环境规制有效性机制的研究工作。在设计环境规制有效性机制时，要充分调动环境规制参与者的积极性。环境规制有效性机制设计必须与经济社会发展相适应，要根据经济机制设计的原理，在环境规制有效性机制设计中，要尽可能满足激励相容与信息效率原则，并且大力发展公众自愿型环境规制机制。

第二，建议尽快出台领导干部自然资源资产责任审计制度。环境规制有效性与领导干部关系密切。目前国家已经出台了领导干部自然资源资产离任审计制度，但由于领导干部自然资源资产离任审计制度没有能够把生态环境责任清楚地界定在领导干部身上，使得审计问责无法有效落实。由于问责不到位，从而严重影响了环境规制的有效实施，进而影响了环境规制的有效性。因此，建议国家在已经出台的领导干部自然资源资产离任审计制度的基础上，尽快出台领导干部自然资源资产责任审计制度。

第三，本书通过理论与实证这两方面的研究均已论证，行政问责机制对提高环境规制的有效性有积极作用。根据本书的研究结论，建议国家尽快完善基于行政问责的环境规制制度体系，同时进一步加大对领导干部在环境责任方面的行政问责力度。

第二节　研究思路与内容

一　研究思路

本书将理论与实证研究相结合，对基于行政问责的环境规制的有效性进行系统全面的研究。本书对基于行政问责的环境规制有效性的研究证明分为两个部分：一部分是对基于行政问责的环境规制的理论有效性进行理论证明，另一部分是对基于行政问责的环境规制的实施有效性进行实证研究。

在理论研究部分，本书通过构建基于行政问责的环境规制有效性委托代理理论模型，对基于行政问责的环境规制的理论有效性进行了理论证明。为了确保基于行政问责的环境规制的有效实施，本书构建了基于行政问责的环境规制有效性机制设计模型，根据构建的环境规制有效性机制设计模型，对环境规制有效性机制进行了设计，并对领导干部隐匿信息和隐匿行为两种情况下的环境规制有效性机制进行了模型构建，提出了提高中国环境规制有效性机制的政策建议。为了对环境规制的实施有效性进行实证检验，实证部分分别通过采用双重差分法（Difference-in-Differences，DiD）和三重差分法（Difference-in-Differences-in-Differences，DDD），以淮河流域领导干部水质目标责任考核制度为例，深入探讨通过对领导干部的环保行政问责来加强环境规制实施可能产生的环境影响和经济影响。

本书的具体思路是：在环境规制有效性相关理论研究综述的基础上，构建了基于行政问责的环境规制有效性委托代理理论模型。通过对该模型的运算推导，证明了基于行政问责的环境规制的理论有效性。接着，在对基于行政问责的环境规制的理论有效性进行了理论证明之后，本书对基于行政问责的环境规制有效性机制进行分析研究。依据经济机制设计理论和本书构建的基于行政问责的环境规制有效性模型，构建了基于行政问责的环境规制有效性机制设计模型，并且对基于行政问责的环境规制有效性机制进行设计。当存在领导干部隐匿信息的情况下，本书构建了基于信号博弈模型的环境规制有效性机制模型。当存在领导干部隐匿行为的情况下，对基于行政问责的环境规制有效性机制实施的可实施性进行了推导论证。最后，本书提出了进一步提高中国环境规制有效性机制的政策建议。

本书从理论层面，对环境规制的有效性进行理论分析研究。理论研究分为两个部分：首先从理论上证明了环境规制的理论有效性，进而设计了环境规制有效性实施机制，研究环境规制有效性实施机制的可实施性。在实证研究方面，本书以淮河流域对领导干部水质目标责任考核制度为例，对环境规制的实施有效性进行了实证研究。实证研究分为两个部分：一是以行政问责为基础的环境规制对环境影响的实证研究，二是以行政问责为基础的环境规制对经济影响的实证研究。

第一，为淮河流域领导干部水质目标责任考核制度这项环境规制实施的环境影响提供实证证据。首先，这部分选取淮河流域作为研究对象，选取样本期间内未实行该制度但是后来制度推广到的三个流域（海河、长江和黄河流域）作为控制组，运用双重差分的方法，实证分析在2005年制度实施前后，淮河流域内的国控水质监测站的考核水质监测指标是否受到制度的影响；其次，进一步挖掘淮河流域领导干部水质目标责任制度的作用机制，即非考核水质指标是否受到制度的影响；最后，是对这项制度的一个综合评价，探究这项制度对综合水质表现的作用，即这项淮河流域领导干部水质目标责任考核制度是否对改善当地的整体水质发挥积极作用。本书认为，淮河流域领导干部水质目标责任考核制度对考核水质监测指标和综合水质有明显的改善作用，但是对非考核水质监测指标没有明显的改善作用，有的非考核水质监测指标的水质表现甚至有所恶化。因此，本书认为：领导干部环保责任履行绩效考核应该是对政府环境政策实施后所取得的环境效果进行综合测量和评价。

第二，评估淮河流域领导干部水质目标责任考核制度这项环境规制实施对水污染企业的经济影响，即该制度对水污染企业的主要经济活动的影响。这部分的研究将作为淮河流域领导干部水质目标责任考核制度实施效果的补充，目的在于进一步挖掘那些属于实验组的水污染行业的企业，是否在经济指标方面也受到了影响，以及受到了哪些影响，并通过运用三重差分的方法将非水污染行业的企业与水污染行业的企业的异质性进行了控制，从而厘清淮河流域领导干部水质目标责任考核制度的实施对淮河流域内的水污染行业的企业的经济活动的影响。在环境政策方面一直存在着环境和经济相互取舍、不可兼得的观点。因此，有必要厘清环境规制在提高企业环境绩效背后的经济成本。

本书在基于行政问责的环境规制的理论有效性和实施有效性实证研究的基础上，提出了在中国环境规制体系中引入审计监督型环境规制的意见与建议，构建了领导干部自然资源资产责任审计监督型环境规制制度框架。本书的研究思路框架如图1-2所示。

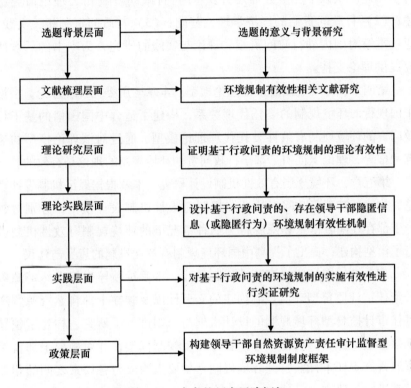

图1-2 本书的研究思路框架

二 研究内容

图1-3总结了本书的研究框架。具体来说，本书共分为十章，具体的章节安排描述如下：

第一章：详细阐述本书选题的研究背景、研究问题、研究意义，并对全文的研究思路、研究内容、研究方法和主要创新点进行简述。

第二章：本书对最新的国内外关于环境规制实施有效性的相关研究成果进行了评述。从以下三个方面展开：（1）环境规制实施；（2）环境规制的环境影响；（3）环境规制的经济影响和企业策略理论。在对国内外研究成果评述的基础上，理出研究脉络，找到本书研究的切入点。本书研究的重点是环境规制的有效性。

第三章：本书对最新的国内外关于行政问责制的相关研究成果进行了评述。从以下三个方面展开：（1）行政问责制相关理论研究综述；（2）行政问责制的经济学理论基础；（3）行政问责制相关实践。通过本章对国内外行政问责相关理论与实践的研究，为本书的后续研究提供理论支持。

第四章：环境规制有效性理论模型。本章运用委托代理理论，根据中国现行的环境规制的委托代理关系，构建了适合中国国情的基于行政问责的环境规制有效性委托代理理论模型。通过对该理论模型的运算和推导，理论上证明了基于行政问责的环境规制的理论是有效的。

第五章：环境规制有效性机制设计研究。本章根据经济机制设计理论，构建了基于行政问责的环境规制有效性机制设计模型，分别对领导干部存在隐匿信息和隐匿行为两种情况下的环境规制有效性机制进行了模型构建，提出了提高中国环境规制有效性机制的意见与建议。

第六章：审计监督型环境规制设计。本章对领导干部自然资源资产责任审计监督型环境规制构建的必要性以及领导干部自然资源资产责任审计监督型环境规制的设计机理与原则进行了研究，构建了领导干部自然资源资产责任审计监督型环境规制框架，并对领导干部自然资源资产责任审计监督型环境规制框架要素构成与各要素之间的相互关系进行了研究。

第七章：审计监督型环境规制评价指标体系。本章对领导干部自然资源资产责任审计监督型环境规制评价指标体系设计的相关理论与评价指标体系的研究情况进行了综述，对领导干部自然资源资产责任审计监督型环境规制评价指标体系设计的目标、要求与原则进行研究，构建了领导干部自然资源资产责任审计监督型环境规制评价指标体系，提出了领导干部自然资源资产责任审计监督型环境规制评价指标体系构建的意见与建议。

第八章：行政问责与环境规制实施的环境影响研究。本章重点分析了环境规制的实施是否有助于提高地方领导干部的环保责任意识，促使地方领导干部改变其环境治理的行为，进而最终实现地方环境的改善。该部分将聚焦于对领导干部的水资源资产责任考核制度进行分析，将以淮河流域领导干部水质目标责任考核制度为例来深入探究制度的环境影响。

第九章：行政问责与环境规制实施的经济影响研究。本章重点分析了环境规制实施对企业的经济活动可能产生的影响和该制度对水污染行业的企业以及非水污染行业的企业是否会产生相同的影响进行探究。研究的主要任务是实证分析淮河流域领导干部水质目标责任考核制度对水污染企业的经济影响。

第十章：研究结论、政策建议与展望。总结全文理论模型分析、实证研究分析的相关结论，提出相应的政策建议，并讨论本研究的不足之处及未来可能的拓展方向。

三 研究方法

本书在研究思路与研究方法上，把基于行政问责的环境规制有效性研究分为三部分来研究。第一部分构建基于行政问责的环境规制有效性理论模型，首先对环境规制的理论有效性进行证明。第二部分是在基于行政问责的环境规制理论有效性证明的基础上，依据基于行政问责的环境规制理论有效性模型和经济机制设计理论，设计了基于行政问责的环境规制有效性机制，分别对领导干部存在隐匿信息和隐匿行为两种情况下的环境规制有效性机制进行了模型构建，提出了提高中国环境规制有效性机制的政策建议。第三部分以淮河流域对领导干部水质目标责任考核为例，采用国控水质监测站层面和工业企业层面的基础数据，对基于行政问责的环境规制的实施有效性进行了实证分析。

本书采用层层递进的研究思路，每一部分的研究内容之间相互承接。图1-4是本书的技术路线图，具体来说：在理论模型构建方面，本书采用委托代理模型（principal-agent model）推导出当存在信息不对称时，行政问责有助于提高代理人领导干部的努力程度，降低信息成本，即这部分论证了在行政问责的条件下，环境规制的理论有效性。在实证模型构建方面，本书采用双重差分和三重差分的方法对模型进行设定；在数据分析方面，采用OLS线性回归的方法对数据进行

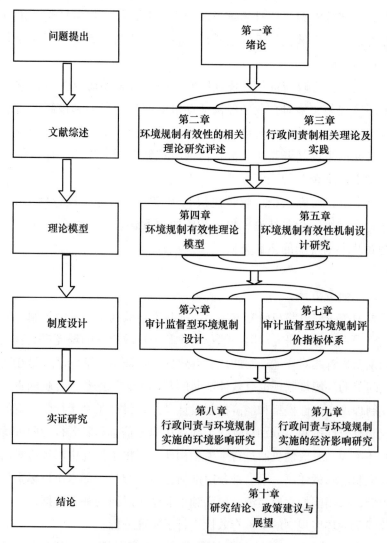

图1-3　本书的研究框架

分析；在数据收集方面，本书使用的是二手数据。其中，国控水质监测站层面的环境数据来源于《中国环境年鉴》；企业的各项经济指标的数据来源于中国工业企业数据库。在环境规制有效性相关政策和国内外关于环境规制的理论及实证研究方面，主要通过关键小组讨论（如头脑风暴法、5W分析法）、文献分析、定性分析的方式来获取信息。本书以淮河流域内对领导干部的水质目标责任考核制度为例，对环境规制的实施有效性进行了实证研究。

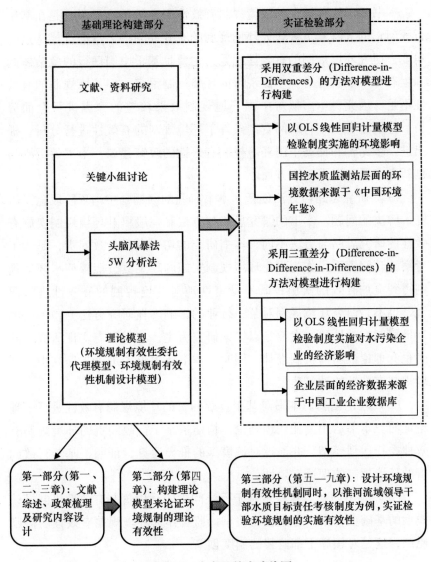

图1-4 本书的技术路线图

第三节　研究的创新点及贡献

本书基于行政问责的环境规制有效性研究的基本思路，是在基于行政问责的大背景下去研究环境规制的有效性问题。本书选择从这个角度去研究环境规制的有效性问题，主要是基于中国现行的政治体制和生态环境现状考虑。中国现行的环境规制很多，但环境规制的有效性不足。因此，本书拟对中国环境规制效果较差的原因进行全面分析，特别是在基于行政问责制条件下环境规制的有效性进行分析，提出进一步完善和提高中国环境规制有效性的政策建议。本书的贡献与创新点主要有以下七个方面。

（1）研究思路与方法创新。本书研究的问题是中国现阶段急需研究、解决的问题。本书的研究思路与方法和一般提升环境规制实施有效性的研究思路与方法不同，本书研究的切入点是行政问责，是为了考察行政问责手段作为强化环境规制实施的新工具，能否使得环境规制得到更加有效的实施；既不是定性地对环境规制的有效性进行研究，也不是研究环境规制对某一行业的影响。在研究方法上，一般的环境规制有效性研究主要是以实证研究为主，本书既有实证研究，同时也有理论证明与机制设计。同时，本书还提出了进一步提高中国环境规制有效性的政策建议。

（2）理论创新。本书对基于行政问责的环境规制有效性进行了理论证明。本书运用委托代理理论，构建了基于行政问责的环境规制有效性委托代理模型，并通过对该模型的推导运算，证明了基于行政问责的环境规制的理论有效性。

（3）应用创新。在探索基于行政问责的环境规制有效性机制设计模型的基础上，本书首次提出将审计监督作为环境规制有效性的激励机制，这是对领导干部监督的制度创新。

（4）实证研究的创新。本书对基于行政问责的环境规制的实施有效性进行了实证探讨。本书以淮河流域领导干部水质目标责任考核制度为例，对淮河流域领导干部水质目标责任考核制度对当地环境改善、企业经济活动的影响进行了实证研究，提出了进一步建立和完善中国环境规制的意见与建议。

（5）在环境规制的环境有效性方面，本书通过实证研究发现，对官员的生态环境考核指标完成情况较好，非考核指标有明显下降。因此，本书提出了对领导干部履行自然资源与生态环境责任的情况进行全方位考核，考核指标的设计应符合科学、全面的原则。本书建议进一步加大对领导干部的行政问责力度，尽快出台领导干部自然资源资产责任审计制度。

（6）在环境规制的经济影响方面，本书探讨了通过行政问责制来加强环境规制的实施这一举措对当地企业产生的经济影响。实证研究结果发现，严格的环境规制可以提升企业竞争力的"波特假说"在中国并不成立。研究结论将为在目前中国全面铺开的这项对领导干部的常规性审计制度，对工业企业可能的经济影响提供实证支持。

（7）在环境规制机制设计方面，本书提出了领导干部审计监督型环境规制机制和领导干部自然资源资产责任审计制度，构建了领导干部自然资源资产责任审计制度框架，这项制度是中国对领导干部监督工作的制度创新。

第二章　环境规制有效性的
相关理论研究评述

　　本章对与本研究直接相关的环境规制实施理论、环境规制的环境影响、环境规制的经济影响和企业策略的国内外研究现状进行了评述。通过对国内外研究现状的评述，掌握国内外研究的最新进展，从而为本研究提供理论基础，并且找到本书的研究切入点。

第一节　环境规制实施

　　在西方，环境政策选择的政治过程通常是通过利益集团自下而上地向国会议员游说的方式来影响国家环境政策的最终选择[1]。中国环境政策选择的政治过程中由于公众参与的民主法治机制不足，实行的是环境管制机构自上而下的环境法律法规、标准[2]。

　　环境政策的监督和实施（monitoring and enforcement）是一个长期被忽视的问题。Cohen[3] 提到：当讨论环境政策的工具时，监督和实施通常被学者和政策制定者忽视。Cropper 和 Oates[4] 进一步指出：大

---

　　[1]　Mark A. Cohen, "Monitoring and Enforcement of Environmental Policy", *Social Science Electronic Publishing*, 1998, p. 61.

　　[2]　成金华、吴巧生：《中国环境政策的政治经济学分析》，《经济评论》2005 年第 3 期。

　　[3]　Mark A. Cohen, "Monitoring and Enforcement of Environmental Policy", *Social Science Electronic Publishing*, 1998, p. 61.

　　[4]　Maureen L. Cropper and Wallace E. Oates, "Environmental Economics: A Survey", *Journal of Economic Literature*, Vol. 30, Issue 2, 1992, pp. 675 – 740.

多数关于环境规制的经济学文章假设污染者符合现有的规定（例如：在研究制度变化对环境规制严格程度的影响的文章中，作者都假设污染企业是完全合规的，并且忽视环保实施政策的作用，详见：Fredriksson[1]；Bommer 和 Schulze[2]；Damania et al.[3]）。然而，环境经济学领域的学者已经意识到实施不力是使得环境规制不能发挥作用的重要阻碍因素[4]。没有被实施的环境规制只是自由决定的指导方针（discretionary guidelines）[5]，忽视监管和实施问题对环境质量和社会福利所产生的后果是灾难性的；同时，理论上所提及的环境规制对于克服市场失灵和更正外部性的积极作用将难以得到发挥[6]。这进一步意味着：即使规制结构出台了更为严格的环境规制，大量产生的不合规行为（non-compliance behavior）将会导致污染增加。根据 Sigman[7] 关于废油排放规制的研究发现，尽管提出了对废油重复使用和回收的规定，结果却导致非法排放的废油量显著增加。另外，忽视监管和实施

① Per G. Fredriksson, "The Political Economy of Trade Liberalization and Environmental Policy", *Southern Economic Journal*, Vol. 65, Issue 3, 1999, pp. 513 – 525.

② Rolf Bommer and Gunther G Schulze, "Environmental Improvement with Trade Liberalization", *European Journal of Political Economy*, Vol. 15, Issue 4, 1999, pp. 639 – 661.

③ Richard Damania, Per G. Fredriksson and John A. Listc, "Trade Liberalization, Corruption, and Environmental Policy Formation: Theory and Evidence", *Journal of Environmental Economics and Management*, Vol. 46, Issue 3, 2003, pp. 490 – 512.

④ Jérôme Foulon, Paul Lanoie, Benoît Laplante, "Incentives for Pollution Control: Regulation or Information?", *Journal of Environmental Economics and Management*, Vol. 44, Issue 1, 2002, pp. 169 – 187; Lana Friesen, "Targeting Enforcement to Improve Compliance with Environmental Regulations", *Journal of Environmental Economics and Management*, Vol. 46, Issue 1, 2003, pp. 72 – 85; Robert L Glicksman and Dietrich H. Earnhart, "The Comparative Effectiveness of Government Interventions on Environmental Performance in the Chemical Industry", *Stanford Environmental Law Journal*, 2007; Claire Brunel and Arik Levinson, "Measuring the Stringency of Environmental Regulations", *Review of Environmental Economics and Policy*, Vol. 10, Issue 1, 2016, pp. 47 – 67; Cohen M A., Shimshack J P. Monitoring, Enforcement and the Choice of Environmental Policy Instruments. *Encyclopedia of Environmental Law: Policy Instruments in Environmental Law*, 2017.

⑤ Jay P. Shimshack, "The Economics of Environmental Monitoring and Enforcement", *Annual Review of Resource Economics*, Vol. 6, Issue 1, 2014, pp. 339 – 360.

⑥ Eric Sjöberg and Jing Xu, "An Empirical Study of US Environmental Federalism: RCRA Enforcement from 1998 to 2011", *Ecological Economics*, Vol. 147, 2018, pp. 253 – 263.

⑦ Hilary Sigman, "Midnight Dumping: Public Policies and Illegal Disposal of Used Oil", *Rand Journal of Economics*, Vol. 29, Issue 1, 1998, pp. 157 – 178.

问题可能会使政府最终用更高昂的代价来促使政策得以实施。根据 McKean[①] 的文章指出：高昂的实施成本和不完美的合规行为会使得规制不如预期的有效。因此，环境规制的实施问题是一个不容忽视的问题[②]，尤其对于目前较多地使用自上而下的环境管制的中国而言。

一 环境规制的监督与实施

（一）环境规制的监督与实施

环境规制的可实施性（enforceability）是发达国家自 20 世纪 70 年代以来环境质量得到显著改善的最重要因素[③]。有部分学者通过定性的调查问卷研究结果认为：得以严格实施的规制是空气、水或垃圾污染带来的点源污染排放显著减少的最主要原因。[④]

自 20 世纪 80 年代末起，有不少学者们开始研究传统的加强环境规制实施的工具（如检查等）对改善环境表现[⑤]和增加企业的环境遵守行

① Roland N. Mckean, "Enforcement Costs in Environmental and Safety Regulation", *Policy Analysis*, Vol. 6, Issue 3, 1980, pp. 269 – 289.

② Vaughan William J, Harrington, Winston Russell and Clifford S: *Enforcing Pollution Control Laws*. RFF Press, 1986.

③ Cohen M A., Shimshack J P. Monitoring, Enforcement and the Choice of Environmental Policy Instruments. *Encyclopedia of Environmental Law: Policy Instruments in Environmental Law*, 2017.

④ Madhu Khanna and William Rose Q. Anton, "Corporate Environmental Management: Regulatory and Market-Based Incentives", *Land Economics*, Vol. 78, Issue 4, 2002, pp. 539 – 558; Julie Doonan, Paul Lanoie and Benoit Laplante, "Determinants of Environmental Performance in the Canadian Pulp and Paper Industry: An Assessment from Inside the Industry", *Ecological Economics*, Vol. 55, Issue 1, 2005, pp. 73 – 84; Magali A. Delmas and Michael W. Toffel, "Organizational Responses to Environmental Demands: Opening the Black Box", *Strategic Management Journal*, Vol. 29, Issue 10, 2008, pp. 1027 – 1055.

⑤ Benouit Laplante and Paul Rilstone, "Environmental Inspections and Emissions of the Pulp and Paper Industry in Quebec", *Journal of Environmental Economics and Management*, Vol. 31, Issue 1, 1996, pp. 19 – 36; Inés Macho-Stadler and DavidPérez-Castrillo, "Optimal Enforcement Policy and Firms' Emissions and Compliance with Environmental Taxes", *Journal of Environmental Economics and Management*, Vol. 51, Issue 1, 2006, pp. 110 – 131; Ines Macho-Stadler, "Environmental Regulation: Choice of Instruments under Imperfect Compliance", *Spanish Economic Review*, Vol. 10, Issue 1, 2008, pp. 1 – 21; Naoki Shiota, "Tax Compliance and Workability of the Pricing and Standards Approach", *Environmental Economics and Policy Studies*, Vol. 9, Issue 3, 2008, pp. 193 – 211.

为（如企业减少污染物排放）① 这两个方面所起到的积极作用。

Magat 和 Viscusi 早在 1990 年就以美国环境保护署（Environmental Protection Agency，EPA）实行的水污染规制为例，从实证的角度探讨了环保部门对工厂的环保检查对工厂的污水排放量的影响。他们的研究以纸浆和造纸行业的 77 家工厂为样本企业，样本期间是 1982 年第一季度到 1985 年第一季度的季度数据。通过使用两种计量估计方法（即普通最小二乘法和极大似然估计法），他们的研究发现：规制机构现场检查不仅显著地减少了工厂污染物排放水平，而且显著地增加了工厂的环保合规率（rate of compliance）。②

Deily 和 Gray③ 进一步探讨是什么因素可以影响规制机构的环保实施行为（enforcement action）。该文利用 1977—1986 年美国钢铁行业的数据，通过两方程模型（two-equation model）将 EPA 的环保实施行为和工厂倒闭行为联系在一起。实证研究结果有三点发现：第一，当工厂有更高的倒闭概率时，美国的环保规制机构（即 EPA）会减少环保实施的次数。第二，如果某社区的工厂拥有较多的雇员时，EPA 也同样显著地降低了环保实施的频率。第三，那些需要应对 EPA 较多次环保实施或现场检查的工厂更有可能倒闭。

近年来，也有不少学者发现了与 Deily 和 Gray④ 文章的第二点结

---

① Eun-Hee Kim and Thomas P. Lyon, "Greenwash vs. Brownwash: Exaggeration and Undue Modesty in Corporate Sustainability Disclosure", *Organization Science*, Vol. 26, Issue 3, 2015, pp. 705 – 723; Jay P. Shimshack and Michael B. Ward, "Enforcement and Over-compliance", *Journal of Environmental Economics and Management*, Vol. 55, Issue 1, 2008, pp. 90 – 105; George Kassinis and Nikos Vafeas, "Stakeholder Pressures and Environmental Performance", *Academy of Management Journal*, Vol. 49, Issue 1, 2006, pp. 145 – 159; pp. 96 – 111; Carroll J. S., 1989, "A Cognitive-Process Analysis of Taxpayer Compliance" in *Taxpayer Compliance*, Philadelphia, PA: University of Pennsylvania Press, p. 234.

② Wesley A. Magat and W. Kip Viscusi, "Effectiveness of the EPA's Regulatory Enforcement: The Case of Industrial Effluent Standards", *Journal of Law and Economics*, Vol. 33, Issue 2, 1990, pp. 331 – 360.

③ Mary E. Deily and Wayne B. Gray, "Enforcement of Pollution Regulations in a Declining Industry", *Journal of Environmental Economics and Management*, Vol. 21, Issue 3, 1991, pp. 260 – 274.

④ Ibid. .

论类似的实证结果。Wang et al. [1]、Shi 和 Zhang[2]、Morduch 和 Sicular[3] 这三篇文章均认为：盈利企业即使呈现了环境破坏（environmentally disruptive）的行为（并且有较高盈利能力的企业所面临的环境风险通常要高于其他企业），地方政府基于促进当地就业和增加财政收入的考虑，经常会避免对这些企业的环保不合规行为采取惩罚措施。Wang et al.（2018）[4] 进一步发现：更加基层的政府面对当地有较高盈利能力的企业更倾向于不采取环保惩罚措施，使这部分企业免受环境压力，这是因为更基层的政府有更强的动机并且更优先考虑发展当地经济，这部分盈利企业是带动当地经济持续发展的主要贡献者[5]；与此同时，由于基层政府与中央政府的距离较远，中央政府对其监管较弱，那么地方企业面临的环保合规压力（compliance pressure）也会减轻。作者将地方政府倾向于使用其自由裁量权（discretionary power）来优先发展经济（而非环境保护）这一现象定义为"强化的自治效应"（increasing autonomy effect）。作者进一步通过实证检验发现，行政等级距离（即该层级政府距离中央政府的行政层级距离）与企业的环保行为呈现倒"U"形关系，也就是说，受中央政府控制或者受最基层政府控制的企业采取的环保行为较少。这启示中国在进行环境治理时，应该同时加强对这两类企业的监督水平，从而促使位于政府环保监管范围最边缘（或者说位于监管方位两端的企业）的企业增加其环保行为。

① Ruxi Wang, Frank Wijen and Pursey P. M. A. R. Heugens, "Government's Green Grip: Multifaceted State Influence on Corporate Environmental Actions in China", *Strategic Management Journal*, Vol. 29, Issue 2, 2018, pp. 403 – 428.

② Han Shi and Lei Zhang, "China's Environmental Governance of Rapid Industrialization", *Environmental Politics*, Vol. 15, Issue 2, 2006, pp. 271 – 292.

③ Jonathan Morduch and Terry Sicular, "Rethinking Inequality Decomposition, with Evidence from Rural China", *Economic Journal*, Vol. 112, Issue 476, 2002, pp. 93 – 106.

④ Ruxi Wang, Frank Wijen and Pursey P. M. A. R. Heugens, "Government's Green Grip: Multifaceted State Influence on Corporate Environmental Actions in China", *Strategic Management Journal*, Vol. 29, Issue 2, 2018, pp. 403 – 428.

⑤ Raymond Li and Guy C. K. Leung, "Coal Consumption and Economic Growth in China", *Energy Policy*, Vol. 40, Issue 1, 2012, pp. 438 – 443.

早在 1968 年，Becker 首先从规制的威慑作用角度构建了关于法律实施的经济学模型。[①] 近些年来，也有不少学者从机制探索的角度，试图对加强环境规制实施这一方式能够对环境改善起作用的原因进行更加深入的探讨。通过对相关文献的梳理，本书总结得出：环境规制的实施和监督对环境改善的作用机制一般有两种：特别威慑（specific deterrence）和一般威慑（general deterrence）[②]。这两种机制的基本原理均是通过威慑作用，进而遏制环境规制者所不希望发生的行为（undesirable behavior）[③]。其中，特别威慑针对的是某一企业为了应对环保规制机构的视察和可能对该企业采取的环保实施行为（如罚款等）所采取的合规行为，简单地说，特别威慑是为了减少某一个目标企业（或个人）的非合规行为；一般威慑[④]是为了减少潜在的环境违规群体（如某一行业或者某一地区的所有企业）的非合规行为。

不论是特别威慑还是一般威慑，相关经济理论研究都指出：规制实施的威慑作用是通过向企业传递一种"环境规制将变得严格"的信号，即企业的环境违规行为将有更大的概率被环境规制机构发现，从而增加对违规者的期望惩罚成本（具体地说，"违规但不被发现"的期望收益降低，"违规但被发现并受到惩罚"的期望成本变高），

---

① Gary S. Becker, "Crime and Punishment: An Economic Approach", *Journal of Political Economy*, Vol. 76, Issue 2, 1968, pp. 169 – 217.

② Cohen M A. , Shimshack J P. Monitoring, Enforcement and the Choice of Environmental Policy Instruments. *Encyclopedia of Environmental Law: Policy Instruments in Environmental Law*, 2017; Lopamudra Chakraborti, "Do Plants' Emissions Respond to Ambient Environmental Quality? Evidence from the Clean Water Act", *Journal of Environmental Economics and Management*, Vol. 79, 2016, pp. 55 – 69.

③ Francesc Dilmé and Daniel F. Garrett, "Residual Deterrence", CESifo Area Conference on Applied Microeconomics, 2015, pp. 1 – 36.

④ Sarah L. Stafford, "The Effect of Punishment on Firm Compliance with Hazardous Waste Regulations", *Journal of Environmental Economics and Management*, Vol. 44, Issue 2, 2002, pp. 290 – 308; Jay P. Shimshack and Michael B. Ward, "Regulator Reputation, Enforcement, and Environmental Compliance", *Journal of Environmental Economics and Management*, Vol. 50, Issue 3, 2005, pp. 519 – 540; Wayne B. Gray and Ronald J. Shadbegian, "The Environmental Performance of Polluting Plants: A Spatial Analysis", *Journal of Regional Science*, Vol. 47, Issue 1, 2007, pp. 63 – 84.

最终得以增加被规制企业的环保合规行为[1]。Earnhart[2] 通过对美国堪萨斯州的 40 家废水处理厂的水污染排放量的研究和 Glicksman 和 Earnhart[3] 通过对 400 个化学物品储存设施的研究，均证实了增加环境规制的实施行为（enforcement action）（特别是以罚金作为环境规制实施的具体措施）可以减少水污染物的相对排放量。与此同时，这三篇文章还一致发现：威慑作用具有异质性，即规制机构的级别越高，威慑作用（不论是特别威慑还是一般威慑）效果越强。具体地说，联邦层面的现场检查和处罚（相比州层面的检查和处罚）可以阻止更多的企业环境不合规行为。

除了从标准的威慑理论理解企业的环境合规行为以外，近期也有学者试图从内在动机的行为经济学角度进一步发展了经典的威慑理论。传统的威慑理论认为：规制机构的监督和实施活动将会通过提高违规惩罚概率或者加大违规惩罚力度，以期阻止非合规行为，进而改善企业在环保方面的合规表现。然而，也有不少研究发现了可以让企业环保合规的其他的、非货币激励[4]。Friesen 和 Earnhart[5] 关注的就是这部分"其他的、非货币激励"中的最突出的一种激励，即被规制企业也许本身就有符合规制法律的内在动机。他们认为：内在动机包含多个

---

① Jay P. Shimshack, "The Economics of Environmental Monitoring and Enforcement", *Annual Review of Resource Economics*, Vol. 6, Issue 1, 2014, pp. 339 – 360.

② Dietrich Earnhart, "Panel Data Analysis of Regulatory Factors Shaping Environmental Performance", *Review of Economics and Statistics*, Vol. 86, Issue 1, 2004, pp. 391 – 401; Dietrich Earnhart, "Regulatory Factors Shaping Environmental Performance at Publicly-owned Treatment Plants", *Journal of Environmental Economics and Management*, Vol. 48, Issue 1, 2004, pp. 655 – 681.

③ Robert L Glicksman and Dietrich H. Earnhart, "The Comparative Effectiveness of Government Interventions on Environmental Performance in the Chemical Industry", *Stanford Environmental Law Journal*, 2007.

④ Uri Gneezy, Stephan Meier and Pedro Rey-Biel, "When and Why Incentives (Don't) Work to Modify Behavior", *Journal of Economic Perspectives*, Vol. 25, Issue 4, 2011, pp. 191 – 209; Samuel Bowles and Sandra Polanis-Reyes, "Economic Incentives and Social Preferences: Substitutes or Complements?", *Journal of Economic Literature*, Vol. 50, Issue 2, 2012, pp. 368 – 425.

⑤ Lana Friesen and Dietrich Earnhart, "The Effects of Regulated Facilities' Perceptions about the Effectiveness of Government Interventions on Environmental Compliance", *Ecological Economics*, Vol. 142, 2017, pp. 282 – 294.

维度，例如：外部参考（external reference）（如遵守职业规范）、内部参考（internal reference）（如坚持守法或者合作等自我认知）。他们的文章将这些内在动机考虑进其理论框架，首次探讨被规制企业对于规制机构监督和实施其环保合规方面的努力的看法（perception）。通过对2002—2004年受《清洁水法案》（*Clean Water Act*）影响的化工制造业企业进行原始调查问卷的收集（主要是采集企业对规制机构监管努力的认知数据），并进行相应的实证研究，作者比较了那些认为"政府干预是有效的"的企业和认为"政府干预是无效的"的企业，结果发现：对于那些认为"政府干预是有效的"的企业，增加任何类型的威慑产生的效果甚微。相反地，对于那些认为"政府干预是无效的"的企业，增加的威慑（如增加检查次数）改善了企业的环保合规行为（这里特指企业的环保行为更加符合《清洁水法案》的要求）。

也有学者对发展中国家的环境规制的实施进行了相关研究。由于发展中国家有大量的小公司、有限的数据收集和对于严格的环境政策的较低需求，这些原因共同导致了发展中国家有较高的监督成本。而高监督成本最终导致发展中国家的环境规制实施上具有较大难度[1]。另外，力量薄弱的执行机构（weak institution）同样也是阻止发展中国家改善环境的障碍[2]。监管机构官员的腐败行为[3]也会导致监管成

---

[1]　Allen Blackman and Winston Harrington, "The Use of Economic Incentives in Developing Countries: Lessons from International Experience with Industrial Air Pollution", *The Journal of Environment & Development*, Vol. 9, Issue 1, 2000, pp. 5 – 44.

[2]　Abhijit V. Banerjee, Esther Duflo and Rachel Glennerster, "Putting a Band-Aid on a Corpse: Incentives for Nurses in the Indian Public Health Care System", *Journal of the European Economic Association*, Vol. 6, Issue 2 – 3, 2008, p. 487; Abhijit V. Banerjee, Sendhil Mullainathan and Rema Hanna, "Corruption", *Social Science Electronic Publishing*, Vol. 42, Issue 1, 2012, pp. 97 – 108; Esther Duflo, Michael Greenstone, Rohini Pande and Nicholas Ryan, "Truth-Telling by Third-Party Auditors and the Response of Polluting Firms: Experimental Evidence from India", *The Quarterly Journal of Economics*, Vol. 128, Issue 4, 2013, pp. 1499 – 1545; Michael Greenstone and Rema Hanna, "Environmental Regulations, Air and Water Pollution, and Infant Mortality in India", *American Economic Review*, Vol. 104, Issue 10, 2014, pp. 3038 – 3072.

[3]　Marianne Bertrand, Simeon Djankov, Rema Hanna and Sendhil Mullainathan, "Obtaining a Driver's License in India: An Experimental Approach to Studying Corruption", *The Quarterly Journal of Economics*, Vol. 122, Issue 4, 2007, pp. 1639 – 1676.

本的上升。根据 Duflo et al. ① 利用为期两年的田野调查数据发现，印度的环境审计系统里存在着严重的腐败问题。

（二）中国的环境规制实施

中国的地方政府长期以来优先发展当地的经济，将飞速的经济发展带来的环境问题视为次要矛盾②，这种狭隘的经济发展观进一步导致环境政策的实施缺口不断增大。因此，Tang et al. ③ 的研究强调了"优先发展"的必要性。作者进一步论证：事实上，很多学者都认为"优先发展"能最大限度地促进环境政策的实施。根据 Lo et al. ④ 的研究发现：随着政治层级的下降（如下降到省级），地方对于环境政策的实施缺口会增大。Lampton 曾在其1987年编辑的《后毛泽东时代中国的政策实施》（*Policy Implementation in Post-Mao China*）一书中，以西方视角来看中国政策实施面临的问题——政策结果不能实现政策目标，并将这一问题同样归结为是由于"实施不足"（implementation deficit）导致的。同时，也有不少文献指出中国书面法律文件的实施存在效率低下的问题，并将这种现象称为"非完全执行"⑤。

----

① Esther Duflo, Michael Greenstone, Rohini Pande and Nicholas Ryan, "Truth-Telling by Third-Party Auditors and the Response of Polluting Firms: Experimental Evidence from India", *Quarterly Journal of Economics*, Vol. 128, Issue 4, 2013, pp. 1499 – 1545.

② Kenneth Lieberthal, 1995, *Governing China: From Revolution Through Reform*, New York: W. W. Norton and Co. , pp. 115 – 140.

③ Shui-Yan Tang, Carlos Wing-Hung Lo and Gerald E Fryxell. "Enforcement Styles, Organizational Commitment, and Enforcement Effectiveness: An Empirical Study of Local Environmental Protection Officials in Urban China", *Environment and Planning A*, Vol. 35, Issue 1, 2003, pp. 75 – 94.

④ Carlos Wing-Hung Lo, Gerald E. Fryxell and Wilson Wai-Ho Wong, "Effective Regulations with Little Effect? The Antecedents of the Perceptions of Environmental Officials on Enforcement Effectiveness in China", *Environmental Management*, Vol. 38, Issue 3, 2006, pp. 388 – 410.

⑤ Hua Wang, Nlandu Mamingi, Benoit Laplante and Susmita Dasgupta, "Incomplete Enforcement of Pollution Regulation: Bargaining Power of Chinese Factories", *Environmental and Resource Economics*, Vol. 24, Issue 3, 2003, pp. 245 – 262; Franklin Allen, Jun Qian and Meijun Qian, "Law, finance, and economic growth in China", *Journal of Financial Economics*, Vol. 77, Issue 1, 2005, pp. 57 – 116; Hua Wang and Yanhong Jin, "Industrial Ownership and Environmental Performance: Evidence from China", *Environmental and Resource Economics*, Vol. 36, Issue 3, 2007, pp. 255 – 273; Yi Lu and Zhigang Tao, "Contract enforcement and family control of business: Evidence from China", *Journal of Comparative Economics*, Vol. 37, Issue 4, 2009, pp. 597 – 609; David M. Lampton, 1987, *Policy Implementation in Post-Mao China*, Berkeley: University of California Press, pp. 134 – 156.

有学者将地方政府对于中央政府制定的政策的服从程度进行划分。例如：Chung[1] 在其书中按照这一标准将政策的实施分为三类：完全服从、完全不服从和介于两者之间的政策实施。他将这三种类别创新性地分别称为"先锋"（pioneering）、"抵制"（resisting）和"跟风"（bandwagoing）。其中，"先锋"型的地方政府在政策实施上具有一定的创新性，例如：在20世纪80年代初率先试行家庭联产责任承包制的安徽省；"抵制"型是指地方政府的利益与中央政府的利益相互冲突，因而地方政府选择不实施中央政府的政策；"跟风"是介于上述两种类型中的一种模式，"跟风"的地方政府既不愿意做一些具有试验性质的政策实施行为，又不甘居最后。由此可见，如果有更多的地方政府是"先锋"型，中央政府制定的政策被实施的速度较快、程度较深；如果有更多的地方政府是"抵制"型，中央政府制定的政策将被较慢或者较为表面地实施。

聚焦到环境领域，关于地方政府采取什么方式来应对中央政府对于当地环境保护的规定，Tang et al.[2] 提出西方国家普遍关注的是两种应对环境规制的实施手段：一种是采取对抗的方式，它假设人们面对惩罚时，会采取最强硬的抵抗手段；另一种是采取合作的方式，它假设人们会对动机采取反应。作者认为这两种应对手段的结合会使得环境规制的效果更加理想。

有学者利用实地调研并访谈的研究方法，从地方企业的角度来观察中国地方政府的环境治理方面的情况。Wang et al.[3] 对中国境内较大的企业、各个行政层级的环境保护机构和中国的环境保护非政府组

---

[1]　Jae Ho Chung, 2000, *Central Control and Local Discretion in China*, Oxford：Oxford University Press, pp. 68 – 91.

[2]　Shui-Yan Tang, Carlos Wing-Hung Lo and Gerald E Fryxell. "Enforcement Styles, Organizational Commitment, and Enforcement Effectiveness：An Empirical Study of Local Environmental Protection Officials in Urban China", *Environment and Planning A*, Vol. 35, Issue 1, 2003, pp. 75 – 94.

[3]　Ruxi Wang, Frank Wijen and Pursey P. M. A. R. Heugens, "Government's Green Grip：Multifaceted State Influence on Corporate Environmental Actions in China", *Strategic Management Journal*, Vol. 29, Issue 2, 2018, pp. 403 – 428.

织（Non-Governmental Organization，NGO）均进行了访谈。其中，他们对企业的访谈结果显示：中国企业感觉他们有非常有限的力量去影响中央政府环境政策制定的具体内容，虽然他们也许有一定的空间或余地去和地方政府在环境政策实施的速度和范围方面进行"讨价还价"。他们的访谈还发现：中国的地方企业在落实国家的环保政策方面的行为在某种程度上讲是表面的、浮躁的，并且存在机会主义行为（即将关注的重点放在结果上，而非考虑过程是否合理）。

二　环境规制实施的工具和策略

已有的文献在关于"如何赋予环境规制者更具创新性的实施手段或策略（enviornmental tool or strategy）"方面已经有不少讨论。加强环境规制实施的工具包括：更加频繁或更加严格检查（inspection）[1]和监督（monitoring）[2]、罚款（fine）和罚金（penalty）[3]、提高环保

---

[1]　Ebru Alpay, Steven Buccola and Joe Kerkvliet, "Productivity Growth and Environmental Regulation in Mexican and U. S. Food Manufacturing", *American Journal of Agricultural Economics*, Vol. 84, Issue 4, 2002, pp. 887 – 901; Smita B. Brunnermeier and Mark A. Cohen, "Determinants of Environmental Innovation in US Manufacturing Industries", *Journal of Environmental Economics and Management*, Vol. 45, Issue 2, 2016, pp. 278 – 293; Francesco Testa, Fabio Iraldo and Marco Frey, "The Effect of Environmental Regulation on Firms' Competitive Performance: The Case of the Building and Construction Sector in Some EU Regions", *Journal of Environmental Management*, Vol. 92, Issue 9, 2011, pp. 2136 – 2144.

[2]　Dietrich Earnhart, "Panel Data Analysis of Regulatory Factors Shaping Environmental Performance", *Review of Economics and Statistics*, Vol. 86, Issue 1, 2004, pp. 391 – 401; Dietrich Earnhart, "Regulatory Factors Shaping Environmental Performance at Publicly-owned Treatment Plants", *Journal of Environmental Economics and Management*, Vol. 48, Issue 1, 2004, pp. 655 – 681; Robert L Glicksman and Dietrich H. Earnhart, "The Comparative Effectiveness of Government Interventions on Environmental Performance in the Chemical Industry", Stanford Environmental Law Journal, 2007; Wesley A. Magat and W. Kip Viscusi, "Effectiveness of the EPA's Regulatory Enforcement: The Case of Industrial Effluent Standards", *Journal of Law and Economics*, Vol. 33, Issue 2, 1990, pp. 331 – 360.

[3]　Kathryn Harrison, "Is Cooperation the Answer? Canadian Environmental Enforcement in Comparative Context", *Journal of Policy Analysis and Management*, Vol. 14, Issue 2, 1995, pp. 221 – 244; Wayne B. Gray and Jay P. Shimshack, "The Effectiveness of Environmental Monitoring and Enforcement: A Review of the Empirical Evidence", *Review of Environmental Economics and Policy*, Vol. 5, Issue 1, 2011, pp. 3 – 24.

部门的政治重要性①等。加强环境规制实施的策略包括：第三方审计②、强制保险覆盖③等。

强化环境规制实施的工具之一是监督。正式的环境监督主要以两种形式存在：自我报告（self-reporting）和官方监督（authority monitoring）④。自我报告是指，受环境规制影响的企业将其污染排放量和企业合规情况定期向官方汇报。自动收集并上传数据的污染排放检测系统也是自我报告的一种形式，该方式常见于电力公用事业行业。官方监管更多的是为了去核实自我报告的真实性和准确性。在发展中国家，自我报告式的环境监管并不常见，官方监督是首要的环境监督工具。官方监督可能采取的形式是现场检查（on-site inspection）⑤。现场检查的具体形式是多样的：既可以是快速地肉眼观察污染物的排放量，又可以是官方规制机构对被规制企业实行全方位的评估，如规制机构对被规制企业的设备运行和维修进行检查、追踪企业自我报告的流程和取样过程，或者规制机构亲自对污染物进行取样检测。

基于中国独特的政治体制，"提高环保部门的政治重要性"也是强化环境规制实施和环境治理的重要工具。伴随着经济的高速发展，中国中央政府也逐渐意识到了所面临的环境污染方面的挑战。例如：

---

① Carlos Wing Hung Lo and Sai Wing Leung, "Environmental Agency and Public Opinion in Guangzhou: The Limits of a Popular Approach to Environmental Governance", *China Quarterly*, Vol. 163, Issue 163, 2000, pp. 677 – 704.

② Bernard Sinclair-Desgagné and H. Landis Gabel, "Environmental Auditing in Management Systems and Public Policy", *Journal of Environmental Economics and Management*, Vol. 33, Issue 3, 1997, pp. 331 – 346; James Belke. "The Case for Voluntary Third-Party Risk Management Program Audits", Working Paper, 2001, pp. 1 – 16; Howard C. Kunreuther, Patrick J. McNulty and Yong Kang, "Third-party Inspection as an Alternative to Command and Control Regulation", *Risk Analysis*, Vol. 22, Issue 2, 2002, pp. 309 – 318.

③ Haitao Yin, Alex Pfaff and Howard Kunreuther, "Can Environmental Insurance Succeed Where Other Strategies Fail? The Case of Underground Storage Tanks", *Risk Analysis*, Vol. 31, Issue 1, 2011, pp. 12 – 24.

④ James Alm and Jay Shimshack, "Environmental Enforcement and Compliance: Lessons from Pollution, Safety, and Tax Settings", *Foundations and Trends in Microeconomics*, Vol. 10, Issue 4, 2014, pp. 209 – 274.

⑤ David M. Konisky and Neal D. Woods, "Environmental Free Riding in State Water Pollution Enforcement", *State Politics and Policy Quarterly*, Vol. 12, 2012, pp. 227 – 252.

在2008年，中国通过将原来的副部级单位（即国家环境保护总局）提升为最高层级的政府管理部门——正部级单位（即国家生态环境部）[①]（Wang et al.，2018；Lo 和 Leung，2000），这标志着中国中央政府进行环境保护的决心和承诺[②]。

此外，第三方审计和强制保险覆盖等是加强环境规制实施的重要策略。根据 Kunreuther et al.[③] 以在美国全面实行的风险管理计划（Risk Management Plan，RMP）为例，首先他们将第三方审计的具体实现形式定义为企业和审计机构签订的义务的合同关系，合同内容是利用审计机构对企业的设施（facility）进行审计，而非利用监管机构作为实施人（enforcer）对企业进行监督。第三方审计机构的作用仅仅是告知企业的运营状况是否合规，或者可以更进一步地提出整改方案，以帮助企业通过更加符合某项标准或规定，从而降低不合规风险。该文通过理论建模和实证研究得出了以下研究结果：第三方审计和保险这两种策略的联合使用可以降低企业活动中所带来的风险，更好地进行风险管理，从而为企业提供参与 RMP 的经济激励。以蒸汽锅炉行业为例，属于这个行业的企业如果允许第三方审计机构对其锅炉进行检查的话，蒸汽锅炉的事故率大量减少。类似地，美国洛杉矶县的健康服务部（Department of Health Services）自从启动了第三方审计后，当地餐馆的卫生质量有所提高。

通过本小节和上一小节中对"环境规制的监督与实施"的梳理，本书认为，可以得出以下结论：一般来讲，国外文献中认为：通过环

[①] Ruxi Wang, Frank Wijen and Pursey P. M. A. R. Heugens, "Government's Green Grip: Multifaceted State Influence on Corporate Environmental Actions in China", *Strategic Management Journal*, Vol. 29, Issue 2, 2018, pp. 403 – 428; Carlos Wing Hung Lo and Sai Wing Leung, "Environmental Agency and Public Opinion in Guangzhou: The Limits of a Popular Approach to Environmental Governance", *China Quarterly*, Vol. 163, Issue 163, 2000, pp. 677 – 704.

[②] Xiqian Cai, Yi Lu, Mingqin Wu and Linhui Yu, "Does Environmental Regulation Drive Away Inbound Foreign Direct Investment? Evidence from a Quasi-natural Experiment in China", Journal of Development Economics, Vol. 123, 2016, pp. 73 – 85.

[③] Howard C. Kunreuther, Patrick J. McNulty and Yong Kang, "Third-party Inspection as an Alternative to Command and Control Regulation", *Risk Analysis*, Vol. 22, Issue 2, 2002, pp. 309 – 318.

境规制实施的工具或策略来对被规制对象产生"威慑效应"，从而增加被规制对象的环境合规行为，最终实现环境改善。在西方国家，产生"威慑效应"的工具大多来自审查和罚款。但这些文献中并没有考虑到中国可以生成"威慑效应"的特有的工具，例如：对官员履行环保责任的情况进行考核、强制银行在其发放贷款时考虑企业的环保绩效[①]等。本书将以强化官员的环保责任作为在中国加强"威慑效应"的政策工具，来进一步考察该政策工具能否有效实现当地环境质量的改善，探寻中国进行环境保护的政治经济学逻辑。

三　国内研究

虽然中国环境政策的实施及效果一直是政策制定者关注的重点，但目前国内关于环境规制实施的相关学术研究不多，学界主要是以两种主流观点探讨中国环境规制实施所切实面临的问题。

第一种观点从中央政府和地方政府存在利益不一致的角度进行论证。张凌云和齐晔认为中国的环境政策的实施是薄弱环节[②]。他们将地方政府看作"理性人"，并利用政治激励和财政约束假说对地方政府（尤其是基层政府）在环境监管中所面临的困境进行了阐述和分析。具体来说，一方面，《体现科学发展观要求的地方党政领导班子和领导干部综合考核评价试行办法》（2006）（以下简称《综合考核评价试行办法》）是对县级以上地方党政领导干部选拔任用的指导性文件，里面提出要"综合运用民主推荐、民主测评、民主调查、实绩分析、个别谈话、综合评价六种方法"，然而在实际的干部任用选拔中，往往最关注的是"实绩考核"。地方的经济发展水平（如 GDP）是上级政府对下级政府考核的主要指标。在此背景下，地方政府为了

---

① Zhaoguo Zhang, Xiaocui Jin, Qingxiang Yang and Yi Zhang, "An Empirical Study on the Institutional Factors of Energy Conservation and Emissions Reduction: Evidence from Listed Companies in China", *Energy Policy*, Vol. 57, Issue 3, 2013, pp. 36 – 42; Motoko Aizawa and Chaofei Yang, "Green Credit, Green Stimulus, Green Revolution? China's Mobilization of Banks for Environmental Cleanup", *Journal of Environment and Development*, Vol. 19, Issue 2, 2010, pp. 119 – 144.

② 张凌云、齐晔：《地方环境监管困境解释——政治激励与财政约束假说》，《中国行政管理》2010 年第 3 期。

获得更高概率的政治晋升机会，势必通过加快当地经济发展来提升政绩。另一方面，由于中国在 1994 年实施了分税制改革的财政管理体制，重新调整了中央政府和地方政府的"财权"和"事权"关系，即中央政府掌管"财权"，地方政府拥有履行行政事务的权力（即"事权"），由此导致"事权"和"财权"不相匹配的矛盾，地方政府面临的财政压力非常大。在如此紧张的财政资源的情况下，可想而知地方政府将投入极少的资源去实施环境政策、加强环境监督。那么，作为"理性人"的地方政府缺乏改善环境的动机和能力。

在张凌云和齐晔[1]的研究后，有不少学者注意到了地方政府对环境政策的实施存在偏差。戚学祥[2]同样以中央和地方的关系为出发点，具体从三大方面阐述央地关系在中国环境治理问题上的具体矛盾。具体来说，从监管与实施的角度来看，中央政府作为人民群众的代理人，为了满足人民群众对良好环境的需求，积极推动环境治理，但是地方政府受晋升激励的考虑和财政税收等方面的约束，虽然是作为中央政府环境政策的实施者，却消极实施环境治理工作；从整体与局部的角度来看，中央政府站在总体、宏观的层面，通盘考虑并总体部署中国的环境综合治理问题、环境制度的完善以及国家和区域的生态环境安全。但是根据中国《环境保护法》第六条的规定可知，地方政府仅对属于其行政属地范围内的环境质量有管理权，区域间生态合作的行为较少，大多采取"条块分割、各自为政"的治理模式；从集权和分权的角度，根据中国相关法律，中央政府的下级职能部门（即地方环保部门）受到了同级地方政府和上级职能部门的双重约束。

叶大凤和李林颖[3]借助 T. B. Smith 的过程模式理论，以此为视角，从政策实施的主体、目标客体、政策本身和政策环境四个方面分析地

---

① 张凌云、齐晔：《地方环境监管困境解释——政治激励与财政约束假说》，《中国行政管理》2010 年第 3 期。

② 戚学祥：《中国环境治理的现实困境与突破路径——基于中央与地方关系的视角》，《党政研究》2017 年第 6 期。

③ 叶大凤、李林颖：《地方政府环境政策执行偏差及其矫正》，《管理观察》2017 年第 14 期。

方政府实施环境政策时出现偏差的原因。他们认为，环境政策实施机关的官员本身环保意识不足、实施手段单一；环境政策的实施目标客体的参与度也较低；地方政府的环境政策制定较为迟滞，跟不上当地环境问题的发展；中国传统行政文化中的一些消极因素（如官僚主义等）和地方政府官员对经济考核的重视程度过高导致环境政策的实施环境较差。针对此，他们也提出了针对性的建议：增强地方环保机构的环境责任意识；为公众参与环境保护开辟更多便捷路径；制定出更加科学的环境政策；改善原有消极的行政文化和对地方政府单一的政绩评价考核体系。

第二种观点是从中国地方政府没有受到中央政府有效激励的角度，从两方面来进行论证：第一，从信息不对称的角度。根据高燕妮[①]的研究显示，中央政府和地方政府之间存在着严重的信息不对称问题，中央政府若想获取地方政府的政策实施情况，需要付出较高的信息成本。余敏江[②]也谈到，中国目前仍以"命令与控制"模式作为中央和地方在生态治理方面的关系模式。虽然"命令与控制"模式在过去的很长一段时间内较为成功地决定了中国环境治理的方向，使得生态治理具有较强的确定性和可操作性。但是该模式有很多的局限性，比如：牺牲效率换取公平、地方政府与中央政府利益诉求不同导致实施成本过高，甚至出现地方政府、地方企业和地方环保机构之间"合谋"行为。第二，从政府激励的角度。由于地方政府官员的政治晋升和当地的经济发展呈现显著正相关的关系[③]，在中国发展的初期存在重视经济增长

---

① 高燕妮：《试论中央与地方政府间的委托—代理关系》，《改革与战略》2009 年第 25 卷第 1 期。

② 余敏江：《生态治理中的中央与地方府际间协调：一个分析框架》，《经济社会体制比较》2011 年第 2 期。

③ 周黎安、李宏彬、陈烨：《相对绩效考核：关于中国地方官员晋升的一项经验研究》，《经济学报》2005 年第 1 期；徐现祥、王贤彬、舒元：《地方官员与经济增长——来自中国省长、省委书记交流的证据》，《经济研究》2007 年第 9 期；张军、高远：《官员任期、异地交流与经济增长——来自省级经验的证据》，《经济研究》2007 年第 11 期；周黎安、陶婧：《官员晋升竞争与边界效应：以省区交界地带的经济发展为例》，《金融研究》2011 年第 3 期。

而忽视环境保护的局面。因而地方政府为了当地的经济增长速度比临近地区的省份要快，很可能会通过主动降低环境标准的方式来吸引外资投资或者虽然是重污染但能带来高产出企业的入驻。[1]

第二节　环境规制的环境影响

一　环境规制的环境影响作用机制

环境规制的实施效果通常是环境经济学家关心的问题。大多数环境规制的文献将污染物浓度是否减少或者对人体健康的影响作为研究的最终兴趣点。[2]

一般来说，判断环境规制是否有效有两个作用机制：直接作用机制和间接作用机制。直接作用机制试图将环境规制行动和环境质量的变化直接联系起来，通过运用统计方法来判断政策干预（也可理解为环境规制）是否导致了政策制定者所预期的政策效果（一般是指环境质量的改善或者对人体健康的负面影响降低）。Zigler 和 Dominici[3]认为直接作用机制可以作为研究环境规制的环境影响的一种辅助框架（supplementary framework）。

大多数研究使用的是间接作用机制。这种机制首先会定义一个环境规制行动，然后使用统计模型或者确定性模型来探究污染物排放和环境改善的关系，或者探究环境改善和人体健康状况的关系[4]。间接

---

[1]　葛枫：《环境规制可以提升企业竞争力吗?》，博士学位论文，浙江大学，2015 年，第 98—108 页。

[2]　Lucas R. F. Henneman, Cong Liu, James A. Mulholland and Armistead G. Russell, "Evaluating the Effectiveness of Air Quality Regulations: A Review of Accountability Studies and Frameworks", *Air Repair*, Vol. 67, Issue 2, 2017, pp. 144 – 172.

[3]　Corwin Matthew Zigler and Francesca Dominici, "Point: Clarifying Policy Evidence with Potential-Outcomes Thinking—Beyond Exposure-Response Estimation in Air Pollution Epidemiology", *American Journal of Epidemiology*, Vol. 180, Issue 12, 2011, pp. 1133 – 1140.

[4]　Luke Clancy, Pat Goodman, Hamish Sinclair and Douglas W. Dockery, "Effect of Air-pollution Control on Death Rates in Dublin, Ireland: An Intervention Study", *Lancet*, Vol. 360, Issue 9341, 2002, pp. 1210 – 1214; Richard D. Morgenstern, Winston Harrington, Jhih-Shyang Shih and Michelle L. Bell, "Accountability Analysis of Title IV Phase 2 of the 1990 Clean Air Act Amendments", *Res Rep Health Eff Inst*, Vol. 538, Issue 168, 2012, pp. 5 – 35.

作用机制的优点在于它可以尽可能多地控制一些混淆因素（confounding factor）。例如，污染物排放量的减少可能不一定是由于环境规制导致的，而可能是由于气候气象条件变化、人口增速下降、经济结构转变（如更侧重轻工业或者第三产业的发展、油价变化）、人们出行工作方式改变等因素导致的。直接作用机制和间接作用机制如图2-1所示。

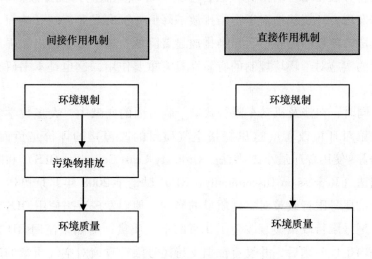

图2-1 环境规制的环境影响作用机制

本书的研究使用双重差分法以及三重差分法，可以有效地控制对环境质量产生影响的其他因素（如控制不随时间变化的个体异质性和不同个体之间共同的随时间变化的因素），从而得到环境规制政策效果的无偏估计。

二 国内研究

国内学者对于环境规制效果的研究由于研究方法和政策或事件的不同，并没有统一的结论。[①]

---

① 刘郁、陈钊：《中国的环境规制：政策及其成效》，《经济社会体制比较》2016年第1期。

部分学者认为环境规制本身并不能减少污染物排放。林立国[①]通过构建理论模型并用实证结果检验发现，中国的排污税制度不但没有降低企业的排污量，反而显著地增加了企业自己汇报的排污量。这是因为环保部门对缴纳排污税的企业进行检查，这使得排污企业不再较低地汇报其实际排放量，而更倾向于如实汇报其实际排污量。包群等[②]以中国省份层面的 84 件环境立法为案例，使用倾向匹配得分法和双重差分法相结合的研究方法，考察了环境规制对污染排放的影响。结果发现，环境律法对于污染排放的降低并没有显著影响。然而，环境执法力度较强的省份，污染排放显著降低。这充分展示出加强环境规制的实施对于环境规制的有效性具有重要作用，这也是本书研究的重点。

同时，在涉及机动车限行政策影响方面的文献中，大多数学者对该政策对环境改善（这里特指空气质量的改善）的评价是负面的。曹静等[③]使用普通最小二乘法（Ordinary Least Squares，OLS）和断点回归法（Regression Discontinuity，RD）讨论了 2008 年北京奥运会后实行的尾号限行政策对空气质量的影响。他们发现，当使用 OLS 方法时，尾号限行政策显著改善了北京的空气质量；但如果使用 RD 方法解决内生性问题后，并没有证据支持尾号限行政策对空气质量的改善作用。孙聪等[④]也利用北京奥运会后采取的尾号限行政策为案例，研究发现：尾号限行政策显著降低了北京市内的车速，但对于降低可吸入颗粒物的浓度没有明显影响，也即空气质量没有明显改善。该结论对政策制定者和公众都是很好的启示，即改善城市交通拥堵状况并不一定意味着空气质量也得到改善。

[①] Liguo Lin, "Enforcement of Pollution Levies in China", *Journal of Public Economics*, Vol. 98, 2013, pp. 32 – 43.

[②] 包群、邵敏、杨大利：《环境管制抑制了污染排放吗?》，《经济研究》2013 年第 12 期。

[③] 曹静、王鑫、钟笑寒：《限行政策是否改善了北京市的空气质量?》，《经济学（季刊）》2014 年第 13 卷第 3 期。

[④] Cong Sun, Siqi Zheng and Rui Wang, "Restricting Driving for Better Traffic and Clearer Skies: Did it Work in Beijing?", *Transport Policy*, Vol. 32, Issue 1, 2014, pp. 34 – 41.

也有学者认为环境规制对污染物减排有积极作用，并对其作用机制进行了进一步的分析。刘晨跃和徐盈之[①]研究的是环境规制对中国雾霾治理的影响及其影响机制。他们利用 2003—2014 年中国 30 个直辖市和省会城市的面板数据，基于中介效应进行实证分析，发现了两点结论：第一，中国的环境规制对于雾霾治理有直接影响，即环境规制显著地降低了中国的雾霾浓度；第二，作者进一步检验了环境规制对雾霾治理的间接影响（或者说：作用机制）。他们构建了三个雾霾治理的中介变量——高耗能产业结构、能源消耗结构、技术进步水平，通过实证结果发现前两个中介变量对于雾霾治理有显著的积极影响，但技术进步水平对雾霾的控制没有显著影响。

还有学者认为环境规制在短期内可以改善环境质量，但是在长期内改善作用不复存在，环境规制发挥作用的时间取决于该规制实施的时间。王艳芳和张俊[②]利用合成控制的方法发现，2008 年北京奥运会的举办对于 2008—2010 年的空气质量有明显改善作用，在这段时间内年均空气污染天数（以空气污染指数高于 100 作为衡量标准）减少 25 天。但 2010 年之后，政策效果消失甚至出现反转；另外，考虑到冬季是北京空气污染最严重的季节，作者还检验了环境政策对北京冬季空气质量的影响，发现环境政策对北京冬季的空气质量没有明显改善作用。陈玉宇等[③]、王书肖等[④]、张跃军等[⑤]也发现了这种运动式的

① 刘晨跃、徐盈之：《环境规制如何影响雾霾污染治理？——基于中介效应的实证研究》，《中国地质大学学报》（社会科学版）2017 年第 6 期。

② 王艳芳、张俊：《奥运会对北京空气质量的影响：基于合成控制法的研究》，《中国人口·资源与环境》2014 年第 24 卷第 165 期。

③ Yuyu Chen, Ginger Zhe Jin, Naresh Kumar and Guang Shi, "The Promise of Beijing: Evaluating the Impact of the 2008 Olympic Games on Air Quality", *Journal of Environmental Economics and Management*, Vol. 66, Issue 3, 2016, pp. 424 – 443.

④ Shuxiao Wang, Jian Gao, Yuechong Zhang, Jingqiao Zhang, Fahe Cha, Tao Wang, Chun Ren and Wenxing Wang, "Impact of Emission Control on Regional Air Quality: An Observational Study of Air Pollutants Before, During and After the Beijing Olympic Games", *Journal of Environmental Sciences*, Vol. 26, Issue 1, 2014, pp. 175 – 180.

⑤ YuejunZhang, Zhao Liu, Changxiong Qin and TaideTan, "The Direct and Indirect CO2 Rebound Effect for Private Cars in China", *Energy Policy*, Vol. 100, 2017, pp. 149 – 161.

环境治理方式具有短期的环境改善作用，但就长期而言，政策效果难以维持。

本书将以环境规制政策实施的严格程度为切入点，将从理论模型和实证研究两个角度分别探讨加强环境规制的实施对于环境规制有效性的作用和影响机制，并且为如何建立长效的环境规制政策实施的行政问责机制提出建议。

第三节　环境规制的经济影响和企业策略理论

一　环境规制带来的负面经济影响

环境规制带来的损失主要体现为污染企业生产成本增加[1]。企业生产成本增加将可能带来两个方面的后果，一是污染企业生产效率下降；二是"污染避难所"假说。

（一）环境规制对全要素生产率的影响

根据本书作者的梳理，环境规制对于企业全要素生产率（Total Factor Productivity，TFP）的影响没有一个一致的答案。部分文献认为环境规制导致了全要素生产率的降低，本书对这部分文献的梳理如下：

Gollop 和 Roberts（1983）[2] 最早利用美国 56 家发电企业 1973—1989 年的数据考察了 1970 年《清洁空气法案（修正案）》（*Clean Air Act Amendments*，CAAA）中制定的关于二氧化硫（SO_2）排放限制的

---

① Randy Becker and Vernon Henderson, "Effects of Air Quality Regulations on Polluting Industries", *Journal of Political Economy*, Vol. 108, Issue 2, 2000, pp. 379 – 421; Michael Greenstone, "The Impacts of Environmental Regulations on Industrial Activity: Evidence from the 1970 and 1977 Clean Air Act Amendments and the Census of Manufactures", *Journal of Political Economy*, Vol. 110, Issue 6, 2002, pp. 1175 – 1219; Antoine Dechezleprêtre and Misato Sato. "The Impacts of Environmental Regulations on Competitiveness", *Review of Environmental Economics and Policy*, Vol 11, Issue 2, 2017, pp. 183 – 206.

② Frank M. Gollop and Mark J. Roberts, "Environmental Regulations and Productivity Growth: The Case of Fossil-Fueled Electric Power Generation", *Journal of Political Economy*, Vol. 91, Issue 4, 1983, pp. 654 – 674.

政策对企业生产率的影响。结果发现，这一环境规制政策使得发电企业的生产成本上升，而这主要是由于发电企业使用了成本更高的低硫煤导致的。同时，这一环境规制使得企业生产率年均降低 0.59 个百分点。作者还发现，这些发电企业的生产率在 1975—1979 年进一步大幅度下降。这是由于在 1970 年出台了 CAAA 后，美国的环境保护署又出台了针对六种主要污染物（含 SO_2）的全国统一标准。每个州都提交了一份州执行计划（State Implementation Plan，SIP），并在该计划中列出目前该州的主要污染源，如何监管污染物的排放，并承诺国家的大气污染标准将在 1975 年 7 月前得以实现[①]。

　　早期大多数学者的研究思路通常是比较被规制的企业（或工厂）和未被规制的企业（或工厂）的生产率差异，其研究发现的结果大多是：相比未被规制的企业（或工厂），被规制企业（或工厂）的生产率显著下降（如 Gollop 和 Roberts[②]；Smith 和 Sims[③]）或者生产率变化不显著（Berman 和 Bui，2001）。但这些早期研究通常忽略了一个问题，即考虑企业或者工厂层面的特点（Albrizio et al.，2017）。

　　Gray 和 Shadbegian[④] 为了解决上述问题，在其研究中考虑了企业层面的特点。他们研究了环境规制对不同企业的生产率是否具有异质性。他们利用国家普查数据，选取了 116 家纸浆和造纸行业的企业为样本企业，用污染治理成本作为环境规制强度的代理变量，并且使用 OLS 和一阶差分（first-difference）这两种方法分别进行实证回归。研究发现，污染治理成本和企业的生产率水平呈现显著的负相关关系，

_____

① Marc J. Roberts and Suan O. Farrell, "The Political Economy of Implementation: The Clean Air Act and Stationary Sources", *Approaches to Controlling Air Pollution*, 1978.

② Frank M. Gollop and Mark J. Roberts, "Environmental Regulations and Productivity Growth: The Case of Fossil-Fueled Electric Power Generation", *Journal of Political Economy*, Vol. 91, Issue 4, 1983, pp. 654 – 674.

③ J. B. Smith and W. A. Sims, "The Impact of Pollution Charges on Productivity Growth in Canadian Brewing", *The Rand Journal of Economics*, Vol. 16, Issue 3, 1985, pp. 410 – 423.

④ Wayne B. Gray and Ronald J. Shadbegian, "Plant Vintage, Technology, and Environmental Regulation", *Journal of Environmental Economics and Management*, Vol. 46, Issue 3, 2003, pp. 384 – 402.

也就是说，污染治理成本越高的企业的生产率水平下降得更多。他们又进一步发现，污染治理成本的高低与企业所采用的技术高度相关。由于制造纸浆的过程产生较多的污染，因此，那些拥有制造纸浆的生产工艺和流程的"一体化企业"的污染治理成本是不具有纸浆流程的企业的两倍，环境规制对"一体化企业"的生产率的负面影响也更为显著。具体来说，环境规制使得拥有制浆工艺和流程的"一体化"企业的生产率下降9.3%，但是"非一体化企业"的生产率仅下降0.9%，使得"一体化企业"处于比较劣势地位。同时，环境规制对企业生产率的影响不随企业年龄开业年限（vintage）的不同而显著改变。他们认为，老企业虽然生产率较低，但这部分企业也同样对污染治理成本不那么敏感，这可能是由于老企业不受新环境规制的限制（"grandfathering" of regulation）。

Greenstone et al. [1] 进一步发展了 Gray 和 Shadbegian（2003）的研究。在 Greenstone et al. [2] 的研究中，他们不仅考虑了企业（或工厂）层面的特点，还考虑了不同的污染物排放规制对企业的异质性影响。他们利用1972—1993年近120万个工业企业数据，考察了1970年通过的《清洁空气法案（修正案）》（CAAA）对企业 TFP 水平的影响。该法案明确规定美国所有州都必须满足国家环境空气质量标准（National Ambient Air Quality Standards, NAAQS）。这里所说的质量标准是对部分空气污染物的特定标准，如：一氧化碳（CO）、二氧化硫（SO_2）、总悬浮颗粒（Total Suspended Particultes, TSP）和臭氧（O_3）。由于该法案的进展不力，1977年美国国会进一步通过了新的 CAAA，其中规定：从1978年开始，每个县每年都需要向上汇报满足 NAAQS 的情况，即达标（in-attainment）还是不达标（out-of attainment）。基于此法案，他们发现：CAAA 导致存活下来的污染企业的 TFP 下降2.6%。作者进一步认为，这一估计有可能由于没有考虑到非达标企业

① Michael Greenstone, John A. List and Chad Syverson, "The Effects of Environmental Regulation on the Competitiveness of U. S. Manufacturing", NBER Working Papers, Issue 18392, 2012.

② Ibid. .

而低估了产出的真实损失。为了解决这一问题，作者进一步控制了价格上涨、产出下降以及样本选择偏差等因素后，得到的结果发现 TFP 的下降幅度增大，即 CAAA 将会导致存活下来的企业的 TFP 水平下降4.8%。通过进一步推算了规制的经济成本，TFP 的下降导致工业企业每年损失近 210 亿美元（以 2010 年的美元价值计算）。另外，作者还发现了不同污染物的规制对未达标县的工业企业的 TFP 的影响具有异质性。关于臭氧的规制对未达标县的工业企业的生产率有非常显著的负向影响，总悬浮颗粒物和二氧化硫的规制对未达标县的工业企业的生产率也有显著负作用；然而，一氧化碳规制显著增加了未达标县的工业企业的生产率水平，尤其是那些属于冶炼行业的工业企业的生产率增加的幅度更大。也有更近期的研究讨论环境规制对企业生产率的影响。如：Franco 和 Marin[1] 发现环境税对 8 个欧洲国家 13 个制造业部门的企业生产率也有显著正向影响，但环境税对企业创新（用专利数目衡量）没有显著影响。Rubashkina et al.[2] 使用 17 个欧洲制造业部门的污染治理成本数据作为环境政策的代理变量，研究结果发现：随着污染治理和控制支出（作为环境政策严格程度的代理变量）的提高，企业的生产率并未受到显著影响；但是，需要注意的是，当使用专利数量作为企业的创新活动的产出的代理变量时，当环境规制变得越来越严格时，企业的创新活动的产出反而有所增加。

然而，需要指出的是，文献中环境规制对全要素生产率的影响的结论是不一致的。有部分学者认为可能的原因是实证研究中所使用的观测数据通常仅涵盖整个工业领域的某一个小子集，因而实证结果很可能高度依赖于该环境规制到底实施在哪个工业行业中[3]。部分研究

---

① Chiara Franco and Giovanni Marin, "The Effect of Within-Sector, Upstream and Down-stream Environmental Taxes on Innovation and Productivity", *Environmental and Resource Economics*, Vol. 97, Issue 9, 2013, pp. 1 – 31.

② Yana Rubashkina, Marzio Galeotti and Elena Verdolini, "Environmental Regulation and Competitiveness: Empirical Evidence on the Porter Hypothesis from European Manufacturing Sectors", *Energy Policy*, Vol. 83, Issue 35, 2015, pp. 288 – 300.

③ Johan Brolund and Robert Lundmark. "Effect of Environmental Regulation Stringency on the Pulp and Paper Industry", *Sustainability*, Vol. 9, Issue 12, 2017, p. 2323.

跨国家间（如 OECD 国家）环境规制政策对全要素生产率的影响的学者认为，可能的原因是由于数据的可得性差，合适的可以作为衡量"环境政策严格程度"的跨国家代理变量很难找①。

有学者认为环境规制促进了全要素生产率的提高。如：Murty 和 Kumar② 利用 1996—1999 年水污染行业的企业的数据，具体考察环境规制对印度 92 家制糖业企业生产效率的影响，以此来检验"波特假说"是否成立。他们的实证结果发现了"波特假说"成立的证据，即当企业提高了其对于环境规制的合规水平时，企业的技术效率有显著提高。Hamamoto③（2006）发现，环境规制的严格程度（用污染控制支出衡量）对企业的研究和开发活动（用企业研究和开发活动的支出衡量）有显著的正向影响。这进一步表明，严格的环境规制促使企业从事环保方面的技术创新活动。作者还发现，企业的环保创新对于企业生产率的提升是有正向影响的，也即作者所说的生产力强化效应（productivity enhancement effect）。Lanoie et al.④ 利用加拿大魁北克省制造业的数据来探索环境规制的严格程度和企业的生产率之间的关系。通过引入规制变量的滞后期来获得规制对企业生产率的动态影像，他们发现：虽然更加严格的环境规制一开始会降低企业的生产率，但是自规制实施了四年后（即当企业的创新过程已经完成时），规制开始对企业的生产率有显著的正向影响。近期也有中国学者开始

① Claire Brunel and Arik Levinson, "Measuring the Stringency of Environmental Regulations" *Review of Environmental Economics and Policy*, Vol. 10, Issue 1, 2016, pp. 47 – 67; Silvia Albrizio, Tomasz Koźluk and Vera Zipperer, "Environmental policies and productivity growth: Evidence across industries and firms", *Journal of Environmental Economics and Management*, Vol. 81, 2017, pp. 209 – 226.

② M. N. Murty and S. Kumar, "Win-win Opportunities and Environmental Regulation: Testing of Porter Hypothesis for Indian Manufacturing Industries", *Journal of Environmental Management*, Vol. 67, Issue 2, 2003, pp. 139 – 144.

③ Mitsutsugu Hamamoto, "Environmental Regulation and the Productivity of Japanese Manufacturing Industries", *Resource and Energy Economics*, Vol. 28, Issue 4, 2006, pp. 299 – 312.

④ Paul Lanoie, Michel Patry and Richard Lajeunesse, "Environmental Regulation and Productivity: Testing the Porter Hypothesis", *Journal of Productivity Analysis*, Vol. 30, Issue 2, 2008, pp. 121 – 128.

探讨到底是什么环境规制工具对于提高全要素生产率最有效。Xie et al. [①] 利用中国 30 个省份 2000—2012 年的面板数据进行了两个方面的研究：首先，根据 SBM 模型（slacks-based measure model）和 Luenberger 生产率指数来评估中国 30 个省份在工业领域的"绿色"生产率。通过估计，作者发现中国地区间的发展差异是巨大的，并且发展具有不可持续性。其次，通过使用面板门槛模型（threshold model）得到了两点主要的实证研究结论：第一，不同环境规制工具的使用，均可以和"绿色"生产率呈现正向的非线性相关关系，但是对环境规制严格程度的限制条件并不相同。具体来说，当使用"命令与控制"型环境规制工具时，能够得到两个使企业生产率提高的最优环境规制严格程度的范围，即存在两个门槛；当使用"基于市场"的环境规制手段时，作者仅发现一个门槛，并且对大多数省份而言，当前环境规制的严格程度是合理的。第二，基于中国的现实，在正式的环境规制工具（即"命令与控制"型环境规制工具和"基于市场"的环境规制工具）中，"基于市场"的环境规制工具可以更大程度地提高企业的生产率；同时，非正式的环境规制工具（即除了正式的环境规制工具以外的其他环境规制工具）的传导机制比较复杂。

近年来，也有学者开始逐渐产生一种新的观点，即环境规制对生产率的影响呈非线性关系[②]。尽管这些学者对于两者之间呈现的关系到底是倒"U"形还是"U"形等具体函数关系式没有达成统一意见，但是他们论证的核心逻辑都是看：环境规制对企业生产率的影响的方

---

① Ronghui Xie, YijunYuan and Jingjing Huang, "Different Types of Environmental Regulations and Heterogeneous Influence on 'Green' Productivity: Evidence from China", *Ecological Economics*, Vol. 132, 2017, pp. 104 – 112.

② Baolong Yuan, Shenggang Ren and Xiaohong Chen, "Can Environmental Regulation Promote the Coordinated Development of Economy and Environment in China's Manufacturing Industry? - A Panel Data Analysis of 28 Sub-sectors", *Journal of Cleaner Production*, Vol. 149, 2017, pp. 11 – 24; Nick Johnstone, ShunsukeManagi, Miguel CárdenasRodríguez, IvanHaščiš, HidemichiFujii and MartinSouchier, "Environmental Policy Eesign, Innovation and Efficiency Gains in Electricity Generation", *Energy Economics*, Vol. 63, 2017, pp. 106 – 115; Silvia Albrizio, Tomasz Koźluk and Vera Zipperer, "Environmental policies and productivity growth: Evidence across industries and firms", *Journal of Environmental Economics and Management*, Vol. 81, 2017, pp. 209 – 226.

向取决于两股力量的权衡，即正向的"创新效应"是否能够抵消负向的"合规成本效应"。具体来说，如果"创新效应"可以抵消"合规成本效应"的话，那么环境规制将会提高企业的生产率；反之，如果不能抵消的话，那么环境规制对企业生产率的影响是负向的。

（二）污染避难所

早在 1979 年，基于 Levinson 和 Taylor 文中提到的国际贸易理论[①]，Walter 和 Ugelow[②] 提出了著名的"污染避难所"假说（Pollution Haven Hypothesis）。该假说认为，环境质量的需求是收入敏感（income-sensitive）的，这意味着：相比较贫穷的国家（通常为发展中国家），高收入国家（通常为发达国家）倾向于制定更严格的环境规制标准。一方面，高收入国家有更强的环保偏好；另一方面，污染控制支出（一般情况下，政府不会对这部分支出给予补助）很可能通过提高产品价格的方式转嫁给消费者，从而使得重污染企业的生产成本上升，并且其产品在国际市场上的竞争力下降。低收入国家在某些生产线的成本转嫁方面拥有比较优势，由于这些国家的环境规制政策不那么严格、当地消费者的环保意识也不强，因而需要转嫁给消费者的污染控制成本较少。基于以上两个方面的原因，高收入国家的企业为了利益最大化，倾向于将污染密集型产业转移到低收入国家，也即低收入国家沦为高收入国家进行污染排放的避难所。

Copeland 和 Taylor[③] 一文中区分了"污染避难所假说"和"污染避难所效应"（pollution haven effect）。"污染避难所假说"已在上段有所论述，其核心是，贸易壁垒的减少将会使得污染密集型行业的跨国企业将其生产活动从环境规制更严格的国家向环境规制较为宽松的管家转移；"污染避难所效应"是指，更为严格的环境规制将对工厂

---

① Arik Levinson and M. Scott Taylor, "Unmasking the Pollution Haven Effect", *International Economic Review*, Vol. 49, Issue 1, 2008, pp. 223 – 254.

② Ingo Walter and Judith L. Ugelow, "Environmental Policies in Developing Countries", *Ambio*, Vol. 8, Issue 2/3, 1979, pp. 102 – 109.

③ Brian R. Copeland and M. Scott Taylor, "Growth, and the Environment", *Journal of Economic Literature*, Vol. 42, Issue 1, 2004, pp. 7 – 71.

的选址决定和贸易流向产生边际影响。作者进一步认为，"污染避难所假说"的理论基础较弱，而"污染避难所效应"的理论基础较强。这主要和国际贸易理论中通常所使用的假设有关。国际贸易理论中通常假设，不仅是环境规制，还有很多其他因素能够影响贸易流动。如果这些其他因素能够施加较强的影响的话，那么很可能"污染避难所假说"不成立，但是"污染避难所效应"成立。在实证文献中，通常检验的是"污染避难所效应"而非"污染避难所假说"。

随着 Walter 和 Ugelow[①] 的论文发表，"污染避难所效应"在实证领域发展出一系列研究，但是关于"污染避难所效应"存在与否，学术界并未达成统一的研究结论[②]。时至今日，该问题仍然在国际贸易、对外投资和环境等相关领域被热烈讨论[③]。

Levinson[④] 将有关"污染避难所效应"的研究分为第一代"污染避难所效应"研究和第二代"污染避难所效应"研究。第一代研究[⑤]一般使用的是横截面数据，并且大多假设环境规制是外生变量。第一代研究的结论通常是并未发现"污染避难所效应"存在的证据。第二代研究通常使用的是面板数据，从而可以控制一些不随时间变化的异质性因素。使用面板数据的方法要求环境规制是严格条件外生的。

---

① Ingo Walter and Judith L. Ugelow, "Environmental Policies in Developing Countries", *Ambio*, Vol. 8, Issue 2/3, 1979, pp. 102 – 109.

② Derek K. Kellenberg, "An Empirical Investigation of the Pollution Haven Effect with Strategic Environment and Trade Policy", *Journal of International Economics*, Vol. 78, Issue 2, 2009, pp. 242 – 255.

③ Smita B. Brunnermeier and Arik Levinson, "Examining the Evidence on Environmental Regulations and Industry Location", *The Journal of Environment & Development*, Vol. 13, Issue 1, 2004, pp. 6 – 41.

④ Arik Levinson, 2008, *Pollution Haven Hypothesis*. New Palgrave Dictionary of Economics (Second Edition), UK: Palgrave Macmillan: Basingstoke, p. 53.

⑤ Virginia D. McConnell and Robert M. Schwab, "The Impact of Environmental Regulation on Industry Location Decisions: The Motor Vehicle Industry", *Land Economics*, Vol. 66, Issue 1, 1990, pp. 67 – 81; Adam B. Jaffe, Steven R. Peterson, Paul R. Portney and Robert N. Stavins, "Environmental Regulation and the Competitiveness of U. S. Manufacturing: What Does the Evidence Tell us?", *Journal of Economic Literature*, Vol. 33, Issue 1, 1995, pp. 132 – 163; Arik Levinson, "Environmental Regulations and Manufacturers' Location Choices: Evidence from the Census of Manufactures", *Journal of Public Economics*, Vol. 62, Issue 1 – 2, 1996, pp. 5 – 29.

也就是说，当给定不随时间变化的不可观测的异质性和其他协变量的条件下，该环境规制是严格外生的。这一要求较为严格，因此，在第二代研究中，也有部分文献尝试放松假设并且使用该工具变量（Instrumental Variable，IV）法来试图解决环境规制的内生性问题。第二代研究的结论通常是发现了支持"污染避难所效应"的统计意义上和经济意义上显著的证据。

不少研究没有发现支持"污染避难所效应"成立的证据。这部分文献持有的基本观点有两种：一是环境规制的成本效应很小以至于可以被忽略；二是环境质量的改善可以反映在员工报酬的减少上。这是因为，如果环境没有得到改善的话，企业本应该支付给员工更高的报酬，从而让员工留下来生活和工作。这样的话，最终达到均衡状态时，总成本将保持不变[①]。例如：Jaffe et al.[②] 通过对相关文献的梳理，并未发现环境规制的严格程度的差异对贸易和投资流动有显著影响。Levinson[③] 利用企业层面的数据，实证检验了美国各个州层面不同的环境规制的严格程度对绝大多数制造业行业的企业的选址决定的影响。实证结果中，同样并未发现美国州际的环境规制差异对大多数制造业企业的选址存在系统性影响。

Grether et al.[④] 以全球视角为出发点，也发现了类似证据。首先，作者构建了"进口的污染成分"（Pollution Content of Imports，PCI）这

① Ingo Walter, "Environmentally Induced Industrial Relocation to Development Countries", *Environment and Trade*, 1982; Adam B. Jaffe, Steven R. Peterson, Paul R. Portney and Robert N. Stavins, "Environmental Regulation and the Competitiveness of U. S. Manufacturing: What Does the Evidence Tell us?", *Journal of Economic Literature*, Vol. 33, Issue 1, 1995, pp. 132 – 163; YuquingXing and Charles D. Kolstad, "Do Lax Environmental Regulations Attract Foreign Investment?", *Environmental and Resource Economics*, Vol. 21, Issue 1, 2002, pp. 1 – 22.

② Adam B. Jaffe, Steven R. Peterson, Paul R. Portney and Robert N. Stavins, "Environmental Regulation and the Competitiveness of U. S. Manufacturing: What Does the Evidence Tell us?", *Journal of Economic Literature*, Vol. 33, Issue 1, 1995, pp. 132 – 163.

③ Arik Levinson, "Environmental Regulations and Manufacturers' Location Choices: Evidence from the Census of Manufactures", *Journal of Public Economics*, Vol. 62, Issue 1 – 2, 1996, pp. 5 – 29.

④ Jean-Marie Grether, Nicole A. Mathys and Jaime De Melo, "Unraveling the Worldwide Pollution Haven Effect", *The Journal of International Trade & Economic Development*, Vol. 21, Issue 1, 2012, pp. 131 – 162.

一指标，并且将这个指标分解为三个部分：深度部分（"deep" component），即那些与环境方面的争论无关的传统变量；要素投入部分（factor endowment component）和"污染避难所"部分（"pollution haven" component），用以反映不同严格程度的环境规制的影响。然后，作者利用覆盖了10种污染物、48个国家和79个四位数行业部门的数据发现，从全球的角度来看，不同国家环境政策上的差异只是在1986—1988年，对国际贸易中的PCI存在边际影响。作者还发现，相比于全球PCI中的深度部分的影响比例，"污染避难所"部分对全球PCI的影响相当小。最后，作者利用二氧化硫近期的数据来进行稳健性检验，证实了之前得到的结论是可靠的。

也有部分学者的研究找到了"污染避难所效应"存在的证据[①]。在理论上，不少学者使用一般均衡框架[②]来论证，那些有着较为宽松的环境规制的国家倾向于专门发展污染密集型产业，或者起码在这些产业里享有比较优势。这进一步表明，发达国家中属于污染密集型行业的企业的最优策略是将其生产的工厂迁移至发展中国家。对于已经在海外有产业布局的跨国企业（Multinational Enterprises，MNE）来说更是如此，它们更倾向于重组其海外运营结构，将那些会产生高污染的工厂布局在环境规制较为宽松的发展中国家。

为了检验"污染避难所效应"假说，Xing和Kolstad[③]选取典型

---

① John A. List and Catherine Y. Co, "The Effects of Environmental Regulations on Foreign Direct Investment", *Journal of Environmental Economics & Management*, Vol. 40, Issue 1, 2000, pp. 1 – 20; Josh Ederington, Arik Levinson and Jenny Minier, "Footloose and Pollution-Free", *Review of Economics & Statistics*, Vol. 87, Issue 1, 2005, pp. 92 – 99; Jitao Tang, "Testing the Pollution Haven Effect: Does the Type of FDI Matter?", *Environmental & Resource Economics*, Vol. 60, Issue 4, 2015, pp. 549 – 578.

② Carlo Carraro and Domenico Siniscalco, "Environmental Innovation Policy and International Competition", *Environmental and Resource Economics*, Vol. 2, Issue 2, 1992, pp. 183 – 200; Brian R. Copeland and M. Scott Taylor, "North-South Trade and the Environment", *The Quarterly Journal of Economics*, Vol. 109, Issue 3, 1994, pp. 755 – 787; Daozhi Zeng and Laixun Zhao, "Pollution Havens and Industrial Agglomeration", *Journal of Environmental Economics and Management*, Vol. 58, Issue 2, 2009, pp. 141 – 153.

③ Yuqing Xing and Charles D. Kolstad, "Do Lax Environmental Regulations Attract Foreign Investment?", *Environmental and Resource Economics*, Vol. 21, Issue 1, 2002, pp. 1 – 22.

的污染行业的对外直接投资（Foreign Direct Investment，FDI）作为企业选址（尤其是与企业安置生产能力有关的企业选址行为）的代理变量。选取这一代理变量有两点原因：第一，对于某一个行业而言，将该行业的生产能力转移到国外基本意味着该行业的对外直接投资的增加；第二，如果环境规制的差异导致污染行业的企业发生了运营策略方面的改变的话，那么跨国企业更可能先在其企业内部进行生产方面的调整，或者如果该跨国企业在环境较为宽松的国家有分公司的话，该企业很可能会增加对该分公司的投资。而跨国企业所做的这两种调整行为都和企业的重新选址没有关系，但对外直接投资的流动可以更为全面和敏感地捕捉到企业应对环境规制差异的反应。同时，作者选取了多个行业作为研究样本，包括两个污染最为密集的行业（即化学、初级金属行业）和四个污染较轻的行业（即电子机械、非电子机械、交通设备和食品）。作者通过利用普通最小二乘法和工具变量法进行实证检验，结果发现，在美国的两个污染最为密集型行业中，确实存在投资国的对外直接投资和东道国的环境规制严格程度的显著负向关系。也就是说，东道国宽松的环境规制政策更能吸引来自美国的污染密集型产业的资本流入。这一发现为"污染避难所假说"提供了间接的支持证据。作者进一步发现，在美国的污染较轻的行业中，并未发现投资国对外直接投资和东道国环境规制的严格程度的负相关影响。这一发现再次印证了"污染避难所假说"，也就是说，东道国（多为发展中国家）可以通过利用其较为宽松的环境规制政策来吸引发达国家污染密集型产业的对外直接投资。

有学者通过实证研究发现，"污染避难所效应"的成立与否与污染物的类别有关。Eskeland 和 Harrison[1] 使用了不同的用来衡量"污染"的指标。当使用"空气污染"作为衡量"污染"的测量指标时，

---

① Gunnar S. Eskeland and Ann E. Harrison, "Moving to Greener Pastures? Multinationals and the Pollution Haven Hypothesis", *Journal of Development Economics*, Vol. 70, Issue 1, 2003, pp. 1 – 23.

来自发达国家的投资者将其空气污染程度较高的工业部门转移到发展中国家，即发现了"污染避难所效应"成立的证据。但是，当使用"污水污染"或者"固体污染"作为"污染"的衡量指标时，并未发现"污染避难所效应"存在的证据。作者还发现，相比于发展中国家本国的企业，迁移至发展中国家的"外国企业"（foreign firm）的污染程度更低。这一结论并不意味着"污染避难所效应"不存在，并且作者强调，这一发现也不意味着人们该停止对发达国家将污染密集型行业迁移至发展中国家这一现象的担心。相反，政策制定者应该更加关注污染控制政策本身，而不是过分关于投资流向或者特定的投资者的行为。

Cole 和 Elliott①针对实证研究中未发现关于"污染避难所效应"统一的结果提供了一个有力的解释。作者认为，之前的相关文献忽略了东道国（foreign country）的要素禀赋（factor endowment）对跨国企业选址的重要性。实际上，类似贸易的流动，对外投资的流动也至少部分受到东道国要素禀赋的影响，尤其当对外投资的流向是从发达国家向发展中国家时。那么，一个资本密集型的企业将会更倾向于在一个资本密集的国家里投资；同理，一个劳动密集型的企业更倾向于在一个劳动密集的国家投资。作者进一步论证了，一般来说，资本密集型的工业部门同时也是污染密集型的工业部门；与此同时，资本充裕的国家通常为环境规制较为严格的国家。作者将此称为"资本—劳动假说"（Capital-Labour Hypothesis，KLH）。可以看出，"资本—劳动假说"与"污染避难所假说"的观点相反。具体来说，"资本—劳动假说"认为，资本充裕的发达国家将会进一步专业化其在资本密集（同时也是污染密集）的工业部门的生产；同理，劳动力丰富的发展中国家将会进一步专业化其在劳动密集的工业部门的生产。与之观点对立的"污染避难所假说"则认为，环境规制较弱的发展中国家将

① Matthew A. Cole and Robert J. R. Elliott, "FDI and the Capital Intensity of 'Dirty' Sectors: A Missing Piece of the Pollution Haven Puzzle", *Review of Development Economics*, Vol. 9, Issue 4, 2005, pp. 530 – 548.

会进一步专业化其在污染密集（同时也是资本密集）的工业部门的生产；而环境规制较强的发达国家将会更专注于发展劳动密集型产业。接着，作者通过构建相关指数排名，筛选出两个最有可能成为"污染避难所"的国家（即墨西哥和巴西）——拥有相当高的资本——劳动比率，同时环境规制较为宽松的发展中国家。最后，作者通过回归发现：美国某一行业对外投资显著地受到该行业在美国污染治理成本的影响，这意味着"污染避难所效应"是存在的。

随着计量经济学的估计技术的发展和数据质量的改善，近年来越来越多的研究使用企业层面的微观数据来探究"污染避难所效应"是否成立这一研究问题。Smarzynska 和 Wei[①] 利用来自 25 个转型国家的 143 家跨国企业的数据，来实证检验工业化国家是否将工业污染活动迁移至发展中国家。作者认为，官僚腐败在发展中国家和环境规制的宽松相关。如果发展中国家（即东道国）内部存在严重的腐败问题时，那么这将对流入该国的对外投资不利，包括那些来自发达国家的污染密集型行业的对外投资。因此，如果遗漏了"腐败"变量的话，关于环境政策对对外直接投资的影响的计量估计可能存在偏误。为了解决这一问题，作者在其研究中同时考虑了腐败和环境规制标准的差异对对外直接投资的流入的影响。作者选取了四个指标来衡量环境规制标准：国际条约的参与、空气和水排放标准、环境可持续指数和各种污染物可观测的实际减少量。实证结果表明，并未发现"污染避难所假说"或"污染避难所效应"成立的证据。相反，作者发现，流入转型国家的对外直接投资更可能是来自发达国家的清洁产业的企业投资。Levinson 和 Taylor[②] 利用 1977—1986 年美国 132 个三位数制造业部门的企业从墨西哥和加拿大的进口数据，来实证检验"污染避

①　Beata Smarzynska Javorcik and Shang-Jin Wei, "Pollution Havens and Foreign Direct Investment: Dirty Secret or Popular Myth?", *Economic Analysis & Policy*, Vol. 3, Issue 2, 2004, Article 8.

②　Arik Levinson and M. Scott Taylor, "Unmasking the Pollution Haven Effect", *International Economic Review*, Vol. 49, Issue 1, 2008, pp. 223 – 254.

难所效应"是否存在。他们的实证结果证明，在美国，行业的污染治理成本（Pollution Abatement Cost，PAC）与净进口（net import）存在显著正相关。换句话说，那些污染治理成本增加最多的工业部门，其净进口的相对增加量也最大。固定效应模型估计结果显示，1%的污染治理成本的上升，意味着来自墨西哥的净进口上升0.2%，来自加拿大的净进口上升0.4%。进一步地，作者认为由于污染治理成本这一变量是内生变量，因而使用固定效应模型来估计会导致估计的"污染避难所效应"被低估。最后，作者利用制造业企业在美国各个州分布的地理信息作为工具变量，重新进行估计，发现污染治理成本与净进口之间的正相关程度变得更大，即1%的污染治理成本的上升可以推断出，来自墨西哥的净进口将上升0.4%，同时来自加拿大的净进口将上升0.6%。

虽然大多数文献聚焦于对发达国家对外直接投资流出的研究，也有部分研究关注环境规制要求较低的发展中国家的投资流入问题。对于发展中国家的投资流动的研究也是相当必要的。部分文献以中国为例，考察环境规制在严格程度上的差异对污染密集型产业转移的影响。Dean et al. [1] 通过利用1993—1996年2886家位于中国的、同时属于制造业行业的股份式合营企业（Equity Joint Venture，EJV）为研究样本，分别使用条件Logit模型和嵌套Logit模型进行估计。估计结果发现，当污染密集型的股份式合营企业受到的是来自香港、澳门和台湾的资助时，这类企业倾向于寻求环境规制要求较低的地理区位；而当污染密集型的股份式合营企业受到的是来自非港、澳、台国家（即西方发达国家）的企业的资助时，作者并未发现这部分企业有统计显著的环境寻求行为，不论该企业是否属于污染密集型产业。He利用中国29个省份的工业二氧化硫排放量的面板数据、运用联立模型（simultaneous model）来探究对外直接投资和污染排放

---

[1] Judith M. Dean, Mary E. Lovely and Hua Wang, "Are Foreign Investors Attracted to Weak Environmental Regulations? Evaluating the Evidence from China", *Journal of Development Economics*, Vol. 90, 2009, pp. 1 – 13.

量之间的关系。① 不同于其他研究，作者在联立方程系统中引入递归动态（recursive dynanism），也就是说，作者假设，企业在当期是否进行对外直接投资的决定取决于上一期的经济发展和环境规制的严格程度。实证结果为"污染避难所假说"提供了支持证据。Ljung-wall 和 Linde-Rahr 利用1987—1988 年中国 28 个省份和自治区的面板数据进行实证研究。结果发现，从全国层面来看，严格的环境规制政策对外国投资者的企业选址决定没有显著的影响；但是从区域层面来看，环境规制政策的差异使得更多的外国投资者将企业迁移至中国的欠发达地区，即找到了"污染避难所效应"在区域层面成立的证据。②

二 环境规制带来的正面经济影响

环境规制带来的收益主要体现在"波特假说"（Porter Hypothesis，PH）。Porter 和 Van Der Linde 认为，严厉且设计合理的环境规制，例如基于市场手段的税收或者排放许可等，可以激发创新，甚至能够抵消大部分环境规制的合规成本，从而实现对企业竞争力的净正面影响（net positive effect）。③ 严格的环境规制和良好的环境创新表现之间的关系，被称为"波特假说"。此后，大量学者围绕着环境规制、环保方面的技术创新和企业竞争力进行了深入研究。④

---

① Jie He, "Pollution Haven Hypothesis and Environmental Impacts of Foreign Direct Invest-ment: The Case of Industrial Emission of Sulfur Dioxide (SO_2) in Chinese Provinces", *Ecological E-conomics*, Vol. 60, Issue 1, 2006, pp. 228 – 245.

② Christer Ljungwall and Martin Linde Rahr, "Environmental Policy and the Location of For-eign Direct Investment in China", *Governance Working Papers*, 2005.

③ Michael E. Porter and Claas van der Linde, "Toward a New Conception of the Environment-Competitiveness Relationship", *Journal of Economic Perspectives*, Vol. 9, Issue 4, 1995, pp. 97 – 118.

④ Winston Harrington, Richard D. Morgenstern and Peter Nelson, "On the Accuracy of Reg-ulatory Cost Estimates", *Journal of Policy Analysis and Management*, Vol. 19, Issue 2, 2000, pp. 297 – 322; David Simpson, "Do Regulators Overestimate the Costs of Regulation?", *Journal of Benefit-Cost Analysis*, Vol. 5, Issue 2, 2014, pp. 315 – 332; Silvia Albrizio, Tomasz Koźluk and Vera Zipperer, "Environmental Policies and Productivity Growth: Evidence Across Industries and Firms", *Journal of Environmental Economics and Management*, Vol. 81, pp. 209 – 226.

不少研究针对如何实现上述"波特假说"进行了不同角度的探索。Jaffe 和 Palmer[1] 使用美国制造业两位数以及三位数行业代码的面板数据，并且使用固定效应模型来考察环境规制对企业的创新活动和表现的影响。作者使用两种衡量指标来代表企业的创新活动：总的企业研究开发支出和国内企业成功申请专利的数量；同时，作者使用企业的污染治理成本和支出（Pollution Abatement Costs and Expenditure，PACE）作为衡量环境规制严格程度的代理变量。实证研究结果发现，当控制了行业层面的个体异质性因素后，企业上一期的污染治理成本和支出对企业当期的研发支出存在显著正向影响。这一结果表明，企业环保合规支出的增加，导致了企业随后的研发支出的增加。但是，作者并未发现国内企业成功申请专利的数量与环保合规成本存在相关性。Yang et al.[2] 也在中国台湾的制造业发现了类似的证据。作者利用 1997—2003 年行业层面的面板数据，通过实证检验发现，排污治理费用（作为环境规制的代理变量）与研究和开发（R&D）支出正向相关，这表明更大力度的环境保护可以促进企业进行研究和开发行为。

通过对文献的梳理，本书作者发现，文献中关于环境规制对企业创新的影响方面还没有统一的定论。一方面，有部分学者认为：环境规制导致的环保创新可能会替代企业在其他方面的创新，使得整体的创新水平没有发生变化。Gray 和 Shadbegian[3] 利用美国造纸厂的数据发现，更严格的空气规制和水规制提升了企业的环保创新，但是增加的在排放和水污染技术方面的投资是以牺牲其他在生产力改进方面的

---

① Adam B. Jaffe and Karen Palmer, "Environmental Regulation and Innovation: A Panel Data Study", *Review of Economics and Statistics*, Vol. 79, Issue 4, 1997, pp. 610 – 619.

② Chihhai Yang, Yuhsuan Tseng and Chiangping Chen, "Environmental Regulations, Induced R & D, and Productivity: Evidence from Taiwan's Manufacturing Industries", *Resource and Energy Economics*, Vol. 34, Issue 4, 2012, pp. 514 – 532.

③ Wayne B. Gray and Ronald J. Shadbegian, "Plant Vintage, Technology, and Environmental Regulation", *Journal of Environmental Economics and Management*, Vol. 46, Issue 3, 2003, pp. 384 – 402.

创新为代价的。Popp 和 Newell[1] 发现在企业层面也存在类似的"挤出效应"（crowd-out effect），即有关能源方面的专利挤出企业其他类别的专利。Hottenrott and Rexhäuser[2] 进一步发现，由于受到信贷约束的影响，小企业的"挤出效应"更为明显。Aghion et al.[3] 发现，企业在清洁小轿车（如电动车、混合动力车、氢车）方面的创新要远远多于在传统小轿车（如有内燃机的车）方面的创新，前者的创新是以减少对后者的创新为代价的。另一方面，也有部分学者认为不存在所说的企业创新方面的"挤出效应"。Noailly 和 Smeet[4] 没有在企业层面找到创新的"挤出效应"，并且他们都认为某些环境规制也许可以提高被规制企业的整体的创新程度，而不仅仅是将创新的方向从污染技术转到清洁技术。

三　环境规制对企业策略选择的影响

由于环境规制的严苛，部分企业选择了企业迁移行为[5]。Cai et al.[6] 通过对中国中央政府对水污染减排政策的分析，发现了水污染企

---

① David Popp and Richard Newell, "Where does Energy R & D Come From? Examining Crowding out from Energy R & D", *Energy Economics*, Vol. 34, Issue 4, 2012, pp. 980 – 991.

② Hanna Hottenrott and Sascha Rexhäuser, "Policy-Induced Environmental Technology and Inventive Efforts: Is There a Crowding Out?", *Industry and Innovation*, Vol. 22, Issue 5, 2015, pp. 375 – 401.

③ Philippe Aghion, Antoine Dechezleprêtre, David Hemous, Ralf Martin and John Van Reenen, "Carbon Taxes, Path Dependency and Directed Technical Change: Evidence from the Auto Industry", *Journal of Political Economy*, Vol. 124, Issue 1, 2016, pp. 1 – 51.

④ Joëlle Noailly and Roger Smeet, "Directing Technical Change from Fossil-fuel to Renewable Energy Innovation: An Application Using Firm-level Patent Data", *Journal of Environmental Economics and Management*, Vol. 72, 2015, pp. 15 – 37.

⑤ J. Vernon Henderson, "Effects of Air Quality Regulation", *American Economic Review*, Vol. 86, Issue 4, 1996, pp. 789 – 813; Randy Becker and Vernon Henderson, "Effects of Air Quality Regulations on Polluting Industries", *Journal of Political Economy*, Vol. 108, Issue 2, 2000, pp. 379 – 421; Smita B. Brunnermeier and Arik Levinson, "Examining the Evidence on Environmental Regulations and Industry Location", *The Journal of Environment & Development*, Vol. 13, Issue 1, 2004, pp. 6 – 41.

⑥ Xiqian Cai, Yi Lu, Mingqin Wu and Linhui Yu, "Does Environmental Regulation Drive Away Inbound Foreign Direct Investment? Evidence from a Quasi-natural Experiment in China", *Journal of Development Economics*, Vol. 123, 2016, pp. 73 – 85.

业向环境规制实施力度较弱的地区迁移的证据。他们利用中国中央政府在 2001 年公布的"第十个五年计划"中，首次将环境保护和污染物减排纳入"国家战略计划"，并且要求到 2005 年年底，部分污染物需要减少 10% 的排放量。作者借助三重差分的方法，对中国 24 个主要河流 1998—2008 年的县层面的工业企业活动进行回归分析，进而探究这一关于污染物减排的规定来看该规定对于各省份的影响。他们发现：位于省份最下游的县相比于与之相似的县的水污染活动要多出 20%；同时；也有显著更多的属于水污染行业的企业进入位于省份下游的县。这一现象为企业的策略排污行为（strategic polluting behavior）提供了有力证据，作者将这种现象称为"下游效应"（downstream effect）。为了发现为什么会存在这种"下游效应"，作者进一步使用"排污费"（pollution fee）作为一个省份对其下属的各个县的环保实施力度，结果发现：一个省份对于该省份最下游的县的环保实施力度最小，也就是说，为了应对中央政府的环保规定，省政府对其环保实施力度在全省范围内进行分配，并对该省份位于河流最下游的县实施力度最小的环境规制。

　　不仅水污染行业的企业有策略选址行为，有学者发现排放大气污染物的企业也有类似的策略性企业选址行为。根据 Monogan et al.[①] 使用一种较为新颖的方法——空间点模式分析（spatial point analysis）法来判断是有较大的、静止的大气污染源不均衡地分布在位于下风向的州。他们利用美国 36747 个地址信息（其中 16211 个地址属于实验组，20536 个地址属于控制组），结果发现：相比控制组中处于其他工业行业的工厂而言，排放大气污染物的工厂显著地更愿意在该州位于下风向的边界处选址。

　　与此同时，也有学者从企业应对环境规制的策略选择来看环境规制的有效性。具体表现为，环境规制政策可能会影响企业的生产过程

　　① James E. Monogan, David M. Konisky and Neal D Woods, "Gone with the Wind: Federalism and the Strategic Location of Air Polluters", *American Journal of Political Science*, Vol. 47, 2017, pp. 257–270.

（如耗能产品或中间品外包等）、资源的再分配、资本投资、劳动力密集程度、纵向整合、质量管理、创新激励和金融表现[1]。

现有研究中存在以下四点不足之处。

一是并未考虑地方政府官员与中央政府官员利益不一致问题对环境规制的影响。在中国，环境规制的实施需要得到当地政府的配合[2]，而当地政府在制定政策时，需要在多个政策目标（如发展经济、改善环境、增加就业、增加财政收入、增进社会公平、提供更多的公共服务等）中进行平衡。Stiglitz[3] 提出，对任何一个国家而言，政府都是最重要的机构。Xu[4] 进一步认为，中国的政治制度和实际国情表现为两方面的特点：一方面是政治集权，即中央政府把控人事任免权；另一方面是经济分权，地方政府发展经济，并且负责执行、偏离或者拒绝中央政府制定的改革政策、规则和法律。基于中国特殊的政治制度和实际国情，充分调动地方政府的积极性对于完善中国的制度起到了非常重要的作用。需要注意的是，地方政府很可能是"短视"的。根据 Wu et al.[5] 的研究结论表明，地方政府更愿意增加在交通基础设

① Linda C Angell and Robert D Klassen, "Integrating Environmental Issues into the Mainstream: An Agenda for Research in Operations Management", *Journal of Operations Management*, Vol. 17, Issue 5, 1999, pp. 575 – 598; Meredith Fowlie, "Emissions Trading, Electricity Restructing, and Investment in Pollution Abatement", *American Economic Review*, Vol. 100, Issue 3, 2010, pp. 837 – 869; Karen Fisher-Vanden, Erin T. Mansur and Qiong (Juliana) Wang, "Electricity Shortages and Firm Productivity: Evidence from China's Industrial Firms", *Journal of Development Economics*, Vol. 144, 2015, pp. 172 – 188; Silvia Albrizio, Tomasz Koźluk and Vera Zipperer, "Environmental Policies and Productivity Growth: Evidence Across Industries and firms", *Journal of Environmental Economics and Management*, Vol. 81, 2017, pp. 209 – 226.

② Yvonne Jie Chen, Pei Li and Yi Lu, "Career Concerns and Multitasking Local Bureaucrats: Evidence of a Target-based Performance Evaluation System in China", *Journal of Development Economics*, 2018.

③ Joseph E Stiglitz, 1989, "On the Economic Role of the State", *In The Economic Role of the State*, edited by Arnold Heertje, Cambridge, Mass. and Oxford: Basil Blackwell, pp. 9 – 85.

④ Chenggang Xu, "The Fundamental Institutions of China's Reforms and Development", *Journal of Economic Literature*, Vol. 49, Issue 4, 2011, pp. 1076 – 1151.

⑤ Jiannan Wu, Mengmeng Xu and Pan Zhang, "The Impact of Governmental Performance Assessment Policy and Citizen Participation on Improving Environmental Performance across Chinese Provinces", *Journal of Cleaner Production*, Vol. 184, 2018, pp. 227 – 238.

施方面的投资支出，因为这方面的投资可以在短期内提高土地价格，从而实现更高的地方 GDP 增长率，进而促使地方领导干部（省长和省委书记）获得更高概率的政治晋升机会，这更符合地方领导干部的利益诉求；与之相反的是，虽然地方政府环保投资支出的增加能够显著地改善地方的环境表现，并且地方的环境改善对该地的长远发展是有益处的，但是这部分支出在短期内不仅不能提高土地价格，更重要的是，实证研究结论显示，环保投资的增加与地方领导干部的升迁概率呈显著负相关。由于中央政府在实际的人事任免过程中，将地方经济发展作为地方领导干部晋升的重要政绩考核指标，因而地方政府官员面临通过发展经济求得晋升的政治激励；同时，在中国实行了分税制改革后，地方政府面临着巨大的财政压力，这导致地方官员过分看重当地 GDP 的增长，忽视教育、卫生、环保、收入差距等民生问题[1]。为了争夺更多的资本和劳动力，地方政府甚至会通过引入"两高一剩"（即高污染、高耗能、产能过剩）行业的企业来吸引外资，从而增加地方财政收入[2]。因此，研究环境规制时，需要引入地方政府官员诉求。

二是环境规制对全要素生产率的影响，至今没有一致的答案。Jaffe et al.[3]、Greenstone et al.[4] 等人的研究表明，环境规制会导致污染企业的生产效率降低；而 Murty 和 Kumar[5] 等人的研究表明，环境规制能够提高企业的生产效率。与发达国家不一样，不少发展中国家

　　① 陈钊、徐彤：《走向"为和谐而竞争"：晋升锦标赛下的中央和地方治理模式变迁》，《世界经济》2011 年第 9 期。

　　② 陶然等：《地区竞争格局演变下的中国转轨：财政激励和发展模式反思》，《经济研究》2009 年第 7 期。

　　③ Adam B. Jaffe, Steven R. Peterson, Paul R. Portney and Robert N. Stavins, "Environmental Regulation and the Competitiveness of U. S. Manufacturing: What Does the Evidence Tell us?", *Journal of Economic Literature*, Vol. 33, Issue 1, 1995, pp. 132 – 163.

　　④ Michael Greenstone, John A. List and Chad Syverson, "The Effects of Environmental Regulation on the Competitiveness of U. S. Manufacturing", *NBER Working Papers*, Issue 18392, 2012.

　　⑤ M. N. Murty and S. Kumar, "Win-win Opportunities and Environmental Regulation: Testing of Porter Hypothesis for Indian Manufacturing Industries", *Journal of Environmental Management*, Vol. 67, Issue 2, 2003, pp. 139 – 144.

技术水平相对较低，而且设施投资相对少，一定的环境规制可能迫使发展中国家的污染企业采用污染少，且技术含量高，成本更低的设备，这样反而使得污染企业的生产效率提升。

三是未考虑环境规制对企业总体竞争力的影响。即使环境规制增加了污染企业的生产成本，然而，这并不能说明污染企业的竞争力随之下降。相反，环境规制可能带来企业产品价格上涨[1]，当产品价格上涨幅度高于企业边际成本上涨幅度，企业的竞争力并不是在降低，而是在提高。然而，现在很少有文献谈论环境规制对企业的成本加成（markup）带来的影响。

四是未考虑企业所有权性质。目前，大部分环境规制的研究都是基于美国数据，在所有权方面，中国与美国存在较大差异。与美国以私有企业为主不同，中国的企业分为国有企业、集体企业和私有企业。与私有企业相比，国有企业与当地政府谈判的能力更强，这种谈判能力会影响企业的经济活动。Dean et al. [2]认为，企业的所有制结构确实能够影响环境规制的效果。

以上文献综述和相关评论总结表明，环境规制方面依然存在很多值得研究的领域。本书将会在第九章实证部分运用 1998—2008 年《中国工业企业数据库》中关于企业的基本信息以及财务信息（其中基本信息中包含企业所有权状况，财务信息中包含了企业的主营业务成本、总资产、利润总额等），从而有利于本书在研究环境规制时考虑企业所有权性质和对企业的生产成本、资产收益率等财务指标的各方面影响。

四　国内研究

国内学者关于环境规制政策影响的相关研究起步较晚。根据本书

① Michael Greenstone, John A. List and Chad Syverson, "The Effects of Environmental Regulation on the Competitiveness of U. S. Manufacturing", *NBER Working Papers*, Issue 18392, 2012.

② Judith M. Dean, Mary E. Lovely and Hua Wang, "Are Foreign Investors Attracted to WeakEnvironmental Regulations? Evaluating the Evidence from China", *Journal of Development Economics*, Vol. 90, 2009, pp. 1 – 13.

作者梳理，近年来，中国关于环境规制的经济影响和企业策略选择方面的研究有以下两个特点：第一，受制于数据限制，衡量环境规制强度（或者说环境规制的严格程度）的代理变量多使用省级层面宏观数据，由于间接指标的设定可能导致内生性和估计偏误的问题，近期有越来越多的国内学者开始利用准自然实验，运用双重差分的方法来进行研究；第二，环境规制对于企业竞争力等方面的影响是较为复杂的非线性关系。

关于国内文献中对于环境规制强度的度量，不同文献有不同的做法，但大多都是选取数据完整性和可得性较高的省级宏观数据作为代理变量[①]。例如：张成等[②]、李小平等[③]、肖兴志和李少林[④]、原毅军和刘柳[⑤]以及余长林和高宏建[⑥]均使用各省份的工业污染治理本年投资额占工业增加值的比重作为环境规制强度的代理变量。其中，分子"工业污染治理本年投资额"是指企业用于治理各种来源的环境污染所投入的资金总额。他们认为：如果一个省份进行环境管理的意愿越强、决心越大，即该省份的环境规制强度较高，那么该省份会增加其工业污染治理的投资额。李玲和陶锋[⑦]研究的是中国 28 个制造业部门的最优环境规制强度该如何选择。不同于其他国内文献，他们构建了衡量环境规制强度的综合测量体系，其中：环境规制强度是目标层、废水排放达标率、二氧化硫去除率和固体废物综合利用率作为评价指

①　葛枫：《环境规制可以提升企业竞争力吗?》，博士学位论文，浙江大学，2015 年，第 98—108 页。

②　张成等：《环境规制强度和生产技术进步》，《经济研究》2011 年第 2 期。

③　李小平、卢现祥、陶小琴：《环境规制强度是否影响了中国工业行业的贸易比较优势》，《世界经济》2012 年第 4 期。

④　肖兴志、李少林：《环境规制对产业升级路径的动态影响研究》，《经济理论与经济管理》2013 年第 33 卷第 6 期。

⑤　原毅军、刘柳：《环境规制与经济增长：基于经济型规制分类的研究》，《经济评论》2013 年第 1 期。

⑥　余长林、高宏建：《环境管制对中国环境污染的影响——基于隐性经济的视角》，《中国工业经济》2015 年第 7 期。

⑦　李玲、陶锋：《中国制造业最优环境规制强度的选择——基于绿色全要素生产率的视角》，《中国工业经济》2012 年第 5 期。

标层。宋文飞等[1]使用国内生产总值（GDP）占能源消费量的比重来测算 33 个工业行业环境规制的严格程度。他们认为，该指标选取的好处在于它可以衡量政府制定的环境规制的真实效果。类似地，任力和黄崇杰[2]采用能源消费量占每 1000 美元的比重和人均能源消费量这两项指标来衡量与中国有贸易关系的 37 个国家的环境规制强度，并用这两个指标来研究环境规制的严格程度对中国出口贸易的影响。

由于以上度量环境规制强度的指标均为间接指标，可能会产生由于遗漏变量而导致的内生性问题，诸如：污染物排放量的减少可能不仅是由于环境规制的强度增大导致，还可能由于技术进步。为了解决或者减少代理变量指标的选择可能产生的内生性和估计偏误问题，近期有不少国内文献开始利用某项环境规制政策的实施作为准自然实验（quasi-natural experiment），利用双重差分的方法来研究环境规制对经济和企业行为的影响。例如：龙小宁和万威[3]为了研究环境规制是否促进中国制造业企业的创新行为进而提高企业的利润率，利用中国在 2004 年 10 月出台实施的《清洁生产审核暂行办法》这一事件，结合 1998—2007 年中国制造业企业的数据，研究发现：该清洁生产标准的实施对企业的影响具有异质性，即标准的实施显著地提高了规模较大的企业的利润率，却降低了规模较小的企业的利润率。韩超和胡浩然[4]同样利用这一清洁生产标准规制，结合倾向匹配得分（Propensity Score Matching，PSM）和双重差分法来分析环境规制对企业全要素生产率的影响的"挤出效应"和"学习效应"。

关于环境规制对企业全要素生产率或企业竞争力的影响，不同于国外学者的研究，近年来，国内学者聚焦于分析环境规制对全要素生

① 宋文飞、李国平、韩先锋：《环境规制、贸易自由化与研发创新双环节效率门槛特征——基于中国工业 33 个行业的面板数据分析》，《国际贸易问题》2014 年第 2 期。

② 任力、黄崇杰：《国内外环境规制对中国出口贸易的影响》，《世界经济》2015 年第 5 期。

③ 龙小宁、万威：《环境规制、企业利润率与合规成本规模异质性》，《中国工业经济》2017 年第 6 期。

④ 韩超、胡浩然：《清洁生产标准规制如何动态影响全要素生产率——剔除其他政策干扰的准自然实验分析》，《中国工业经济》2015 年第 5 期。

产率（或企业创新）的影响可能为非线性关系。张成等[①]对 20 世纪末 21 世纪初中国 30 个省份的所有工业部门进行面板数据的回归，检验环境规制的强度和企业生产技术进步的关系。作者发现，这两者之间存在统计显著的"U"形关系。具体来说，较为宽松（即位于"U"形曲线拐点的左侧）的环境规制会降低企业的生产技术进步率；而较为严格（即位于"U"形曲线拐点的右侧）的环境规制会提升企业的生产技术进步率。作者进一步对中国 30 个省份的样本划分为东部、中部、西部，发现在中国东部、中部地区，环境规制的严格程度（或者说环境规制的强度）和企业生产技术进步存在"U"形关系；而在中国西部地区，并未发现统计显著的"U"形关系。

　　关于环境规制对污染转移的影响，中国学者也发现了污染企业迁移的定性和实证研究证据。中国国内企业迁移以劳动密集型产业和高污染产业为主[②]。例如，2007 年从深圳外迁的企业中，近 70% 的企业属于来料加工、来料装配、来样加工和补偿贸易的企业，这类企业对环境的破坏较为严重；甚至，一些企业被环保部门列为要加强环境监管和污染治理的重点污染企业[③]。豆建民和沈艳兵[④]聚焦于国内产业转移对污染转移的影响，利用中国中部六省 2000—2010 年的面板数据。实证研究结果发现，在中国 2004 年实施了"中部崛起"发展战略后，二氧化硫、烟尘或非水污染密集型产业有明显的向中部地区转移的趋势，导致污染物向中部地区转入。

本章小结

　　本章对与环境规制有效性直接相关的理论进行了评述，主要分为

---

　　① 张成、陆旸、郭路、于同申：《环境规制强度和生产技术进步》，《经济研究》2011 年第 2 期。

　　② 魏后凯、白玫：《中国企业迁移的特征、决定因素及发展趋势》，《发展研究》2009 年第 10 期。

　　③ 申勇：《深圳企业外迁现象剖析及政策调整》，《当代经济》2008 年第 5 期。

　　④ 豆建民、沈艳兵：《产业转移对中国中部地区的环境影响研究》，《中国人口·资源与环境》2014 年第 24 卷第 11 期。

三个部分：第一部分，评述了环境规制实施的相关理论；第二部分，评述了环境规制的环境影响；第三部分，评述了环境规制的经济影响和企业策略选择相关理论。

　　本章在对国内外研究现状综述的基础上，对现有文献进行评述与思考。结合本书研究的核心问题，本书归纳并评述了现有文献关于环境规制有效性的研究成果以及中国环境规制实施中存在的问题。根据中国的现实情况和已有文献中尚未完善的研究成果，本书的研究角度确定在基于行政问责的环境规制有效性研究。本研究的角度与一般文献中对环境规制有效性的实证研究不同。在研究方法上，绝大多数文献侧重从实证角度研究环境规制的有效性，本书采取理论研究与实证研究相结合的方法。

第三章　行政问责制相关理论及实践

本章主要分为三个部分：第一部分，从公共管理领域的视角，对行政问责制相关理论进行梳理。第二部分，基于委托代理理论框架，对行政问责制的经济学理论基础进行阐释。为了应对信息不对称下的委托代理问题，本小节同时对经济机制理论进行梳理。第三部分，梳理中国实行的两项环境保护行政问责制的政策实践现状。

第一节　行政问责制相关理论研究综述

一　行政问责制理论

问责（accoutability）是一个在公共行政（public administration）领域被广泛研究的概念（Ma 和 Hou，2009）。在现代行政问责研究中，罗美泽克（Romzek）和杜布里克（Dubnick）① 于 1987 年发表了具有代表性的研究论文。不同于传统的行政问责制中强调的"对行动或行为的解释"，他们建立了新型的"预期管理策略"②。"预期管理策略"可以理解为，公共机构和其员工管理不同的预期，有的预期产生于组织内部，而有的预期产生于组织外部。在"预期管理策略"

---

① Barbara S. Romzek and Melvin J. Dubnick, "Accountability in the Public Sector: Lessons from the Challenger Tragedy", *Public Administration Review*, Vol. 47, Issue 3, 1987, pp. 227 – 238.

② Michael G. O'Loughlin, "What Is Bureaucratic Accountability and How Can We Measure It?", *Administration & Society*, Vol. 22, Issue 3, 1990, pp. 275 – 302；陈力予：《中国行政问责制度及对问责程序机制的影响研究》，博士学位论文，浙江大学，2008 年，第 24—31 页。

的假设中，以问责关系分类研究方法为指导，罗美泽克和杜布里克认为，有两个核心要素可以使"问责"概念化和系统化：第一，权威的控制途径（authoritative source of control）。也就是说，定义和控制"预期"的能力（可以理解为进行"问责"的能力）是来自公共行政的内部机构，还是来自公共行政之外的其他机构。第二，控制程度（degree of control）。也就是说，四种类型的问责有各自不同的实现机制，并且在实现程度上有强弱之分。罗美泽克和杜布里克认为，由内外两种控制途径和强弱两种控制程度构成了行政、职业、法律和政治四种典型的问责类型，具体形式如表 3-1 所示。

表 3-1　　　　　　　　　　　　问责类型

		控制途径	
		内部	外部
控制强度	高	行政问责	法律问责
	低	职业问责	政治问责

　　根据罗美泽克和杜布里克提出的四种问责类型来看中国的情况可以得知，中国的法律问责、职业问责和政治问责都比较弱[①]。相比于上述在中国较弱的三种问责，行政问责比较强，并且是中国政府规制由上到下实施方式的核心。这不仅是由于中国共产党较强的控制力导致的，而且是基于中国两千多年中央集权统治制度的历史和文化基础。

　　早在 20 世纪 90 年代，中国共产党就开始通过"岗位责任制"来加强对地方领导干部（包括地方书记和政府领导）的控制[②]。随后，

---

　　① Donald C. Clarke, "China's Legal System and the WTO: Prospects for Compliance", 2 *Washington University Global Study Law Review*, Vol. 2, Issue 1, 2003, pp. 97 - 121; David S. Clark, 2015, "Legal Systems, Classification of," in *International Encyclopedia of the Social and Behavioral Sciences* (*Second Edition*), pp. 800 - 807; Jiankun Lu and Pi-Han Tsai, "Signal and Political Accountability: Environmental Petitions in China", *Economics of Governance*, Vol. 4, 2017, pp. 1 - 8.

　　② Maria Edin, "State Capacity and Local Agent Control in China: CCP Cadre Management from a Township Perspective", *China Quarterly*, Vol. 173, Issue 173, 2003, pp. 35 - 52.

"岗位责任制"进一步发展出具有更强的控制力的制度，即"目标责任制"[1]。这套对官员的考核体系包括了一系列考核指标，包括了诸如 GDP 增长、钢铁生产、道路建设的公里数等指标，在所有的考核指标中，有关地方经济表现的指标被赋予了更多的关注，并且地方经济的表现和地方领导干部的政治晋升显著相关[2]。Whiting[3] 以征税和信用配额为研究的切入点，对基层领导干部的"岗位责任制"的实行情况进行了全面考察。他的研究关注的是领导干部考核的经济指标、奖金形式的经济奖励以及预期的或非预期的经济后果。他进一步发现中国共产党实行的"岗位责任制"不仅是为了高层加强对低层的控制，同时也是改善政府效率的一种方式。Heinrich[4] 和 Lazear[5] 都发现对金融体系实行目标责任制考核对实现公共领域内考核指标的改善有显著的积极作用。

国内学者也对行政问责制进行了相关研究，然而对"行政问责制"的定义，不论是学术领域、党政文件还是法律法规都没有达成统一共识，他们都是从不同角度给出了相应的解释[6]。杜钢建[7]首次提

①　Kevin J. O'Brien and Lianjiang Li, "Selective Policy Implementation in Rural China", *Comparative Politics*, Vol. 31, Issue 2, 1999, pp. 167 – 186; Hon S. Chan and Jie Gao, "Performance Measurement in Chinese Local Governments: Guest Editors' Introduction", *Chinese Law and Government*, Vol. 41, Issue 2 – 3, 2008, pp. 4 – 9.

②　Hongbin Li and Li-an Zhou, "Political Turnover and Economic Performance: The Incentive Role of Personnel Control in China", *Journal of Public Economics*, Vol. 89, Issue 9 – 10, 2005, pp. 1743 – 1762.

③　Susan Hayes Whiting, "The Micro-Foundations of Institutional Change in Reform China: Property Rights and Revenue Extraction in the Rural Industrial Sector", University of Michigan Theses, 1995.

④　Carolyn J. Heinrich, "Outcomes-Based Performance Management in the Public Sector: Implications for Government Accountability and Effectiveness", *Public Administration Review*, Vol. 62, Issue 6, 2006, pp. 712 – 725; Carolyn J. Heinrich, "Improving Public-Sector Performance Management: One Step Forward, Two Steps Back?", *Public Finance and Management*, Vol. 4, Issue 3, 2004, pp. 317 – 351.

⑤　Edward P. Lazear, "Performance Pay and Productivity", *American Economic Review*, Vol. 90, Issue 5, 2000, pp. 1346 – 1361.

⑥　段振东:《行政同体问责制研究》，博士学位论文，吉林大学，2014 年，第 45—65 页。

⑦　杜钢建:《走向政治问责制》，《决策与信息》2003 年第 9 期。

出"同体问责"和"异体问责"的概念。随后，有学者便从这两个角度对行政问责制进行了相关研究。其中，"同体问责"的问责主体和问责客体均在执政党或政府；"异体问责"的问责主体是社会公众、法院、人大代表、民主党派、新闻机构，问责客体是执政党和政府。有的学者认为行政问责制的核心是"同体问责"。韩剑琴①则认为行政问责是行政系统的内部问责，是对政府部门的领导或者行政主要负责人的一种内部监督机制，即"同体问责"。也有学者强调行政问责制应加强"异体问责"。周亚越②指出，中国文化中的问责意识较为淡薄，尤其是公众对于政治参与的积极性较差。问责制从本质上讲是一种责任追究制度，她认为应该加强社会公众对政府机关以及工作人员的问责，即"异体问责"。与此同时，也有学者认为问责的主客体应该多元化，即可以同时包括"同体问责"和"异体问责"。③

二 行政问责制要素

关于行政问责制的要素，不同学者也提出了不同的观点，有的学者认为应该有"三要素"。吕永祥和王立峰④认为"问责主体—问责对象—问责内容"这三个维度是问责机制中最重要的三个因素，他们基于这三个维度作为分析的视角，对中国自"十八大"高压反腐以来，中国行政主体"不作为""不愿为""不敢为"的发生机理和治理机制进行分析，对建立责任政府提出相关改进建议。也有学者认为行政问责制应包含"四要素"。余望成和刘红南⑤认为一个具有操作

① 韩剑琴：《行政问责制——建立责任政府的新探索》，《探索与争鸣》2004 年第 8 期。

② 周亚越：《论中国问责文化的缺失与建构》，《宁波大学学报》（人文版）2008 年第 21 卷第 3 期。

③ 刘厚金：《中国行政问责制的多维困境及其路径选择》，《学术论坛》2005 年第 11 期；寇凌：《行政问责主体研究》，博士学位论文，中国政法大学，2011 年，第 49—65 页。

④ 吕永祥、王立峰：《高压反腐下行政不作为的发生机理与治理机制——以问责要素的系统分析为视角》，《东北大学学报》（社会科学版）2018 年第 1 期。

⑤ 余望成、刘红南：《行政问责制：由来、困惑与出路初探》，《湖南科技学院学报》2005 年第 26 卷第 6 期。

性的行政问责制应该包含四个方面：问责事件、问责主体、问责客体和问责程序。这一观点并未将"问责结果"这一重要的行政问责要素考虑在内。

本书在梳理文献的基础上，认为行政问责应该是一个对官员的行为进行综合的问责审查和追究过程。行政问责涉及的主要问题是"由谁问、向谁问、为何问、问什么、怎么问、怎么办"六个方面的基本问题。这六个方面的基本问题就构成了行政问责制的基本要素：行政问责主体、行政问责客体、行政问责的原因、行政问责的程序和行政问责的处理。行政问责的主体主要是回答"谁来问责"的问题。根据中国现行的问责主体有党的问责、人大问责、政府问责等，既有"同体问责"，也有"异体问责"。行政问责的客体主要是指问责对象，即"向谁问"的问题。一般情况下问责客体主要是指政府机关以及工作人员。行政问责的原因，即回答"为何问、问什么"的问题。行政问责中，问责的原因很广泛，不仅仅是责任事故要问责，对不作为、慢作为、乱作为也要问责。行政问责的程序，即解决"怎么问"的问题。问责程序包括质询、弹劾、罢免等，同时也包括回避、问责人员组成、质询答复时限、申诉、听证、复议程序与规制。行政问责处理，即回答"怎么办"的问题。行政问责的处理一般有政治责任、经济责任、法律责任等。根据上述分析，本书构建了中国的行政问责制要素构成图如图 3－1 所示。

三 中国行政问责制实施情况研究

中国关于行政问责方面的研究与国外比较，起步比较晚，行政问责的相关制度也不健全。[①] 从近年来中国的行政问责实践来看，存在的主要问题有三点：一是规范行政问责的法律法规不健全。[②] 目前中国还没有关于行政问责制的统一的法律，只有地方性的政府规章，这

---

① 段振东：《行政同体问责制研究》，博士学位论文，吉林大学，2014 年，第 45—65 页。

② 肖光荣：《中国行政问责制存在的问题及对策研究》，《政治学研究》2012 年第 3 期。

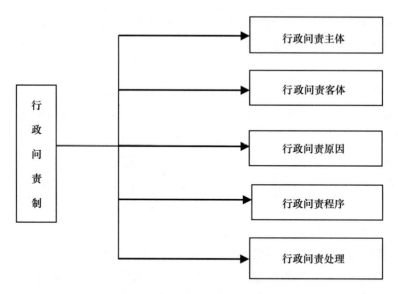

图 3 - 1　行政问责制要素构成

导致各地行政问责的问责对象、问责范围、问责程序、问责内容等规定都不尽相同。二是政府官员的职责界定不清楚。[①] 由于行政机构职能交叉，行政机关内部分工不清，责任不明确，使得行政问责往往无法实施。三是行政问责的随意性大。目前中国行政问责人治的色彩比较重。虽然地方上有不少行政问责可以适用的法规或条例，但是这些法规或条例都较为宽泛，使得在实际执行中缺乏可操作性，使得问责流于形式。[②] 因此，在行政问责中，哪些问题需要问责，根据什么标准进行问责，问责处理应该到什么程度，对于这些问题的回答都应统一规范。

　　产生这些问题的主要原因有三点：一是由于中国正处在发展的初级阶段，整个社会的法制环境、公民的法律素养以及经济社会活动的规范程度还有待提高，责任意识有待加强。二是中国现在的问责制度

---

　　① 王郅强、靳江好、赫郑飞：《健全行政问责制提高政府执行力——"行政问责制与政府执行力"研讨会综述》，《中国行政管理》2007 年第 9 期。

　　② 徐珂：《中国推行行政问责制的主要措施》，《中国行政管理》2008 年第 5 期。

体系还存在一些问题，特别是问责主体单一。重党委、上级问责，轻人大、公民问责①。在问责原因、问责内容、问责程序和问责处理方面缺少规范、制度和法律。三是行政问责的处理处罚不到位②。中国的行政问责的处理处罚普遍较轻，并且有些被行政处理处罚的政府官员的复出机制不透明，出现了各式各样的"神秘复出""闪电复出"③。行政问责的处理处罚不到位，引起政府官员对行政问责的不重视，进而导致行政问责的实施效果不佳。

第二节　行政问责制的经济学理论基础

一　委托代理理论的产生与发展

委托代理关系是伴随着现代股份公司所面临的组织管理问题而产生并发展的。在18世纪，企业的所有者与经营者为一体，在这种状况下，所有者就是经营者，不存在代理问题。到了19世纪中期，随着企业规模的不断扩大和生产的社会化程度不断提高，企业对经营者的要求也越来越高，原有的企业所有者与经营者为一体的体制已经不能适应企业发展的需要，特别是现代股份公司的出现，使得企业的所有者与经营者分离，这极大地推动了委托代理理论的发展。

委托代理理论是在20世纪六七十年代兴起的，该理论主要是研究委托人、代理人之间信息不对称、利益不一致、代理人行为结果的不确定性问题。传统的经济学的基本假设前提就是交易双方拥有"完全的信息"，然而在实际经济生活中，经济行为主体的绝大多数行为不仅不占有完全的市场信息，同时发现信息的能力还十分有限，这与传统的经济学的假设发生了矛盾，并且随着经济社会的发展，社会分

---

① 肖光荣：《中国行政问责制存在的问题及对策研究》，《政治学研究》2012年第3期。

② 龙岳辉：《行政问责制的异化及矫正对策研究》，博士学位论文，湖南师范大学，2010年，第73—78页。

③ 段振东：《行政同体问责制研究》，博士学位论文，吉林大学，2014年，第45—65页。

工的细化，这种信息不对称的情况还将会越来越严重，委托代理理论的出现，弥补了经济学的漏洞，把经济学的研究与实际经济生活联系得更加紧密。

1959 年，马尔萨克（Marschak）的《信息经济学评论》（Remarks on the Economics of Information）一文的发表，标志着信息经济学的产生。信息经济学出现以后，以阿尔钦（Alchian）、德姆塞茨（Demgetz）、詹森（Jensen）、麦克林（Meckling）、威尔逊（Wilson）、罗斯（Ross）、莫里斯（Mirrlees）、霍姆斯特罗姆（Holmström）、阿克尔洛夫（Akerlof）、斯宾塞（Spence）、斯蒂格利茨（Stiglitz）、哈特（Hart）等人为代表的经济学家们，提出和发展了委托代理理论的诸多问题，这些经济学家沿着两个不同的思路研究委托代理，形成了两大委托代理理论的学派：实证学派与规范学派。

实证学派的代表人主要有阿尔钦（Alchian）、德姆塞茨（Demgetz）、詹森（Jensen）、麦克林（Meckling）等人。实证学派的特点是凭借直觉，侧重于分析签订契约和控制社会因素，重点描述控制代理人追求自身利益的机制。该学派的理论为实证代理理论，又称为代理成本理论（Agency Costs Theory）。Alchian 和 Demsetz[①] 在《生产、信息成本和经济组织》（Production, Information Costs, and Economic Organization）一文研究的是企业内部的激励机制以及企业的由来。该文认为企业是一种团队合作进行生产（team production process）的组织结构。团队可以被视为一组代理人，由于团队成员各自选择其努力水平，但是团队的产出具有生产结果的不可分性，换句话说，委托人无法观察到每个代理人（即团队中的每个团员）的努力程度，但可以观察到代理人的产出，但每个代理人的产出水平受到了其他团队成员（即其他代理人）的产出的影响。这导致了团队组织中的一个问题：无法衡量团队中每个人的真实贡献，进而使得团队成员产生了推卸责任（shirking）或者搭便车（free riding）的行为动机。接着，

① Alchian Armen A. and Demsetz Harold, "Production, Information Costs, and Economic Organization", *The American Economic Review*, Vol. 62, Issue 5, 1972, pp. 777 – 795.

该文进一步提出减少推卸责任行为的一种方法是有专门的人去监督（monitor）团队成员的投入表现；为了进一步更好地激励监督者，该文认为可以让监督者分享更多的剩余份额。Jensen 和 Meckling（1976）在《企业理论：管理行为、代理成本和所有者结构》一文中认为企业这种组织形式是一项完美的社会发明。委托代理关系是一种契约关系，由于委托人和代理人的利益并不总是一致的并且由于信息不对称情况的存在，代理成本一定还会产生，该文将代理成本（agency costs）定义为以下三项的总和：1. 委托人的监督成本（monitoring expenditure）；2. 代理人自我约束的成本（bonding expenditure）；以及 3. 剩余损失（residual loss）。这篇文章奠定了委托代理问题研究方法产生的基础。

规范学派的代表人物主要有莫里斯（Mirrlees）、哈特（Hart）、霍姆斯特罗姆（Holmström）、阿克尔洛夫（Akerlof）、史宾斯（Spence）、斯蒂格利茨（Stiglitz）等人。规范学派的特点是提出相关假设，通过将问题模型化来探讨委托人和代理人之间的激励机制与风险分担机制。狭义上的"委托代理理论"即规范学派的这套理论。

二十多年来，委托代理理论的模型方法发展迅速。主要有三种：最早的模型是由威尔逊（Wilson）[1]，斯宾塞和泽克豪森（Spence 和 Zeckhauser）[2] 和罗斯（Ross）[3]、哈里斯和拉维夫（Harris 和 Raviv）[4] 运用的"状态空间模型化方法"。这种方法可以清楚地刻画出货币产出（monetary outcome）对代理人行动和自然状态的依赖程度（dependency），其核心是得到自然状态的分布函数。需要注意的是，这种方法需要假设最优解是存在并且可微。但是，正如莫里斯

---

[1]　Robert Wilson, *The Structure of Incentive for Decentralization under Uncertainty*, Editions du Centre national de la recherché scientifique, 1969.

[2]　Michael Spence and Richard Zeckhauser, "Insurance, Information and Individual Action", *American Economic Review Papers and Proceedings*, Vol. 61, 1971, pp. 380 – 387.

[3]　Stephen A Ross, "The Economic Theory of Agency: The Principal's Problem", *American Economic Review*, Vol. 63, Issue 2, 1973, pp. 134 – 139.

[4]　Milton Harris and Artur Raviv, "Optimal Incentive Contracts with Imperfect Information", *Journal of Economic Theory*, Vol. 20, Issue 2, 1979, pp. 231 – 259.

(Mirrlees)① 在文中给出的例子，如果激励契约位于限制的范围以外的区域的话，通常将无法求得最优解。Gjesdal② 进一步发现，激励契约即使在限制区域以外的位置求得了最优解，该解也可能是不可微的。莫里斯（Mirrlees）③、霍姆斯特罗姆（Holmström）④ 为解决上述问题，提供了一种更好的、更加直观的求解办法，即"分布函数的参数化方法"。这种方法的核心思想是将上一种方法中关于自然状态的分布函数转换为关于可观测变量产出的分布函数。它将货币产出视为在一定分布下的随机变量，用以参数化代理人的行动。为了得到更加一般化的模型，"一般分布方法"应运而生。根据格鲁斯曼和哈特（Grossman 和 Hart）⑤ 的观点，"分布函数的参数化方法"的另一个不足之处在于，该方法为了刻画道德风险问题，施加了过多的条件；有时甚至可以不需要使用"一阶条件方法"就可以清楚地描述道德风险问题。"一般分布方法"的核心思想是将代理人对不同努力程度的选择等价于对不同分布函数的选择，因而，该方法将分布函数作为选择变量，并将努力程度从模型中消掉。这种方法包含了以下这种情况：代理人在其采取行动前，对其行动的成本或者其行动预期的收益有部分信息（即隐匿信息模型）。格鲁斯曼和哈特（Grossman 和 Hart）⑥ 和罗杰森（Rogerson）⑦ 为了保证一阶条件存在唯一的最优

---

① James A. Mirrlees, 1974, *Notes on Welfare Economics*, *Information and Uncertainty in Essays on Economic Behavior under Uncertainty*, Amsterdam: North-Holland, pp. 32 – 39.

② Frøystein Gjesdal, "Accounting for Stewardship", *Journal of Accounting Research*, Vol. 19, Issue 1, 1981, pp. 208 – 231.

③ James A. Mirrlees, 1974, *Notes on Welfare Economics*, *Information and Uncertainty in Essays on Economic Behavior under Uncertainty*, Amsterdam: North-Holland, pp. 32 – 39; James A. Mirrlees, "The Optimal Structure of Incentives and Authority within an Organization", *Bell Journal of Economics*, Vol. 7, Issue 1, 1976, pp. 105 – 131.

④ Bengt Holmström, "Moral Hazard and Observability", *Bell Journal of Economics*, Vol. 10, Issue 1, 1979, pp. 74 – 91.

⑤ Sanford J. Grossman and Oliver D. Hart, "An Analysis of the Principal-Agent Problem", *Econometrica*, Vol. 51, Issue 1, 1983, pp. 7 – 45.

⑥ Ibid. .

⑦ William P. Rogerson, "The First-Order Approach to Principal-Agent Problems", *Econometrica*, Vol. 53, Issue 6, 1985, pp. 1357 – 1367.

解，他们认为使用"一般分布方法"需要该分布函数满足单调似然率和分布函数为凸函数这两个性质。

二 逆向选择和道德风险研究

委托代理理论是建立在非对称信息（asymmetric information）博弈论的基础上的，研究在此情况下当事人如何签订合同契约和对当事人的行为规范问题。非对称信息指的是，在市场交易的一些当事人比另一些交易的当事人拥有更多的或质量更好的信息。这种非对称可能导致交易当事人之间权力的不平衡，甚至会导致市场失灵。如果根据市场交易的当事人双方签订合同契约的时点来看，可以将非对称信息分为两种情况考虑：签合同契约之前和签合同契约之后；从非对称信息的内容看，有外生非对称信息，这类非对称信息不是当事人行为造成的，是在契约签订之前先天的、外生的固有的信息。也有内生非对称信息，这类非对称信息是与当事人行为直接相关的，主要是指在合同签订之后委托人无法观察到的代理人工作努力程度的信息。委托代理理论企图设计一种制度或签订一个契约，能够获得对自己有用的信息，或引导对方披露真实的信息，最大限度调动当事人（指代理人）努力工作的程度，实现当事人双方的效用最大化。

在信息经济学的研究文献中，我们通常把拥有较多或者质量较好的信息的当事人称为代理人（agent），把拥有较少或者质量较差的信息的另一部分人称为委托人（principal）。在委托代理理论中，假设代理人拥有信息，具体来说，代理人一方面拥有关于自身成本的私人信息，另一方面拥有委托人无法观测到的代理人的行为选择信息。由于委托人无法获知代理人的以上两类信息，在委托代理行为中，代理人就有可能产生逆向选择（adverse selection）和道德风险（moral hazard）问题。逆向选择（隐匿信息）主要是指，委托人在无法获知代理人关于成本或价值方面的信息（例如：老板在与员工签订劳务合同之前，员工就了解自己的努力成本；或者卖家在与买家签订买卖合同之前，买家就已经对自己愿意为该商品或劳务支付的最高价格胸中有数）的情况下，代理人为了追求自己本身效用最大化或为了达到自己的目标，在签订委托代理合同过程中，代理人的选择与委托人完全不一致的情况。道德风险（隐匿行为）主要是指，由于委托人无法直接观测到代理人所选择的行动或者努力水平，代理人有可能会利用这一点（即委托人存在信息劣势），做出不利于委托人的效用最大化，但有助于提升代理人自身效用的自利行为。

阿克尔洛夫（Akerlof）[1] 关于旧车市场交易的讨论是描述逆向选择（隐匿信息）问题的经典论文。这篇文章以旧车市场为例，其核心思想是：卖家作为有信息优势的当事人，知道他卖的每一辆车的质量，但是买家并不清楚每一辆车的质量到底如何，买家仅是根据他认为的车辆的质量支付价格。由于买家是按平均价格支付的，因此其支付的价格低于高质量的车辆的价格，但是高于低质量的车辆的价格。因而，旧车市场中车辆的平均价值下降——高质量的车辆逐渐退出市场，仅留下低质量的车辆。Akerlof[2] 在构建模型后，进一步讨论了当存在信息不对称时，如果存在不诚信的卖家通过售卖假货来欺骗消费者，消费者为了降低自己被欺骗的风险，会选择避免购买某些类型的商品（或者减少对某些类型的商品购买的数量）。在此情况下，卖家的不诚信行为的成本巨大，甚至会导致其经营市场的消失（即企业破产）。

信号传递模型和信号甄别模型正是为了解决逆向选择所带来的问题。斯宾塞（Spence）[3] 首先提出了在市场中"信号传递"的想法，Kreps 和 Sobel[4] 和 Riley[5] 后续也进行了相关调查研究，Riley[6]、Cho

① George A. Akerlof, "The Market for 'Lemons': Quality Uncertainty and the Market Mechanism", *The Quarterly Journal of Economics*, Vol. 7, Issue 16, 1970, pp. 175 – 188.

② Ibid..

③ Michael Spence, "Job Market Signaling", *Quarterly Journal of Economics*. Vol. 87, Issue 3, 1973, pp. 355 – 379; Michael Spence, *Market Signaling*, Cambridge, MA: Harvard University Press, 1974.

④ David M. Kreps and Joel Sobel, 1994, "Signaling" in *Handbook of Game Theory*, pp. 132 – 147.

⑤ John G. Riley, "Silver Signals: Twenty-Five Years of Screening and Signaling", *Journal of Economic Literature*, Vol. 39, Issue 2, 2001, pp. 432 – 478.

⑥ John G. Riley, "Informational Equilibrium", *Econometrica*, Vol. 47, Issue 2, 1979, pp. 331 – 359.

和 Kreps[1]、Banks 和 Sobel[2]、Mailath et al.[3] 进一步深化了信号博弈的研究并且尝试优化信号均衡。信号传递认为,当面对信息不对称情况时,有信息优势的一方可以向没有信息优势的一方发送关于自己类型的信号,通过这种方式向没有信息的一方传递信息,以此来解决信息不对称问题。信号传递模型最早应用于就业市场的匹配问题。斯宾塞(Spence)[4] 的研究发现,由于潜在的雇主不能观察到雇员的能力,因此,具有较高生产能力的员工就存在动机将自己和那些具有较低生产能力的员工进行区别,他们选择对教育进行投资(换句话说,选择接受更高的教育)。这是因为,对于具有较高生产能力的员工来说,其投资教育的成本要低于那些具有较低生产能力的员工。在这样的背景下,有信息优势的员工"先动"(move first),教育水平作为指示不可观测的雇员生产力的可信的信号(credible signal of unobserved productivity)。那么,具有较高生产能力的员工通过选择更高的教育水平,向信号接收者雇主传递自己能力更强的信号。作为信号接收者的雇主更愿意给具有较高生产能力的员工支付更高的工资。

在信号传递模型中,有一个很重要的条件,被称为斯宾塞—莫里斯条件(Spence-Mirrlees Condition,SMC),或者也可以称为单交点条件(single-crossing condition)。这个条件可以完全地刻画一维的逆向选择(或隐匿信息)模型的解。在经典的委托代理模型中,可实施的合同和信号博弈中的分离均衡均可以使用该条件。根据单交点条件,发送任何可能的信号都是存在边际成本的,并且发送某一种类型的信号成本总是高于发送另一种类型的信号成本(此时假设仅有两种

① In-Koo Cho and David M. Kreps, "Signaling Games and Stable Equilibria", *Quarterly Journal of Economics*, Vol. 102, Issue 2, 1987, pp. 179 – 222.

② Jeffrey S. Banks and Joel Sobel, "Exploring the Locus of Profitable Pollution Reduction", *Management Science*, Vol. 55, Issue 3, 1987, pp. 647 – 661.

③ Mailath George J., Okuno-Fujiwara Masahiro and Postlewaite Andrew, "Belief-Based Refinements in Signalling Games", *Journal of Economic Theory*, Vol. 60, Issue 2, 1993, pp. 241 – 276.

④ Michael Spence, "Job Market Signaling", *The Quarterly Journal of Economics*, Vol. 87, Issue 3, 1973, pp. 355 – 379.

类型，否则需要关于分离均衡的一个完整的排序）。以斯宾塞提及的就业市场信号传递为例，单交点条件可以理解为：在任何给定的教育水平下，对于较低生产能力的人来说，多接受一年的教育的边际成本（包括时间成本、努力成本）要高于具有较高生产能力的人，即传递信号的成本越高，雇员具有的生产能力越低；反之同样成立。

信号甄别也是在信息不对称情况下解决逆向选择问题的一种策略。斯宾塞[①]首次提出应该将"信号甄别"和"信号传递"区别。罗斯查尔德和斯蒂格利茨（Rothschild 和 Stiglitz）[②] 也较早地开始讨论该问题。信号甄别是指，市场上具有信息劣势的当事人（即委托人），可以通过信号甄别的方式，给具有信息优势的当事人（即代理人）提供有效的激励机制（或者说为不同类型的代理人提供不同的合同契约），促使他们显示其真实信息（或者说选择属于自己类型的那一种合同契约）。虽然在合约理论中，"信号甄别模型"和"逆向选择模型"经常可以相互转换[③]，并且都是为了应对逆向选择问题的策略。但是这两个模型的本质区别在于：前者，有信息优势的一方"先动"；后者，不具有信息优势的一方"先动"。

道德风险（隐匿行为）问题产生于 20 世纪 70 年代末 80 年代初，由 2016 年诺贝尔经济学奖获得者霍姆斯特罗姆发表了两篇文章讨论道德风险（隐匿行为）问题[④]。他提出如果委托人是理性的，那么他应该可以预见到道德风险会发生，可以在契约合同里加以说明，以便尽可能减少这种道德风险，提升代理人工作的努力程度，尽可能使得

---

① Michael Spence, "Job Market Signaling", *The Quarterly Journal of Economics*, Vol. 87, Issue 3, 1973, pp. 355 – 379.

② Michael Rothschild and Joseph Stiglitz, "Equilibrium in Competitive Insurance Markets: An Essay on the Economics of Imperfect Information", *The Quarterly Journal of Economics*, Vol. 90, Issue 4, 1976, pp. 629 – 649.

③ Jean-Jacques Laffont and David Martimort, 2002, *The Theory of Incentives*, New Jersey: Princeton University Press, pp. 20 – 45.

④ Bengt Holmström, "Moral Hazard and Observability", *The Bell Journal of Economics*, Vol. 10, Issue 1, 1979, pp. 74 – 91; Bengt Holmström and Paul Milgrom, "Aggregation and Linearity in the Provision of Intertemporal Incentives", *Econometrica*, Vol. 55, Issue 2, 1987, pp. 303 – 328.

代理人获得的报酬与激励相称。霍姆斯特罗姆认为，代理人的工作努力程度有一部分能够用代理人的工作绩效或相关指标测量出来，也可以证实，另一部分观察不到，并且没有办法或很难测量和证实。在这种情况下，如果委托人是风险规避型，那么对于委托人观察不到、没有办法或很难通过测量得到证实的代理人的工作努力部分可以不激励或微弱激励。如果委托人认为那些观察不到的部分工作努力对其特别重要，那么委托人除了激励观察不到部分的工作努力外，还应该激励能够观察到、可以证实的代理人努力工作部分。霍姆斯特罗姆把代理人可以证实、可以观察到的业绩作为在激励合同设计中的重要基准。但是在信息不对称条件下，由于委托人观察不到代理人的行动，只能通过某些变量来衡量代理人的行动。而这些变量又是不完美的：该变量不仅受到代理人行动的影响，同时也受到外生的随机因素的影响。这使得委托人不能像在信息对称条件下，通过设置"强制合同"来引导代理人做出能够最大化委托人效用函数的行为。

委托人为了让代理人按照委托人的希望选择行动，委托人必须设计满足代理人个人理性约束和激励相容约束的激励合同，这就是莫里斯—霍姆斯特罗姆条件（Mirrlees—Holmström condition）。此条件最初由莫里斯（Mirrlees）[1] 提出，霍姆斯特罗姆（Holmström）[2] 发展，随后由罗杰森（Rogerson）[3] 和杰维特（Jewitt）[4] 标准化并且一般化求解标准的道德风险模型的步骤。通过将激励约束替换为相应的一阶条件以及该方法允许使用拉格朗日方法，莫里斯—霍姆斯特罗姆条件极

[1]　James A. Mirrlees, 1974, *Notes on Welfare Economics, Information and Uncertainty in Essays on Economic Behavior under Uncertainty*, Amsterdam: North-Holland, pp. 32 – 39; James. A. Mirrlees, "The Optimal Structure of Incentives and Authority within an Organization", *The Bell Journal of Economics*, Vol. 7, Issue 1, 1976, pp. 105 – 131.

[2]　Bengt Holmström, "Moral Hazard and Observability", *The Bell Journal of Economics*, Vol. 10, Issue 1, 1979, pp. 74 – 91.

[3]　William P. Rogerson, "The First-Order Approach to Principal-Agent Problems", *Econometrica*, Vol. 53, Issue 6, 1985, pp. 1357 – 1367.

[4]　Ian Jewitt, "Justifying the First-Order Approach to Principal-Agent Problems", *Econometrica*, Vol. 56, Issue 5, 1988, pp. 1177 – 1190.

大地简化了道德风险模型。其中，个人理性（Individual Rationality，IR）约束（又称参与约束，participation constraint）是为了确保代理人接受契约。IR 约束是指，一个理性的代理人如果有任何兴趣接受委托人设计的契约（或者在机制设计的框架下，可以理解为委托人设计的机制）的话，那么委托人所设计的契约必须满足以下条件——代理人选择该合同（或机制）时的期望效用（expected utility）大于或等于他在不选择这个契约（或机制）时的最大期望效用。激励相容（Incentive Compatibility，IC）约束是指，给定委托人不知道代理人的类型的情况下，代理人在所给出的契约（或机制）下，必须自愿选择委托人希望他选择的行动。要使得代理人自愿选择委托人希望他选择的行动，只有当代理人选择委托人所希望的行动时，代理人得到的期望效用不小于他选择其他行动时得到的期望效用，在这个时候，代理人才会自愿选择委托人所希望的行动。通常来说，满足个人理性约束的契约（或机制）叫作可行的契约（或机制）（feasible contract or mechanism）；满足激励相容约束的契约（或机制）叫作可实施的契约（或机制）（enforceable contract or mechanism）；两个约束条件都满足的契约（或机制）叫作可行的并且可实施的契约（或机制）。

除了委托人对代理人的单期激励合同的设计以外，也有学者考虑到委托人和代理人的关系并非一次性、静态的，存在多阶段、动态激励的情况。Rubinstein[1] 和 Radner[2] 建立了委托代理的有限次重复序贯博弈（sequential game）模型，证明了如果委托人与代理人之间签订了较为长期的合作契约（cooperative agreements）的话，那么在有限期重复的委托代理博弈中，存在有合作解的"近纳什均衡"（near-Nash equilibrium or epsilon-equilibrium），一阶帕累托最优风险分担和激励可以实现。

---

① Ariel Rubinstein, "Equilibrium in Supergames with the Overtaking Criterion", *Journal of Economic Theory*, Vol. 21, Issue 1, 1979, pp. 1 – 9.

② Roy Radner, "Monitoring Cooperative Agreements in a Repeated Principal-Agent Relationship", *Econometrica*, Vol. 49, Issue 3, 1981, pp. 1127 – 1148.

不同于之前的有关动态激励问题的研究，Lewis 和 Sappington[①] 在其动态最优激励合同的模型中，同时考虑了逆向选择和道德风险问题，并且着重于考察可观测到的代理人的表现将如何影响未来激励合同的设计。作者发现，如果能力较差的代理人（low-ability）在第一期获得成功，那么委托人为了降低能力较强的代理人"低报"（understate）其能力的可能性，委托人在第二期的最优决策是对能力较差的代理人进行惩罚。这是因为：能力较高的代理人为了获得委托人为能力较低的代理人设计的激励合约，那么第一期能力较高的代理人会"低报"其能力。虽然能力较高的代理人通过低报能力来"伪装"成能力较低的代理人，但是相比能力较低的代理人，能力较高的代理人在第一期更有可能获得成功。基于这样的逻辑，如果代理人在第一期获得了成功，委托人需要对代理人进行某种形式的惩罚，以此来降低能力较高的代理人"低报"其能力的可能性（或者说委托人在期初就应该限制能力较高的代理人"低报"其能力的动机）。

Zenios 和 Plambeck[②] 从运营管理的角度来研究委托代理问题，即委托人会将部分对系统的运营控制授权给代理人。然而经典的经济学中提到的委托代理模型通常要么只考虑的是单期的问题，要么也只是非常简化地考虑了多期重复博弈的问题，而这并不能满足程式化的运营管理模型通常所需的更丰富的动态结构。因而，他们在之前的委托代理框架下，考虑了物理结构的马尔科夫决策与过程（Markov Decision Process，MDP），构建了一般化的动态模型。在这个模型中，随着时间的变化，系统的状态也在不断地发生变化，转变概率（transition probability）不仅取决于采取行动的代理人，还取决于根据观察到的状态转变进行支付的委托人。委托人选择一种最优激励合同，即诱使代理人

① Tracy R. Lewis and David E. M. Sappington, "Penalizing Success in Dynamic Incentive Contracts: No Good Deed Goes Unpunished?", *The RAND Journal of Economics*, Vol. 28, Issue 2, 1997, pp. 346 – 358.

② Stefanos Zenios and Erica L. Plambeck, "Performance-Based Incentives in a Dynamic Principal-Agent Model", *Manufacturing and Service Operations Management*, Vol. 2, Issue 3, 2002, pp. 240 – 263.

接受能够最大化委托人有限期的期望贴现利润的合同。为了使最优激励合同对于委托人来说，在每一阶段和每一期都是最优的（即满足贝尔曼最优化原则），作者进一步提出一系列假设（与"经济结构"有关，但与"物理结构"无关）来减轻由于历史相关（history dependence）和战略承诺（strategic commitment）问题的影响。在满足了这些假设后，作者通过利用动态优化的方法求得了最优激励合同。

Dessí 检验了两个问题：企业的投资者该如何给予企业的经理人更强的动机去促使其努力工作，以及企业经理人该如何有效地执行与企业员工签订的隐性合同（implicit contract）来促使其努力工作。[1] 大多数文献都是分别去回答上述两个问题，作者认为这两个问题有很强的相关性——企业的经理人在其与企业投资者的关系中充当着代理人的角色，但在其与企业员工的关系中充当着委托人的角色。Dessí 进一步探讨了企业经理人同时充当这两个角色的关系，并展示了这两个角色的相互作用对企业管理激励的启示。作者发现，在某些特定的假设下（即当存在较强的声誉效应和现金流波动性较差时），如果将对企业经理人的管理薪酬（managerial compensation）和股东价值（shareholder value）紧密联系起来（可以将此视为一种对企业经理人的高效能的激励），那么将可以解决上面提到的两个问题，管理激励将是有效的，也就是说：企业经理人有动机去努力工作，并且企业经理人将会有效地落实其与员工签订的隐性合同。在这种情况下，可以忽略企业的资本结构对最优合同设计的影响。但是，当上述假设不成立时（即声誉效应较弱并且现金流波动性较强时），通过将企业经理人管理薪酬和股东价值联系起来的管理激励方式将不再奏效（即不能对企业经理人提供激励），此时应通过使用分散的所有权结构（dispersed ownership structure）、有杠杆的资本结构（leverage with capital structure）来对企业经理人进行次优（second best）的激励。如此制定管理激励方式的逻辑是：之所以使用分散的所有权，是为了防止股

---

① Roberta Dessí, "Implicit Contracts, Managerial Incentives, and Financial Structure", *Journal of Economics and Management Strategy*, Vol. 10, Issue 3, 2001, pp. 359 – 390.

东针对违反隐性合同的干预。之所以要使用资本结构，是为了诱使企业的债权人在企业经理人表现较差时，可以对企业经理人施加干预（通过不履约机制）。另外，当声誉效应较弱时，应给予企业经理人低效能的金钱激励（low-powered monetary incentive），这样可以保证企业经理人不会违背承诺。

当信息不对称时，委托人为了使代理人采取委托人所希望的行动结果，委托人可能会引入监督者对代理人有关达到委托人所希望的理想产出的行动做相应的监督。学者们普遍认为监督可以减轻由于信息不对称带给委托人和代理人的一些问题，但是监督是有成本的，并且可能带来次优的产出结果。Shapiro 和 Stiglitz[①] 在他们 1984 年发表于《美国经济评论》（American Economic Review）上的文章中指出，企业主有两种可以减少员工偷懒（shirking）行为的办法：第一，如果企业主可以支付给员工较高的工资时，偷懒的机会成本变高（即被开除），那么员工就会减少偷懒的行为。企业主用这种设置激励工资的办法来降低员工偷懒的行为。第二，当企业主可以选择监督强度时，他可以在更严格（同时成本也更高）的监督和更高的员工工资两者中做权衡。企业主可以选择通过增加将减少员工的偷懒行为。

大部分研究如何通过引入监督（supervision）减少激励方面的问题的文献，通常将监督者视作委托人的"第三只手"[②]。这种观点忽略了存在合谋（collusion）的可能性，没有看到代理人可能和监督者私下签订关于合谋的合同（side-contracting），同时也没有看到监督者和委托人之间也可能存在利益冲突。如果监督者和委托人的目标不一致的话，委托人同样需要激励自利的监督者去最大化委托人的利益。Demski 和 Sappington[③] 研究的是在"消费者—监管者—企业"这样的

---

① Carl Shapiro and Joseph E. Stiglitz, "Equilibrium Unemployment as a Worker Discipline Device", *American Economic Review*, Vol. 74, Issue 3, 1984, pp. 433 – 444.

② David P. Baron and David Besanko, "Regulation, Asymmetric Information and Auditing", *The Rand Journal of Economics*, Vol. 15, 1984, pp. 447 – 470.

③ Joel S. Demski and David E. M. Sappington, "Hierarchical Regulatory Control", *The Rand Journal of Economics*, Vol 18, Issue 3, 1987, pp. 369 – 383.

等级制度下监督者可能存在的道德风险问题。Baiman et al. ① 研究的是将逆向选择问题从代理人转移给审计人员的获益情况。Kofman 和 Lawarrée② 考察的是合谋如何限制了委托人试图增加一种新的信息来源途径的努力。他们的研究是在"委托人—审计人员—企业经理人"这一简化的等级制度下进行的。他们将审计作为监督的表现形式，并且更细致地将审计人员区分为两类：内部审计人员和外部审计人员。其中，内部审计人员通常来自企业内部，他们向企业的管理层和股东提供关于企业的财务状况和企业的其他多个方面的有价值的信息。内部审计人员掌握大量关于企业的高质量的信息，但由于其来自企业内部，企业支付给内部审计人员的费用较少，即审计成本较低。因此，作者假设内部审计是无成本的（costless）以及内部审计人员是自利的（self-interested）。相反地，外部审计人员对于企业的了解较少，并且企业支付给外部审计人员的费用更高，审计成本更高。因此，作者假设外部审计是有成本的（costly）以及外部审计人员是忠诚的（truthful）。作者引入外部审计人员仅仅是为了阻止内部审计人员与企业经理人合谋。作者进一步引入不完美的审计技术，这样可以允许企业经理人和内部审计人员出现合谋的情况。根据作者的模型设定，股东可以利用审计人员提供的报告，和具有私人信息的企业经理人签订合同。作者发现，即使内部审计人员与企业经理人存在合谋的情况，内部审计人员对于委托人来说仍是有用的。虽然由于合谋的可能性的存在，委托人在使用内部审计人员时产生了额外的成本。但是在特定的参数设定下，委托人会选择允许合谋。此外，作者证明了外部审计人员只是随机地被雇用（hired on a random basis），这是因为外部审计人员的用处主要是监督内部审计人员。最后，作者还证明了，当存在合谋时，期望的最大威慑（expected maximum deterrence）也许只是次优的。这是因为，如果提高了对企业经理人的惩罚水平的话，企业经理

---

① Stanley Baiman, John H. Evans and James Noel, "Optimal Contracts with a Utility-Maximizing Auditor", *Journal of Accounting Research*, Vol. 25, Issue 2, 1987, pp. 217 – 244.

② Fred Kofman and Jacques Lawarrée, "Collusion in Hierarchical Agency", *Econometrica*, Vol. 61, Issue 3, 1993, pp. 629 – 656.

人同时也会提高其合谋的努力程度（如加强其贿赂内部审计人员的力度），这让合谋变得更加有吸引力，而这会让委托人付出更高的威慑成本。因此，在这种情况下，允许合谋才是最佳选择。Mishra[1] 在代理框架下构建了一个存在腐败行为的监督者的有关实施的模型。作者考虑了不同的激励计划（包含奖励和惩罚）对监督者努力水平和是否采取诚信行为的选择的影响。作者既考虑了纵向层级的监督结构，即某人可以指派更高层级的监督者去监督原来的那位监督者，虽然更高层级的监督者也可能存在腐败行为；同时作者也考虑了横向层级的监督结构，即在同一个监督层级上存在多个相互竞争的监督者。虽然一般来说竞争可以减少腐败，但是作者发现这只适用于某些情况。对于整体社会福利而言，横向的监督结构并不一定比纵向的监督结构更优。作者还发现，当存在奖励约束和惩罚约束时，组织结构（organizational structure）对于有效的监督实施过程（enforcement process）来说是最为重要的部分。Vafai[2] 在"委托人—监督者—代理人"这一框架下进一步考虑了道德风险问题。在模型中，监督者既存在与代理人的合谋行为，又存在滥用职权（abuse of authority）行为的情况。合谋是指代理人通过向监督者行贿，从而让监督者向委托人隐藏那些不利于自己的信息。相反地，滥用职权是指监督者通过恐吓代理人向其施贿，否则监督者将向委托人汇报代理人所隐藏的、有利于代理人的信息。研究结果表明，在这两种存在道德风险的行为（合谋和滥用职权）中，由于制止合谋是无成本的但是制止滥用职权是有成本的（会造成组织的效率损失），因此滥用职权对组织效率的损害更为严重。

委托代理问题，可以归纳为这样一个委托代理关系的合同契约问题，即委托人委托代理人完成一项任务，但委托人无法观测到代理人的行动，委托人只能根据代理人的工作绩效、工作产出设计契约，最

---

① Ajit Mishra, "Hierarchies, Incentives and Collusion in a Model of Enforcement", *Journal of Economic Behavior & Organization*, Vol. 47, Issue 2, 2000, pp. 165 – 178.

② Kouroche Vafai, "Preventing Abuse of Authority in Hierarchies", *International Journal of Industrial Organization*, Vol. 20, Issue 8, 2008, pp. 1143 – 1166.

大限度地通过契约来调动代理人工作的努力程度。但由于随机的代理人的工作绩效（或工作产出）是代理人工作努力程度与外界因素的综合，不完全决定于代理人的工作投入与工作努力程度，代理人就可能存在道德风险（隐匿行为）问题。

本书在第四章"环境规制有效性理论模型"涉及的是道德风险问题，在第五章"环境规制有效性机制设计研究"分别针对逆向选择和道德风险问题进行机制设计。

三　经济机制理论综述

（一）经济机制设计理论

经济机制设计理论是美国经济学家奥尼德·赫尔维茨（Leonid Hurwicz）教授最早提出的，他被称为"经济机制设计理论之父"。赫尔维茨发表的《资源配置中的最优化与信息效率》（Optimality and Informational Efficiency in Resource Allocation Processes）一文中最早提出了"经济机制"概念[1]。他认为：当信息不对称时，人们可以在博弈决策过程中策略性地发出一些信号，这些信号可以导致资源配置扭曲，在这篇文章中赫尔维茨把经济机制定义为信息交流系统。赫尔维茨[2]《论信息分散化的体系》（On Informationally Decentralized Systems）一文提出了"激励相容"（incentive compatibility）概念。赫尔维茨认为，信息交流系统要研究解决的问题是否能够设计出一些可以处理信息的规制。假如这个处理信息的规制设计出来，那么经济活动参与人是否会实施这些处理信息的规制，如何能够设计出一套机制，让经济活动参与人能够实施这个处理信息的规制，这就是激励相容机制。赫尔维茨[3]在《美国经济评论》上发表了《资源分配的机制设计

---

[1]　Hurwicz L. "Optimality and Informational Efficiency in Resource Allocation Processes", *Mathematical Models in the Social Sciences*, 1960.

[2]　Leonid Hurwicz, 1972, "On Informationally Decentralized Systems" in *Decision and Organization: A volume in Honor of Jacob Marschak*, North-Holland, Amsterdam, p. 5.

[3]　Leonid Hurwicz, "The Design of Mechanisms for Resource Allocation", *American Economic Review*, Vol. 63, Issue 2, 1973, pp. 1 – 30.

理论》（The Design of Mechanisms for Resource Allocation）一文，在这篇文章里，赫尔维茨全面系统地对经济机制设计理论进行了论述，提出了经济机制设计理论的分析框架。在赫尔维茨提出经济机制设计理论后，埃里克·马斯金（Eric S. Maskin）、埃里克·迈尔森（Roger B. Myerson）等人同时进行了跟进研究。近些年来，国内也有一批学者结合中国的实际情况进行了研究工作，经过几十年的研究，经济机制设计理论已经成为趋于成熟的理论，这个理论在解决现实经济社会问题中发挥着越来越重要的作用。

经济机制设计理论研究的主要问题是在信息不对称、分散决策、自由选择和自愿交换条件下，能否设计出一套机制（制度或规制）来达到经济机制设计者的既定目标。评价一个经济机制优劣最主要的就是看这个经济机制是否能够把信息成本与激励相容问题解决好。要在信息不对称和分散决策的大背景下实现机制设计者的目标，最主要的要解决好信息效率与激励相容问题，如果这两个问题解决不好，经济机制就无法设计好，也不可能达到机制设计者的目标。

信息效率问题就是信息成本问题，机制运转需要多少信息，信息成本有多大，如果机制需要的信息量很大，信息成本很高，那么这个机制是运转不起来的。激励相容问题就是经济机制设计者的目标要与经济活动参与者目标的协调问题。激励相容是一种协调利益相关者的利益协调机制，激励相容机制解决的问题就是让经济活动参与者在实现自己目标的同时兼顾机制设计者的利益。关于信息效率与激励相容的研究也成为经济机制设计的核心问题，也是目前国内外研究的热点问题。

（二）经济机制设计理论的研究现状

经济机制设计理论近年来应用也比较广泛，关于经济机制设计的研究成果也比较多，相关研究可以分为三大类：第一类是对经济机制设计理论的介绍和梳理。例如，田国强①对经济机制理论进行了系统

---

① 田国强：《经济机制理论：信息效率与激励机制设计》，《经济学（季刊）》2003 年第 2 卷第 2 期。

的总结和研究，他认为经济机制理论的是信息效率和激励相容问题。他指出不同经济机制会导致不同的信息成本、不同的激励和不同的配置结果。判断一个经济制度的优劣有三条基本的标准，即有效的资源配置、有效的信息利用和激励相容。张维迎①系统地对博弈论与信息经济学进行了研究。他指出，机制设计的目标就是没有私人信息的一方通过设计不同的激励方案使得有私人信息的一方通过自我选择揭示自己的私人信息。第二类是将经济机制设计理论应用于市场领域（如：电力市场、税收、审计）。例如，谢青洋等②从信息经济学视角出发，认为之前的学者对于信息的有效性的重视程度较低，而这对于发电侧电力市场的竞争机制是非常重要且有现实意义的。基于此，作者把经济机制设计理论应用在电力市场竞争机制设计中，提出了一种既考虑了激励相容，又考虑了信息效率（即信息有效性）的电力市场机制的算法，促进电力市场竞争机制的完善。第三类是将经济机制设计理论应用于非市场领域（诸如：公共政策、政治学领域）。例如，石灿③利用机制设计理论，对中央巡视制度进行了系统研究，提出中央巡视制度在巡视信息收集方面存在信息不对称问题，对中央巡视制度的信息收集渠道扩展提出了建设性建议。王治国④把经济机制设计理论用在政府债务发行中，他分析了在政府债务发行过程中中央政府与地方政府的信息不对称、目标函数不一致情况下，如何协调中央政府与地方政府的利益关系，调动两者的积极性，同时又避免地方政府为了自身利益而做出诸如"挪用资金、大搞政绩工程"的道德风险行为而增加债务风险概率。

（三）环境规制有效性机制设计

规制又称政府规制（government regulation），环境规制是政府规

---

① 张维迎：《博弈论与信息经济学》，上海人民出版社 2004 年版，第 89—104 页。

② 谢青洋、应黎明、祝勇刚：《基于经济机制设计理论的电力市场竞争机制设计》，《中国电机工程学报》2014 年第 34 卷第 10 期。

③ 石灿：《机制设计理论视角下中央巡视制度反腐研究》，博士学位论文，湖南大学，2016 年，第 87—98 页。

④ 王治国：《基于拍卖与金融契约的地方政府自行发债机制设计研究》，经济管理出版社 2018 年版，第 110—139 页。

制的重要组成部分。生态环境问题的产生来自两方面的原因：负的外部性①和公共品问题（即产权不明晰导致的问题）②。这两方面的原因导致市场不能有效地配置资源，"市场失灵"情况有可能发生，这对于社会福利是不利的，因而需要政府的管制。政府制定的环境规制有其存在的必要性，即政府可以通过制定保护环境的相关规制来克服市场配置的局限性。换句话说，环境规制的意义在于把生态破坏或环境污染的责任界定到污染排放者身上，并用行政问责的手段对污染排放者进行处理问责，也就是说生态破坏或环境污染产生的负的外部性内部化。

环境规制有效性主要体现在环境规制的效率（efficiency）与效益（effectiveness）两个方面③。环境规制的效率是对规制成本、规制收益的综合衡量④，环境规制的效果是指环境规制目标的实现程度。环境规制有效性机制设计，就是在环境规制的规制者与规制对象存在信息不对称条件下，设计一套环境规制有效性机制。通过这个机制的实施，使得环境规制者与规制对象的目标基本一致，使得环境规制的规制对象在追求自己利益最大化的同时兼顾环境规制者的利益，也就是兼顾社会利益和广大人民群众利益。

在中国，环境规制的制定者与实施者都是领导干部，环境规制的规制对象是企业，同时也包括领导干部在内。在中国，环境规制的委托代理关系为：人民群众是委托人，领导干部是代理人，人民群众委托领导干部代理环境规制的制定与实施，并对企业的行为进行管理与控制。

本书把环境规制的规制者与规制对象进行归类简化并认为：在中

---

① Authur C Pigou, 1932, *The Economics of Welfare* (4*th edition*). London：Macmillan, pp. 43 – 67.

② Ronald H Coase, "The Problem of Social Cost", *Journal of Law and Economics*, Vol. 2, 1960, pp. 1 – 44.

③ 张亚伟：《政府环境规制的有效性研究》，博士学位论文，中国地质大学（北京），2010 年，第39—56 页。

④ 植草益：《微观规制经济学》，中国发展出版社 1992 年版，第68—89 页；王俊豪：《管制经济学原理》，高等教育出版社 2014 年版，第60—98 页；George J. Stigler, "The Optimum Enforcement of Laws", *Journal of Political Economy*, Vol. 78, Issue 3, 1970, pp. 526 – 536。

国，环境规制者是人民群众，环境规制的规制对象是领导干部（见图3－2）。由于信息不对称情况的存在，规制者人民群众缺乏对规制对象领导干部履行环保责任实际情况的信息，并且规制者人民群众和规制对象领导干部面临着不同的效用函数。基于以上情况，领导干部往往出示虚假信息误导人民群众，从而使得人民群众无法识别领导干部的信息真伪，或识别信息的真伪成本过高。

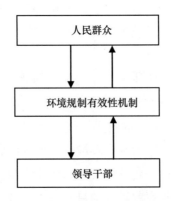

图 3－2　环境规制有效性机制框架

为了有效地解决这一问题，本书在第四章将经济机制设计理论的思想引入环境规制有效性机制设计之中，解决环境规制有效性机制设计中信息不对称（information asymmetry）和激励不相容（incentive in-compatibility）问题。要提高中国环境规制有效性，在环境规制有效性机制设计过程中必须把信息成本与激励相容问题解决好，否则环境规制的有效性将很难得到提高。满足"激励相容"条件的机制是为了调动环境规制对象实施环境规制的积极性。通过环境规制有效性机制设计，使得环境规制对象在实现自己目标的同时兼顾环境规制者的目标，也就是让领导干部在追求自身利益的同时兼顾国家和人民利益。

四　中国行政权责的委托代理关系

（一）中国行政权责的委托代理关系

委托代理理论在政治领域广泛被应用。早在18世纪，法国思想家卢梭在《社会契约论》中就强调了"人民是自己的主人"的观点。卢梭的《社会契约论》提出了国家的来源——人民订立契约建立国家。人民通过自由投票，产生代表人民最高的自由意志（即公共意志），并且与主权者签订社会契约。如果主权者违反了社会契约，人民有权通过暴力方式推翻主权者的统治①。

受现实条件的约束，由公民直接参与国家事务管理的直接民主制往往不可实现，学者们提出实行代议制民主制。代议制民主制的核心是将人民主权交由政府代为管理。倪星②在卢梭"人民主权论"研究的基础上，进一步提出：在实践中，国家的主人不可能全部参与国家事务管理，只能将这种管理与统治的权力交给政府，从而使得国家的所有权和管理权相互分离，这样就出现了民主政治生活中的委托代理关系。

约拉姆·巴泽尔（Yoram Barzel）③ 也认为，政府充当公共领域的部门权力的管理者的角色。他在《产权的经济分析》一书中提出了"权力稀释理论"（attenuation of right），该理论认为，权力的稀释使社会中的每个人总会将各自享有的私有权利的一部分置于公共领域，置于公共领域的这部分私人权利需要委托给一个人来管理，这个人就是受公众的委托、拥有公共权力的政府。

有部分学者提出，在公民和政府官员这样一对委托代理关系中，委托人公民应防范信息不对称条件下代理人政府官员可能出现的道德风险问题。张维迎在《博弈论与信息经济学》一书中指出，公民与官员之间存在着委托代理关系，在这种委托代理关系中存在着隐匿行为的道德风险④。作为代理人的政府官员的行动和自然状态一起决定了某些可观察的结果，而作为委托人的公民只能观察到结果，不能直

---

① 卢梭：《社会契约论》，李平沤译，商务印书馆 2017 年版，第 34—58 页。

② 倪星：《论民主政治中的委托—代理关系》，《武汉大学学报》（哲学社会科学版）2002 年第 55 卷第 6 期。

③ 约拉姆·巴泽尔：《产权的经济分析》，费方域等译，上海人民出版社 1997 年版，第 184 页。

④ 张维迎：《博弈论与信息经济学》，上海人民出版社 2004 年版，第 89—104 页。

接观察到代理人的行动和自然状态本身。这就必然形成了公民与政府官员的委托代理问题，作为委托人的公民就要采取措施解决这个代理问题。

王春城①在行政问责制的主客体关系中，把中国现行的行政责任的委托代理关系划分为四个层级（见图3-3），即公民与权力机关、权力机关与行政机关、上级行政机关与下级行政机关、行政机关内部。第一层次的委托代理关系是从宏观维度来看人民群众与政府的委托代理关系。由于公民无法直接管理国家事务，所以公民授予政府作为代理人，成立各种各样的机构管理委托人公民授予政府的各种事务。第二层次的委托代理关系是从中观维度来看权力机关和行政机关的委托代理关系。在中国，全国人民代表大会便是代表人民行使国家权力的机关，行政机关由全国人大产生，各级行政机关须在人大所规定的法律范围框架内进行活动，并且受人大监督。第三层次的委托代理关系是从次中观维度，即上级行政机关和下级行政机关的委托代理关系。第四层次的委托代理关系是从微观维度来看行政机关内部。具体来说，在各级人民政府内部，各级人民政府的行政领导代表各级人民政府，把本级人民政府代理上级人民政府的权责委托给本级人民政府的一般公务员。这时，各级人民政府的行政领导是委托人，各级人民政府内的一般公务员为代理人。

根据中国《宪法》规定，中华人民共和国的一切权力属于人民，人民是国家一切权力与资源的所有者。人民是国家的主人，人民行使国家权力的机构是全国人民代表大会。全国人民代表大会代表全国人民，通过全国人民代表大会制定各种各样的法律、法规，把人民群众对管理国家事务的各种要求与权力赋予中央人民政府。

本书根据中国的政治体制和具体国情，中国的行政权责通过三级委托代理关系来实施，这三级委托代理关系分别是：人民群众为了能够有效地行使自己的权力，人民群众授权全国人民代表大会代

---

① 王春城：《行政问责制中主客体关系的平衡——基于委托—代理理论视角的分析》，《行政论坛》2009年第16卷第3期。

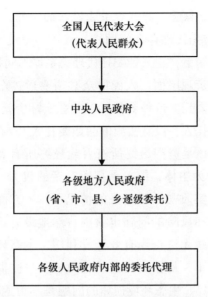

图 3 - 3 中国行政权责下的委托代理关系

表人民群众的利益，行使管理人民群众所拥有的良好的生态环境和充足的自然资源的权力（即经营权），严格地讲，这是第一级环保方面的行政权责委托代理关系，即人民群众委托全国人民代表大会管理经营人民群众所有的自然资源和生态环境的管理任务，人民群众是委托人，全国人民代表大会是代理人；第二级委托代理关系是全国人民代表大会委托政府管理经营自然资源和生态环境管理任务，全国人民代表大会是委托人，政府是代理人；第三级委托代理关系是政府委托企业管理自然资源和落实生态环境保护，政府是委托人，企业是代理人。

在中国，这三级委托代理关系是必需的，也是最少的层次。在实际的自然资源资产管理经营过程中，委托代理的层次会更多、更为复杂，比如：上级政府与下级政府委托代理问题，企业之间的委托代理问题，企业内部的委托代理问题，等等。根据委托代理理论，委托代理的层级越多，委托代理的效率就越低，委托代理的监督成本就越高。

（二）中国行政权责委托代理关系存在的问题

1. 行政权责委托代理存在问题

在中国现行体制下，这三种委托代理关系均不同程度地存在两个方面的问题：首先在宏观层面，人民群众必须要通过全国人民代表大会来代替人民群众去委托。这种委托代理关系实际上是初始委托人缺位，只有形式的初始委托人，没有实质的初始委托人①。在规范的委托代理关系中，委托人应该是资产最终所有者或最终所有者代表，委托人必须是一个统一的行为主体，统一承担所有者的权力、利益、责任和风险。因而，在没有实质初始委托人的情况下，一方面，初始委托人的权力、利益、责任和风险的问题也就很自然地没有人去关心，人民群众拥有的自然资源就无法得到有效开发利用，生态环境保护也得不到保障。在这种情况下，初始委托人的权力、利益被损害的情况是必然的，自然资源被破坏、生态环境损坏的问题是不可避免的。另一方面，人民群众要兑现委托人的权力需要通过各种舆论以及人大监督来兑现。程序多、成本高，以至于人民群众的权力实现起来比较困难。

其次在行政机关内部的委托代理关系中，由于政府的位置比较特殊，各级政府同时承担着委托人与代理人的双重角色，同时在中国，上级政府与下级政府往往存在着利益关系或连带责任；再加之上、下级政府机关存在信息不对称的问题，这样的委托代理关系也很难实现委托人的真实目标。

中国行政责权委托代理产生问题最主要的原因有四点：一是人民群众与政府官员存在着严重的信息不对称。也就是说，人民群众无法了解政府官员工作的努力程度与工作业绩的真实情况，政府官员往往通过虚报、瞒报数据②，夸大政绩骗取委托人人民群众的信任。"数

① 江东瀚：《论国有资本初始委托人缺位问题》，《广西大学学报》（哲学社会科学版）2007年第29卷第5期。

② Junguo Liu and Hong Yang, "China Fights Against Statistical Corruption", *Science*, Vol. 325, Issue 5941, 2009, pp. 675 – 676; Yuyu Chen, Ginger Zhe Jin, Naresh Kumar and Guang Shi, "Gaming in Air Pollution Data? Lessons from China", *Social Science Electronic Publishing*, Vol. 12, Issue 3, 2012, pp. 1 – 43; Dalia Ghanem and Junjie Zhang, "'Effortless Perfection': Do Chinese Cities Manipulate Air Pollution Data?", *Journal of Environmental Economics and Management*, Vol. 68, Issue 2, 2014, pp. 203 – 225.

字出官，官出数字"就是对这一现象的真实写照①。二是由于委托人人民群众与代理人政府官员的效用函数不一样，代理人政府官员也是"经济人"，他们也有自身利益，在利益面前他们就有可能产生道德风险②。三是权力所有者与权力使用者相分离。在缺少对权力使用者使用权力的情况进行监督的情况下，权力使用者就存在为了自己本身利益而损害权力所有者的利益的可能性。四是人民群众与政府官员委托代理层级多，链条长，监督成本大，影响了委托代理的效率与有效性。

2. 资源资产委托代理中存在的问题

首先，在中国的自然资源资产委托代理关系中，自然资源资产的初始委托人为人民群众，但人民群众又不能直接委托，人民群众必须要通过全国人民代表大会来代替人民群众去委托。这种委托代理关系实际上是初始委托人缺位，只有形式的初始委托人，没有实质的初始委托人。在规范的委托代理关系中，委托人应该是资产最终所有者或最终所有者代表，委托人必须是一个统一的行为主体，统一承担所有者的权力、利益、责任和风险。因而，在没有实质初始委托人的情况下，初始委托人的权力、利益、责任和风险的问题也就很自然地没有人去关心，人民群众拥有的自然资源资产就无法得到有效开发利用，在这种情况下，初始委托人的权力、利益被损害的情况是必然的，生态环境、自然资源被破坏或损失浪费的问题是不可避免的。

其次，中国现有的自然资源资产委托代理关系存在委托代理链条过长、环节多、行政审批流程复杂，导致委托代理效率较低、代理成本增高。根据杨清③的研究显示，这一特点是由中国国有资产产权制度和过分依赖行政管理体制的现实决定的。作为一个社会主义国家，

---

① 搜狐新闻：《揭秘地方统计造假乱象：数字出官官出数字》，2019 年 7 月 31 日，搜狐官网（http：//news. sohu. com/）。

② 江依妮、曾明：《中国政府委托代理关系中的代理人危机》，《江西社会科学》2010 年第 4 期。

③ 杨清：《国有森林资源资产委托代理制度研究》，博士学位论文，东北林业大学，2003 年，第 19—34 页。

中国目前的公有制形式体现为国家所有制。中央政府因种种局限，不能直接监督所有企业，更不能直接经营这些企业，必须经过从中央到地方、政府到企业之间的层层委托代理关系来经营国有资产，导致委托代理的环节特别多。如此长的代理链条，蕴含了中国国有经济委托代理的异常复杂性和非可控性。从另一方面看，中国国有资产的委托代理制完全依赖于政府的行政管理体制，各级政府虽是委托代理主体，但并不是初始的委托人，也不是最终的代理人。

最后，中国现有的自然资源资产管理体制缺乏有效的监督。由于初始委托人并不具有剩余索取权，因而初始委托人对于监管代理人的积极性也比较有限；委托代理链条的过长也使得信息不对称情况加剧，监督变得更加困难。

3. 基于委托代理理论的中国环境规制实施的委托代理关系

根据本书的研究内容，对环境规制的委托代理关系进行阐述。在中国，环境问题越来越受到各级政府的高度重视，中国环境问题的不断发生，已经严重影响到广大人民群众的生产和生活。为了抑制生态环境不断恶化的势头，人民群众通过各级人民代表大会和各级政府制定了一系列的环境规制政策与环境保护方面的法律、法规。人民群众通过各级人民代表大会委托各级人民政府严格实施这些环境保护方面的法律、法规。在这种情况下，人民群众是委托人，各级人民政府是代理人。人民群众委托各级人民政府实施环境保护方面的法律、法规。为了得知各级人民政府实施人民群众委托的环境保护方面的法律、法规的情况如何，人民群众就需要对各级人民政府实施环境保护方面法律、法规的情况进行监督和检查。

环境规制的制定者既有各级人民代表大会，也有各级人民政府。无论是谁制定的，委托代理关系不变，即环境规制实施的委托人是人民群众，环境规制实施的代理人是各级人民政府。具体来说，当环境规制的制定者是各级人民代表大会时，其委托代理关系是，各级人民代表大会代表人民群众，各级人民代表大会制定的环境规制实质上就是人民群众制定的，并由各级人民代表大会委托各级人民政府实施环境规制。当环境规制的制定者是各级人民政府时，其委托代理关系是，各级政府制定环境规制的权力也是要通过各级人民代表大会授权的，通过人民代表大会的授权（其实也就是人民群众授权），人民群众委托各级人民政府实施其制定的环境规制。

第三节　行政问责制相关实践

一　领导干部自然资源资产离任审计制度

目前，中国有三种行政同体问责制的具体形式：一是横向问责，即同级党政机关或政府部门之间的监督；二是纵向问责，即上级党政机关追究下级党政机关的责任；三是由专门机构进行的问责，例如审计等。① 中国现在实行的领导干部自然资源资产离任审计制度同样也属于行政问责制。

由党的十八届三中全会通过的《中共中央关于全面深化改革若干重大问题的决定》，对领导干部自然资源资产离任审计作出明确部署。2015 年 8 月，中共中央办公厅、国务院办公厅印发了《党政领导干部生态环境损害责任追究办法（试行）》（以下简称《办法》）。《办法》探索建立生态环境损害责任终身追究制，实行地方党委和政府领导成员生态文明建设"一岗双责制"，以自然资源资产离任审计结果和生态环境损害情况为依据，明确对地方党委和政府领导班子主要负责人、有关领导人员、部门负责人的追责情形和认定程序。区分情节轻重，对造成生态环境损害的，予以诫勉、责令公开道歉、组织处理或党纪政纪处分；对构成犯罪的依法追究刑事责任。对领导干部离任后出现重大生态环境损害并认定其需要承担责任的，实行终身追责，建立国家环境保护督察制度。2015 年 9 月，中共中央、国务院印发的《生态文明体制改革总体方案》，提出构建起由自然资源资产产权制度等八项制度构成的生态文明制度体系，将领导干部自然资源资产离任审计纳入完善生态文明绩效评价考核和责任追究制度中，并明确

---

① 段振东：《行政同体问责制研究》，博士学位论文，吉林大学，2014 年，第 45—65 页。

要求 2017 年出台规定。2015 年 11 月，中共中央办公厅、国务院办公厅印发《开展领导干部自然资源资产离任审计试点方案》。2017 年上半年又组织对山西等 9 省（市）党委和政府主要领导干部进行了审计试点。审计试点连续围绕"审什么、怎么审、如何进行评价"进行了积极探索和经验总结，截至 2017 年 10 月，全国审计机关共实施审计试点项目 827 个，涉及被审计领导干部 1210 人。

2017 年 6 月，中共中央总书记、国家主席、中共中央军委主席习近平主持召开中央全面深化改革领导小组会议，会议审议通过了《领导干部自然资源资产离任审计规定（试行）》（以下简称《规定》）。2017 年 11 月，中共中央办公厅、国务院办公厅印发《规定》，要求各地区各部门结合实际认真遵照执行。《规定》对领导干部自然资源资产离任审计工作提出具体要求。这个规定的正式颁布，意味着领导干部自然资源资产离任审计制度在中国正式实施，自 2018 年由审计试点进入全面推开阶段，开始建立经常性的审计制度。

二　淮河流域领导干部水质目标责任考核制度

为进一步加强重点流域水污染防治工作，"十五"以来，国家在淮河流域进行了水污染防治责任考核试点。2004 年 10 月，国务院在安徽举行"淮河流域水污染防治现场会"，原国家环境保护总局、建设部、国家发展和改革委员会等十余部委有关负责人出席会议；淮河流经的河南、安徽、江苏、山东四省分管副省长，以及各地环保、发展改革、财政水利、建设等相关部门主要负责人和流域 35 个地市的分管副市长到会。会上，国家环境保护总局受国务院委托与河南、安徽、山东、江苏四省分别签订了《淮河流域水污染防治目标责任书》（以下简称《目标责任书》）。《目标责任书》中要求，沿淮各级政府按照《目标责任书》要求严格落实，并且应注意该地区经济和社会的协同发展。国务院办公厅于 2004 年 12 月颁布《国务院办公厅关于加强淮河流域水污染防治工作的通知》（国办发〔2004〕93 号），提出明确目标，分期实施的战略。

评价与评估是目标责任制（target responsibility system）的重要组

成部分。为进一步贯彻落实要求，原国家环保总局组织制定了《淮河流域水污染防治工作目标责任书（2005—2010 年）执行情况评估办法（试行）》（以下简称《评估办法》）①。《评估办法》中明确将高锰酸盐指数和氨氮作为考核水质指标。《评估办法》中第三条进一步明确了淮河治污的责任主体，并明确规定考核结果将作为干部任免奖惩的依据："淮河治污的责任主体是四省政府。四省政府应按照《目标责任书》的要求，切实加强对淮河治污工作的领导，坚持一把手亲自抓、负总责，有关治污工作目标、任务和责任人应向社会公告。四省各级政府要分别与下一级政府签订治污工作目标责任书，将其纳入领导干部政绩考核指标体系，每年年初对下一级政府上一年度治污工作目标完成情况和水污染防治规划实施情况进行考核评定，考核结果要向社会公布，并向同级党委组织部门通报，考核结果作为干部任免奖惩的重要依据。"从 2006—2008 年，原国家环保总局和国务院相关部门组成对淮河流域内四省《目标责任书》落实情况的考核评估组，于每年的第一季度完成考核后，将考核结果上报国务院，并向社会进行了公告。由于淮河流域领导干部水质考核目标责任制取得了较大的成效，2009 年起，重点流域领导干部水质目标责任考核制度推广到了 9 个水污染防治重点流域，涉及 22 个省（区、市）人民政府［详见环境保护部会同国家发展改革委、监察部、财政部、住房和城乡建设部、水利部制订的《重点流域水污染防治专项规划实施情况考核暂行办法》（以下简称《暂行办法》）］②。2009 年 5 月，环境保护部有关负责人就《暂行办法》相关情况举办了新闻发布会，就《暂行办法》相关情况进行了答记者问。根据《环境保护部就重点流域水污染防治考核办法答问》（以下简称《考核办法答问》）显示，淮河流域领导干部水质目标责任考核制度的实行是成功的：不仅淮河流域的

---

①《评估办法》适用于对淮河、海河、辽河、松花江、三峡水库库区及上游、黄河小浪底水库库区及上游、太湖、巢湖、滇池等水污染防治重点流域共 22 个省（区、市）人民政府实施相关专项规划情况的考核。

② 自 2011 年起开始实行的《重点流域水污染防治"十二五"规划》显示，重点流域领导干部水质目标责任考核制度进一步扩大到了 10 个流域共 23 个省（区、市）人民政府。

水质环境得到显著改善，流域经济发展也并未受到影响。根据《考核办法答问》中的资料显示："……在此机制的激励下，淮河流域四省政府高度重视治污工作，按照《目标责任书》的要求，严格目标责任考核，扎实推进淮河流域水污染防治工作，治污工作取得了较大的成效……考核试点以来，在流域经济社会快速发展的情况下，淮河总体水质不仅没有恶化，而且持续改善。淮河流域试行治污责任考核的实践表明，通过考核并实行公告制，可以有效推动地方政府落实科学发展观，切实转变发展方式，解决环境保护的热点、难点问题。"

本章小结

本章首先从公共管理视角对行政问责制相关理论进行梳理，然后从经济学视角对行政问责制的问责主、客体在信息不对称条件下存在的问题加深理解。为了处理信息不对称条件下如何有效进行机制设计的问题，本章评述了经济机制设计理论的国内外研究情况，重点分析了中国经济机制设计理论在环境规制有效性机制设计中的应用。

基于这两个视角的理论基础，本书明确了接下来的理论和实证研究的方向。本书将在第四章、第五章从理论视角探讨在信息不对称条件下，强化行政问责制对于提升环境规制的有效性具有积极作用。同时，基于本章对行政问责制相关实践的梳理，本书将在第六章、第七章以淮河流域领导干部水质目标责任考核制度为例，对这项具体的使用行政问责制的政策对当地环境改善、企业经济活动的影响进行实证研究。根据本书的研究结论，为行政问责制提高环境规制有效性的作用提供理论和实证依据；并为中国现阶段正在全面铺开的领导干部自然资源资产离任审计制度提供决策参考。

第四章 环境规制有效性理论模型

本章研究的前提是基于行政问责的环境规制有效性。在行政问责的背景下，构建了基于行政问责的环境规制有效性理论模型，论证了基于行政问责的环境规制的理论有效性。

本章研究的基本思路是：根据中国现行的环境规制实施的委托代理关系，构建了适合中国国情的、基于行政问责的环境规制有效性委托代理模型，也就是考虑了引入对环境规制实施情况的行政问责机制的环境规制有效性委托代理模型。本章通过对该模型的理论推导与数学运算，论证了基于行政问责的环境规制的理论有效性。

本章研究的具体思路是：基于中国现行政治体制下，中央政府代表人民群众对具体管理国家生态环境资源的地方领导干部的管理情况进行行政问责，行政问责的结果将由中央政府向人民群众公示。引入制度经济学的委托代理理论，构建了人民群众—地方领导干部委托代理模型：人民群众（委托人）委托地方领导干部（代理人）管理国家生态环境资源的模型。为减少信息不对称条件下领导干部偷懒不作为的情况，本章引入了中央政府代表人民群众来监督地方领导干部的努力程度。

该博弈的参与者有两个：人民群众和领导干部。博弈顺序为：首先，人民群众选择发给领导干部的固定收入和产出份额，即确定给领导干部的合同；其次，领导干部观测到人民群众给自己的固定收入和产出份额后，领导干部选择是否接受合同，如果接受合同，则同时需要确定自己的努力程度；再次，随机因素决定自然状态；最后，人民群众根据领导干部的产出进行支付。

第一节　模型的基本假定

假设 1：人民群众为委托人，是风险中性的，即人民群众的期望效用等于期望收入。

假设 2：领导干部为代理人，其努力变量为 a（a 是一个一维变量），且为非负数；产出函数为线性形式：$y = a + \theta$，其中，$\theta \sim N(0, \sigma^2)$，即领导干部的努力程度决定对自然资产管理绩效产出的均值，但不影响产出的方差。

假设 3：未引入行政问责前，人民群众给领导干部的薪酬为线性合同：$s(y) = \beta_0 + \beta_1 y$，其中，$\beta_0$ 为领导干部的固定收入（与产出 y 无关），β_1 为领导干部分享的产出份额，也被称为激励因子、激励强度系数，且为非负数。$\beta_1 = 0$ 意味着领导干部在管理人民群众的自然资源资产方面不承担任何风险，$\beta_1 = 1$ 意味着领导干部承担全部风险。针对线性合同的假设，Weitzman[1] 论证了其合理性，Holmström 和 Milgrom[2] 证明了其是能够达到最优的。

假设 4：领导干部是风险规避的，其效用函数具有不变绝对风险规避特征，即 $u = -e^{-\rho w}$，其中 ρ 是绝对风险规避度量，且大于零；w 为实际货币收入。

假设 5：假定领导干部的努力成本 $c(a) = ba^2/2$，b 为成本系数，且大于零；b 越大，同样的努力 a 带来的负效用越大。

假设 6：行政问责的监督水平为 z，是一个可观测的变量（如对省长、省委书记进行行政问责后的结果）。z 作为监督制度安排，可能与外生变量 θ 相关，从而与 y 相关。假定 $Z \sim N(0, \sigma_z^2)$，引入行政问责后，人民群众给领导干部的线性合同变为：$s(y, z) = \beta_0 + \beta_1(y + \gamma z)$，其中，$\gamma$ 表示代理人领导干部的收入与 z 的关系：如果 $\gamma = 0$，

---

① Martin L. Weitzman, "Efficient Incentive Contracts", *The Quarterly Journal of Economics*, Vol. 94, Issue 4, 1980, pp. 719 – 730.

② Bengt Holmström and Paul Milgrom, "Aggregation and Linearity in the Provision of Intertemporal Incentives", *Econometrica*, Vol. 55, Issue 2, 1987, pp. 303 – 328.

领导干部的收入与 z 无关。

根据 Arrow-Pratt 的研究结果，领导干部的风险成本可以表示为 $\frac{1}{2}\rho\beta_1^2\sigma^2$ ；从而确定性等价（Certainty Equivalence，CE）收入为：$w = E(s - c) - \frac{1}{2}\rho\beta_1^2\sigma^2$ ；令 $\bar{w}$ 为领导干部的保留收入水平。若 CE $< \bar{w}$ ，则领导干部不会接受合同，因此领导干部的个人理性约束（IR）可以表述为 $w \geqslant \bar{w}$ ，同时，由于委托人是风险中性的，其目标就是追求自身期望收益的最大化。领导干部的风险规避特征决定了其最大化期望效用等价于最大化确定性等价收入。人民群众在与领导干部环境规制实施情况的博弈中，领导干部的目标就是选择最佳努力程度 a 而使得 CE 最大。因此，领导干部的激励相容约束（IC）可以表述为 $a \in \text{argmax}\{w\}$ 。

第二节　信息对称条件下的环境规制有效性委托代理模型

一　委托人人民群众最优目标的实现

信息对称条件下，委托人人民群众的确定性等价收入：

$$Ev(y - s(y)) = E(y - \beta_0 - \beta_1 y) = -\beta_0 + E(1 - \beta_1)y$$
$$= -\beta_0 + (1 - \beta_1)a \qquad (4-1)$$

代理人领导干部的确定性等价收入：

$$Eu(s(y) - c(a)) - \frac{1}{2}\rho\beta_1^2\sigma^2 = \beta_0 + \beta_1 a - \frac{1}{2}\rho\beta_1^2\sigma^2 - \frac{b}{2}a^2$$
$$(4-2)$$

由于领导干部的努力水平 a 可以观测，激励约束 IC 不起作用，任何水平的 a 都可以通过满足参与约束 IR 的强制合同实现。因此，人民群众的激励问题是选择 (β_0, β_1) 和 a 解下列最优化问题：

$$\underset{\beta_0, \beta_1, a}{\text{Max}} Ev(y - s(y)) = -\beta_0 + (1 - \beta_1)a \qquad (4-3)$$

$$s.t. (IR)\beta_0 + \beta_1 a - \frac{1}{2}\rho\beta_1^2\sigma^2 - \frac{b}{2}a^2 \geqslant \bar{w} \qquad (4-4)$$

因为在最优化情况下，参与约束的等式成立。故将参与约束式子代入目标函数中，上述最优化问题可重新表述为：

$$\underset{\beta_0,\beta_1,a}{\text{Max}}\ a - \frac{1}{2}\rho\beta_1{}^2\sigma^2 - \frac{b}{2}a^2 - \bar{w} \tag{4-5}$$

最优化的一阶条件分别为：

$$\begin{cases} \dfrac{\partial L}{\partial \beta_1} = -\rho\beta_1\sigma^2 = 0 & (4-6) \\[2mm] \dfrac{\partial L}{\partial a} = 1 - ba = 0 & (4-7) \end{cases}$$

由于本书假定 β_1 取非负数，故 β_1 在零点处无导数，因此 β_1 的最优解为角点解。综上所述，最优解为：$a^* = \dfrac{1}{b}$；$\beta_1{}^* = 0$。

二 代理人领导干部最优目标的实现

将最优解代入领导干部的参与约束得：

$$\beta_0^* = \bar{w} + \frac{b}{2}(a^*)^2 = \bar{w} + \frac{1}{2b} \tag{4-8}$$

三 帕累托最优的实现

综合领导干部与人民群众的最优解，可得出 $a^* = \dfrac{1}{b}$；$\beta_1^* = 0$；$\beta_0^* = \bar{w} + \dfrac{1}{2b}$。依据帕累托定理，该最优解就是帕累托最优契约。因为人民群众作为委托人，是风险中性的，领导干部作为代理人，是风险规避的，帕累托最优风险分担要求领导干部不承担任何风险（$\beta_1 = 0$），人民群众支付给领导干部的固定收入刚好等于其保留工资与努力成本之和；领导干部的最优努力水平是（$a^* = \dfrac{1}{b}$），即努力的边际期望利润等于边际成本。信息的对称性决定了领导干部的努力能够被观察和有效识别，只要领导干部选择了 $a < 1/b$，人民群众就支付 $\underline{\beta_0} < \bar{w} < \beta_0^*$，对于具有理性的领导干部而言，$a = 1/b$ 是其唯一的最优选择。此时，人民群众与领导干部间的最优风险分担与激励并不存在矛盾。

第三节　信息不对称，且不存在行政问责制的环境规制有效性委托代理模型

一　代理人领导干部最优目标的实现

信息不对称条件下，领导干部的努力程度不能被有效地观测。人民群众缺乏对领导干部在自然资源资产管理方面所作努力的充分信息，对领导干部的自然资源资产责任履行情况不好评价，或无法准确评价，致使领导干部可在无约束条件下选择能够使自己确定性等价（CE）收入最大化的努力水平 a。此时领导干部的最优努力水平是解下列最优化问题。

$$\underset{a}{\mathrm{Max}}Eu(s(y) - c(a)) = \beta_0 + \beta_1 a - \frac{1}{2}\rho\beta_1{}^2\sigma^2 - \frac{b}{2}a^2 \qquad (4-9)$$

构造无约束条件的拉格朗日函数：

$$L(a) = \beta_0 + \beta_1 a - \frac{1}{2}\rho\beta_1{}^2\sigma^2 - \frac{b}{2}a^2 \qquad (4-10)$$

领导干部努力水平 a 最优化的一阶条件为：

$$\frac{\partial L}{\partial a} = \beta_1 - ab = 0 \qquad (4-11)$$

最优解为：$a = \dfrac{\beta_1}{b}$，即必须给予领导干部一定的产出分享激励（$\beta_1 \neq 0$），否则领导干部的努力水平 $a = 0$。换言之，只有满足（$a = \dfrac{\beta_1}{b}$），才能使得领导干部得到有效激励，即人民群众对领导干部的激励相容约束条件为 $a = \dfrac{\beta_1}{b}$。

二　委托人人民群众最优目标的实现

信息不对称导致领导干部的努力水平 a 不可观测，进而导致领导干部的参与约束和激励相容约束条件都成为人民群众有效委托必须满足的前提条件，此时人民群众委托的最优化问题转化为选择 β_1 解下

列最优化问题：

$$\underset{\beta_0,\beta_1,a}{\text{Max}}\ Ev(y - s(y)) = -\beta_0 + (1 - \beta_1)a \qquad (4-12)$$

$$s.t.\ (IR)\beta_0 + \beta_1 a - \frac{1}{2}\rho\beta^2\sigma^2 - \frac{b}{2}a^2 \geqslant \bar{w} \qquad (4-13)$$

$$(IC)\ a = \frac{\beta_1}{b} \qquad (4-14)$$

构造拉格朗日函数：

$$L(\beta_1) = \frac{\beta_1}{b} - \frac{1}{2}\rho\beta_1^2\sigma^2 - \frac{b}{2}\left(\frac{\beta_1}{b}\right)^2 - \bar{w} \qquad (4-15)$$

最优化的一阶条件为：

$$\frac{\partial L}{\partial \beta_1} = \frac{1}{b} - \rho\beta_1\sigma^2 - \frac{1}{b}\beta_1 = 0 \qquad (4-16)$$

最优解为：$\beta_1 = \dfrac{1}{1 + b\rho\sigma^2}$。

三 帕累托最优无法实现

综合上述人民群众与领导干部的最优解：$a = \dfrac{\beta_1}{b}$，$\beta_1 = \dfrac{1}{1 + b\rho\sigma^2}$，不难得出：信息对称条件下人民群众与领导干部间委托代理的帕累托最优（$a^* = \dfrac{1}{b}$；$\beta_1^* = 0$）是不能实现的。因为，非对称信息条件下，激励相容约束的条件是 $a = \beta_1/b$，给定 $\beta_1 = 0$，领导干部将选择能够满足使得自己确定性等价收入最大化的 a，一阶条件意味着：$a = \beta_1/b \Rightarrow a = 0$，结果是，如果领导干部的收入与产出无关，领导干部必将选择 $a = 0$，而不是 $a = 1/b$。

信息不对称条件下，人民群众无法获得领导干部工作努力程度的充分信息，致使领导干部的工作努力程度与效果不能被科学有效地甄别、测度和评价，由此产生了人民群众的激励成本和领导干部的风险成本，进而引发系列委托代理问题。主要为：

（一）产生了领导干部的风险成本

在信息不对称条件下，领导干部的努力难以有效地被评估与认可，意味着领导干部因努力水平提高而承担的风险为 $\beta_1 = 1/(1 + b\rho\sigma^2)$，所引发的风险成本为：$\Delta RC = \frac{1}{2}\beta_1{}^2\rho\sigma^2 = \frac{\rho\sigma^2}{2(1 + b\rho\sigma^2)^2} > 0$，这是净福利损失。

（二）增加了对领导干部的激励成本

依据代理理论，激励成本（incentive cost）是对由较低的努力水平导致的期望产出的净损失减去努力成本的节约的考量。当领导干部努力水平可观测时，最优努力水平为 $a = 1/b$；当努力水平不可观测时，人民群众可诱使领导干部自动选择的最优努力水平为：$a = \dfrac{\beta_1}{b} = \dfrac{1}{b(1 + b\rho\sigma^2)} < \dfrac{1}{b}$。可见，非对称信息下的领导干部的最优努力水平严格小于对称信息下的努力水平。因为期望产出为 $Ey = a$，

期望产出的净损失为：

$$\Delta Ey = \Delta a = a^* - a - \frac{1}{b} - \frac{1}{b(1 + b\rho\sigma^2)} = \frac{\rho\sigma^2}{1 + b\rho\sigma^2} > 0$$

$$(4-17)$$

努力成本的节约为：

$$\Delta C = C(a^*) - C(a) = \frac{1}{2b} - \frac{1}{2b(1 + b\rho\sigma^2)^2} = \frac{2\rho\sigma^2 + b(\rho\sigma^2)^2}{2(1 + b\rho\sigma^2)^2}$$

$$(4-18)$$

所以，激励成本（Total Incentive Cost，TIC）为：

$$TIC = \Delta Ey - \Delta C = \frac{b(\rho\sigma^2)^2}{2(1 + b\rho\sigma^2)^2} > 0 \qquad (4-19)$$

（三）导致了总代理成本的增加

风险成本与激励成本共同构成了总代理成本。非对称信息条件下，激励成本与风险成本的变动导致了总代理成本的增加。总代理成本变为：

$$AC = \Delta RC + (\Delta Ey - \Delta C) = \frac{\rho\sigma^2}{2(1 + b\rho\sigma^2)} > 0 \qquad (4-20)$$

相比于对称信息，非对称信息增加了风险成本和激励成本，进而

提高了总代理成本。需要强调的是，当代理人为风险中性时，代理成本为零，因为 $\beta_1 = 1$ 可以达到帕累托最优风险分担和最优激励。因而，代理成本随代理人风险规避度 ρ 和产出方差 σ^2 （代表不确定性）的上升而上升。

第四节　信息不对称，且存在行政问责机制的环境规制有效性委托代理模型

一　代理人领导干部最优目标的实现

环境规制实施情况行政问责机制的引入，使得代理人的确定性等价收入变为：

$$
\begin{aligned}
CE &= \beta_0 + \beta_1 a - \frac{1}{2}\rho\beta_1{}^2 \mathrm{var}(y + \gamma z) - \frac{b}{2}a^2 \\
&= \beta_0 + \beta_1 a - \frac{1}{2}\rho\beta_1{}^2 [\sigma^2 + \gamma^2\sigma_z^2 + 2\gamma\mathrm{cov}(y,z)] - \frac{b}{2}a^2
\end{aligned}
$$

$$(4-21)$$

显然，行政问责机制的引入，并不能从根本上改变信息不对称的矛盾。领导干部努力程度的不可观测性决定其在与人民群众在环境规制实施情况的博弈中处于信息与资源优势地位，领导干部可以不考虑人民群众的公共利益而追逐私利，进而诱发了领导干部的道德风险。此时，领导干部的决策机制是，在无约束条件下选择能够使得自己确定性等价收入最大化的 a ，即解下列最优化问题：

$$
\mathop{\mathrm{Max}}_{a}CE = \beta_0 + \beta_1 a - \frac{1}{2}\rho\beta_1{}^2 [\sigma^2 + \gamma^2\sigma_z^2 + 2\gamma\mathrm{cov}(y,z)] - \frac{b}{2}a^2
$$

$$(4-22)$$

构造拉格朗日函数：

$$
L(a) = \beta_0 + \beta_1 a - \frac{1}{2}\rho\beta_1{}^2 [\sigma^2 + \gamma^2\sigma_z^2 + 2\gamma\mathrm{cov}(y,z)] - \frac{b}{2}a^2
$$

$$(4-23)$$

领导干部努力水平最优化的一阶条件为：

$$\frac{\partial L}{\partial a} = \beta_1 - ab = 0 \qquad (4-24)$$

最优解为：$a = \dfrac{\beta_1}{b}$，与前面的结果相同。$a = \dfrac{\beta_1}{b}$ 同样构成了代理人领导干部的激励相容约束条件。即必须给予领导干部一定的激励（$\beta_1 \neq 0$），否则领导干部的努力水平 $a = 0$。

二 委托人人民群众最优目标的实现

委托人人民群众的期望收入为：

$$E[y - \beta_0 - \beta_1(y + \gamma z)] = -\beta_0 + (1 - \beta_1)a \qquad (4-25)$$

行政问责机制引入的条件下，人民群众的有效委托仍然要满足领导干部的参与和激励相容双重约束条件，即选择（β_1, γ）解下列最优化问题：

$$\underset{\beta_1,\gamma}{\text{Max}}\, Ev[y - s(y)] = -\beta_0 + (1 - \beta_1)a \qquad (4-26)$$

$$s.\,t.\ (IR)\beta_0 + \beta_1 a - \frac{1}{2}\rho\beta_1^2[\sigma^2 + \gamma^2\sigma_z^2 - \text{cov}(y,z)] - \frac{b}{2}a^2 \geqslant \bar{w}$$
$$\qquad (4-27)$$

$$(IC)\, a = \frac{\beta_1}{b} \qquad (4-28)$$

构造拉格朗日函数：

$$L(\beta_1, \gamma) = \frac{\beta_1}{b} - \frac{1}{2}\rho\beta_1^2[\sigma^2 + \gamma^2\sigma_z^2 + 2\gamma\text{cov}(y,z)] - \frac{b}{2}\left(\frac{\beta_1}{b}\right)^2 - \bar{w}$$
$$\qquad (4-29)$$

最优化的一阶条件分别为：

$$\begin{cases} \dfrac{\partial L}{\partial \beta_1} = \dfrac{1}{b} - \rho\beta_1[\sigma^2 + \gamma^2\sigma_z^2 + 2\gamma\text{cov}(y,z)] - \dfrac{\beta_1}{b} = 0 & (4-30) \\[3mm] \dfrac{\partial L}{\partial \gamma} = \gamma\sigma_z^2 + \text{cov}(y,z) = 0 & (4-31) \end{cases}$$

最优解为：

$$\beta_1 = \frac{1}{1 + b\rho(\sigma^2 - \text{cov}^2(y,z)/\sigma_z^2)}; \gamma^* = -\text{cov}(y,z)/\sigma_z^2 \quad (4-32)$$

三 帕累托改进的实现

显然，有效的行政问责机制可使得 $\mathrm{cov}(y,? \; z) \neq 0$，因而环境规制实施情况的行政问责机制的引入产生如下积极意义与价值：

（一）提高了领导干部的激励强度

通过将 z 写进合同，可以提高代理人领导干部分享的剩余份额：

$$\beta_1 = \frac{1}{1 + b\rho[\sigma^2 - \mathrm{cov}^2(y,z)/\sigma_z^2]} > \frac{1}{1 + b\rho\sigma^2} \tag{4-33}$$

相比于非对称信息下的最优解，行政问责机制 Z 的引入，提高代理人分享的剩余份额，从而提高合同的激励强度。

（二）降低了领导干部承担的风险

因为：

$$\begin{aligned}
\mathrm{var}(s\;(y,z)) &= \beta_1^2[\sigma^2 + \gamma^2\sigma_z^2 + 2\gamma\mathrm{cov}(y,z)] \\
&= \frac{\sigma^2 - \mathrm{cov}^2(y,z)/\sigma_z^2}{[1 + b\rho(\sigma^2 - \mathrm{cov}^2(y,z)/\sigma_z^2)]^2} < \frac{\sigma^2}{(1 + b\rho\sigma^2)^2} \\
&= \mathrm{var}(s(y)) \tag{4-34}
\end{aligned}$$

所以，行政问责机制 z 的引入有利于降低代理人的风险和风险成本的降低。与对称信息相比，在 $s(y,z)$ 条件下，风险成本（Risk Cost）降低为：

$$\begin{aligned}
\Delta\mathrm{RC}_z &= \frac{1}{2}\rho\mathrm{var}[s(y,z)] = \frac{\rho[\sigma^2 - \mathrm{cov}^2(y,z)/\sigma_z^2]}{2[1 + b\rho(\sigma^2 - \mathrm{cov}^2(y,z)/\sigma_z^2)]^2} \\
&< \Delta\mathrm{RC} = \frac{1}{2}\beta_1^2\rho\sigma^2 \tag{4-35}
\end{aligned}$$

风险成本（Risk Cost）降低的现实意义在于，对环境规制的实施情况进行行政问责，并以此为依据进行相应的评价和奖惩，有助于科学"甄别"领导干部是否真正严格实施环境规制，为更准确地进行行政问责提供依据。

（三）降低了对领导干部的激励成本

此时期望产出的净损失为：

$$\Delta Ey = \Delta a = \frac{1}{b} - \frac{\beta_1}{b} = \frac{\rho[\sigma^2 - \mathrm{cov}^2(\pi,z)/\sigma_z^2]}{1 + b\rho[\sigma^2 - \mathrm{cov}^2(\pi,z)/\sigma_z^2]} \tag{4-36}$$

对领导干部努力成本的净节约为：

$$\Delta C = C(a^*) - C(a) = \frac{1}{2b} - \frac{1}{2b[1 + b\rho(\sigma^2 - cov^2(y,z)/\sigma_z^2)]^2}$$

$$= \frac{2\rho(\sigma^2 - cov^2(y,z)/\sigma_z^2) + b[\rho(\sigma^2 - cov^2(y,z)/\sigma_z^2)]^2}{2[1 + b\rho(\sigma^2 - cov^2(y,z)/\sigma_z^2)]^2}$$

$$(4-37)$$

总激励成本（Total Incentive Cost，TIC）变为：

$$\text{TIC}_z = \Delta Ey - \Delta C = \frac{b(\rho(\sigma^2 - cov^2(y,z)/\sigma_z^2))^2}{2[1 + b\rho(\sigma^2 - cov^2(y,z)/\sigma_z^2)]^2} \quad (4-38)$$

（四）降低了领导干部的总代理成本

风险成本与激励成本的降低，带来领导干部总代理成本的降低：

$$AC_z = \Delta RC + (\Delta Ey - \Delta C) = \frac{\rho(\sigma^2 - cov^2(y,z)/\sigma_z^2)}{2[1 + b\rho(\sigma^2 - cov^2(y,z)/\sigma_z^2)]^2} < AC$$

$$(4-39)$$

总代理成本的降低，很大程度上缓解了人民群众与领导干部在环境规制是否真正实施的委托代理矛盾，降低了二者间的利益冲突，促进了帕累托改进的实现。

表4-1是对三种条件下人民群众和领导干部委托代理最优化决策结果的综合归纳与总结。不难得出：信息不对称的存在导致人民群众与领导干部在环境规制实施方面的委托代理问题无法实现帕累托最优。但行政问责机制的引入，有利于减少代理冲突，至少可实现帕累托改进。由于领导干部的产出函数为 $y = a + \theta$，引入行政问责机制 z 后，一方面，代理人领导干部是否努力工作的信息公开了（如水质指标在其任职前后、任职期间是否有改善等），使得人民群众可以更直接地了解代理人领导干部的努力水平；另一方面，行政问责机制制度和领导干部产出水平的相关性使得人民群众可以对随机干扰项外部环境 θ 有更多的了解，从而使得由于外部环境 θ 造成领导干部的努力水平 a 难以衡量的不确定性大大降低（如可以减少领导干部将环境未改善的原因推脱为外部环境不好而非自己未努力的情况），这样就可以进一步厘清领导干部的环保责任。特别是当行政问责机制足够充分健

全与有效（即行政问责机制可以完全了解外部环境的信息），即 z 与 θ 完全正相关时，$\sigma^2 = \text{cov}^2(y,z)/\sigma_z^2$，$\beta_1 = 1$，此时领导干部作为代理人，是唯一的剩余索取者，领导干部的努力水平可达到帕累托最优水平（$a = 1/b$）。

表 4-1　　　　　　　不同条件下的委托代理模型最优决策变量

	信息对称	信息不对称	
		不引入行政问责（Z）	引入行政问责（Z）
领导干部最优努力水平	$a^* = \dfrac{1}{b}$	$a = \dfrac{1}{b(1 + b\rho\sigma^2)} < \dfrac{1}{b}$	$a = \dfrac{1}{b[1 + b\rho(\sigma^2 - \text{cov}^2(y,z)/\sigma_z^2)]} > \dfrac{1}{b(1 + b\rho\sigma^2)}$
领导干部的风险成本	0	$\Delta RC = \dfrac{\rho\sigma^2}{2(1 + b\rho\sigma^2)^2} > 0$	$\Delta RC_z < \Delta RC$
领导干部的激励成本	0	$TIC = \dfrac{b(\rho\sigma^2)^2}{2(1 + b\rho\sigma^2)^2} > 0$	$TIC_z < TIC$
总的代理成本	0	$AC = \dfrac{\rho\sigma^2}{2(1 + b\rho\sigma^2)} > 0$	$AC_z < AC$
最优化结果与机制	帕累托最优	帕累托最优无法实现	实现帕累托改进，当行政问责足够充分有效，可实现帕累托最优

综上所述，本章构建了基于行政问责的环境规制有效性委托代理模型，通过对该模型的分析研究，引入行政问责机制后，环境规制有效性得到改善，从而证明了基于行政问责的环境规制在理论上是有效的。从现实意义上讲，行政问责机制对于破解环境规制实施中的委托代理问题、防范领导干部道德风险具有积极意义，因此必须重视对领导干部在环境规制实施方面的行政问责。通过对领导干部环境规制实施情况的行政问责，可以得到领导干部更多的行动选择信息，有利于降低领导干部的风险成本和激励成本，进而降低总代理成本，促进帕累托改进及帕累托最优的实现。

本章小结

本章在对中国现行体制下环境规制实施的委托代理关系进行分析研究的基础上，构建了引入行政问责机制的人民群众与领导干部环境规制有效性委托代理理论模型，并通过对该模型的理论推导与运算，证明了基于行政问责的环境规制的理论有效性，即证明了引入行政问责制有助于人民群众廓清领导干部的真实努力水平。本章的主要研究内容就是构建了人民群众与领导干部委托代理模型，针对行政问责制对领导干部努力程度的影响的内在机理进行解析，为官员的环保行政问责机制的发展提供理论解释。

第五章　环境规制有效性机制
设计研究

　　上一章论证了基于行政问责的环境规制的理论有效性，在此基础上，本章根据信号博弈理论和经济机制设计理论，对基于环境行政问责机制的设计进行探究。本章构建了基于行政问责的环境规制有效性机制设计模型的思路，提出了完善中国环境规制有效性机制的政策建议。

　　本章在基于行政问责的环境规制有效性机制设计过程中，分别对领导干部隐匿信息和隐匿行为两种情况下的环境规制有效性机制模型进行了构建。首先，考虑存在领导干部隐匿信息的环境规制有效性机制模型的构建。这一小节使用的是信号博弈模型，其基本思想就是有私人信息并且能力较强的领导干部有动机向不具有信息优势的人民群众发送关于自己类型的信号，通过这种方式向人民群众传递信息，有助于人民群众制定出最优契约，从而解决逆向选择带来的问题。

　　其次，考虑领导干部隐匿行为下的环境规制有效性机制模型的构建。该模型用人民群众代表环境规制的制定者，人民群众的收益即环境规制制定者的收益；用领导干部代表环境规制的实施者，同理，领导干部的收益即环境规制实施者的收益。领导干部受人民群众的委托来实施环境规制，但领导干部可能会为了个人利益而隐匿行为，不严格落实环境规制政策的要求，使得人民群众的利益受到损害，而增加了领导干部自身的利益，并且损害了生态环境。这一小节对环境规制有效性机制设计的基本思想就是让领导干部在实现自身利益的同时必须兼顾人民群众利益。通过对环境规制有效性机制的实施，实现领导干部个人目标与人民群众目标的同时实现，使得资源配置达到帕累托最优或改进。

第一节　环境规制有效性机制设计机理研究

基于行政问责的环境规制有效性机制设计，是把经济机制设计理论的基本思想，用在环境规制有效性机制设计中，并根据经济机制设计理论的基本原理设计环境规制有效性机制。经济机制设计理论是美国经济学家利奥·赫尔维茨（Leonid Hurwicz）教授于1973年提出的。[①] 经济机制设计的基本思路是：对于任意给定的经济或社会目标，在非经典的环境（nonclassical environment）下（即不满足竞争市场过程中的"帕累托最优"条件），机制设计者能否设计出其他的分散信息决策机制，使得经济机制中的其他参与人不会存在歪曲（misrepresent）机制设计者的目标（或偏好）、错误使用资源或者技术的动机。经济机制设计主要是解决在市场失灵条件下如何有效配置资源的问题。在市场有效的情况下，不需要经济机制设计理论，因为在市场有效的情况下，竞争的市场机制本身就可以实现有效的配置资源。中国学者田国强对竞争的市场机制的研究指出，除了竞争的市场经济机制以外的其他任何经济机制实现最优资源配置的成本都要比市场经济机制高，从而证明了这些机制的信息不是有效的。

由于除了竞争的市场经济机制以外的经济机制的信息不是有效的，那么在信息非有效的状况下，如何实现资源配置的最优，这正是经济机制设计理论需要研究和解决的问题。如何才能有效地解决这个问题，经济机制的设计者企图在现有信息非有效的条件下，设计出一套机制或规制。通过这个机制或规制，把经济活动参与者的积极性调动起来，使得经济活动的参与者在实现自己目标的同时，兼顾机制设计者的目标。经济机制设计理论告诉我们，经济机制的设计必须满足

---

① Leonid Hurwicz, "The Design of Mechanisms for Resource Allocation", *American Economic Review*, Vol. 63, Issue 2, 1973, pp. 1–30.

两个最基本的条件，即激励相容与信息效率①。在机制设计中，从激励的角度来看，激励相容是为了使机制设计者制定的目标，同样也是能够最大化个人或者组织利益的、与个人或者组织的激励相容的制度。如果既可以满足机制设计者实现其目标，又可以使得机制的参与者利益得到最大化，那么说明该激励是可行的（feasible）。激励相容需要建立一套奖惩体系，并且需要资源去使这套体系得以执行，也即执行体系（the enforcement system）；从信息的角度来看，信息效率是指该机制是否允许信息的分散化，以及不同的部门处理信息能力的限制。处理信息的成本越高，意味着信息效率越低。

理论上只要满足上述两个基本条件的机制就是最优的机制，但在现实情况下，由于信息的不对称或信息的非有效性，机制设计者如果想要找到满足以上两个基本条件的机制，可以选择的范围太广，以至于机制设计者无法入手。在这种情况下，罗格·迈尔森（Roger B. Myerson）等人建立的"显示原理"提供了解决这个问题的一个思路。显示原理认为虽然机制设计者面临如上所述的选择困难，但可以只考虑一类特殊的机制，其他机制可以不考虑。这个特殊的机制就是"三阶段不完全信息博弈"。在委托代理关系中，委托人设计并向代理人提供一种规则（或机制），以供代理人考虑是否接受该规则（或机制、过程、博弈形式）。如果代理人接受委托人提出的规则（或机制、过程、博弈形式），那么代理人只需要在委托人提出的规则（或机制、过程、博弈形式）下选择行动即可，这样就大大简化了机制设计的选择难度，把复杂的社会选择问题转化为不完全信息博弈问题。根据迈尔森等人建立的显示原理理论，虽然能够找到一种机制（mechanism）来实现制度设计者的经济或社会目标（goal），但是需要注意的是，该机制可能导致的结果（outcome）或社会目标（social goal）却是不确定的、多样的：有的结果不一定能够实现机制设计者的既定目标；也有可能只有一个结果对实现机制设计者既定目标有用，很多其他结果对机制设计

① Hurwicz L., "Optimality and Informational Efficiency in Resource Allocation Processes", *Mathematical Models in the Social Sciences*, 1960.

者都没有用。那么，究竟哪一个结果是机制设计者需要的结果？

埃里克·马斯金（Eric S. Maskin）[①] 研究发现并证明，纳什均衡是达到这一目标的必要和充分条件。马斯金的这一重大发现对经济机制理论的有效实施提供了理论支持。马斯金则认为，实施问题的核心是设计一种机制（或博弈形式）使得均衡结果满足社会选择规则中所包含的社会最优化标准。如果一个机制具有以下特点，即在任何可能的状态下，均衡结果的集合都等于社会选择规则所确定的最优结果的集合，那么社会选择规则是可以被该制度实施的。某一社会选择规则可否被实施取决于每一个代理人是否在任何状态下都有占优策略（dominant strategy）。任何在纳什均衡条件下，可实施的社会选择规则一定符合"单调性"（monotonicity）。相反地，在纳什均衡条件下，任何满足单调性条件并且不具有"一票否决权"的社会选择规则（social choice rule）均可以被实施。此即马斯金提出的"实施理论"（implementataion theory）。马斯金的"实施理论"证明，机制设计理论是可实施、可以实现的。

本章把马斯金的"实施理论"用在基于行政问责的环境规制有效性机制设计研究中，用马斯金的"实施理论"对基于行政问责的环境规制有效性机制进行设计。基于行政问责的环境规制有效性机制设计的外部环境与条件与经济机制设计的外部环境基本一致，最大的不同就是本章的环境规制有效性机制设计是在行政问责的大背景下展开的，经济机制设计理论没有这个条件。本章基于行政问责的环境规制有效性机制设计环境如图 5-1 所示。基于行政问责的环境规制在理论上是否有效，本书在第四章已经进行了证明。本章的主要任务就是按照第四章构建的基于行政问责的环境规制有效性模型，依据经济机制设计理论，对基于行政问责的环境规制有效性机制进行设计。根据马斯金的"实施理论"，本章第三节得出相应的理论推断：基于行政问责的环境规制有效性机制是可以实施的。

　　[①]　Eric S. Maskin, "Mechanism Design: How to Implement Social Goals", *American Economic Review*, Vol. 98, Issue 3, 2008, pp. 567–576.

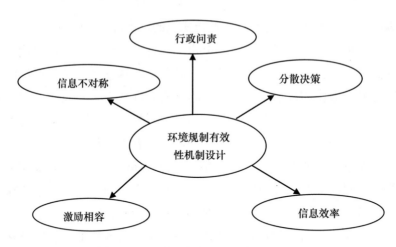

图 5 - 1 环境规制有效性机制设计环境

第二节 领导干部隐匿信息下的环境规制有效性机制设计模型

该博弈为信号传递博弈，是一种不完全信息动态博弈。该博弈的参与者有两个：人民群众和领导干部。博弈的行动顺序如下：

首先，"自然"选择领导干部的类型，领导干部知道自己的类型，但是人民群众不知道领导干部的类型。

其次，领导干部在观测到自己的类型后，选择一个行动（或努力水平），向人民群众上报环境改善程度（即发出信号）。其中，领导干部有不同的类型，包括：能力较强的领导干部和能力较弱的领导干部。不同类型的领导干部向人民群众上报不同的环境改善程度，并且不同类型的领导干部环境改善的成本也不同。具体来说，在同样的环境改善程度下，能力较强的领导干部改善环境的成本低，能力较弱的领导干部改善环境的成本高。

最后，人民群众观测到领导干部环境改善的程度（但不是领导干部的类型）后，根据贝叶斯法则，人民群众更新其关于领导干部类型的信念（即从先验概率得到后验概率），选择自己的最优行动。在本小节中，即是指：人民群众根据其观测到的信号，确定包含有行政问责的违约惩罚契约。

在这个博弈过程中，可验证的变量是领导干部的环境改善程度 q，不可验证的变量是领导干部的类型 X。

一　模型假定

假设 1：人民群众是信号接收者（因为他接收信号），领导干部是信号发送者（因为他发送信号）。

假设 2：领导干部知道自己的类型是 X，服从以下分布：$X \sim N(\mu_x, \sigma_x^2)$。领导干部选择一个行动（或者说努力水平）$a$，行动 a 可以得到一个环境改善程度的实现值 q。

假设 3：人民群众观察到环境改善的实现值 q 后，形成自己关于领导干部类型的信念，即：$\mu(X \mid q)$。然后，人民群众选择一个奖罚契约用 H 表示，$H = H(q, z)$。z 表示对领导干部的行政问责力度，人民群众依据 q 和 z 制定对领导干部的奖罚契约。其中，当 H 大于 0 时，表示人民群众对领导干部进行奖励；当 H 等于 0 时，表示人民群众既不对领导干部进行奖励，也不进行惩罚；当 H 小于 0 时，表示人民群众对领导干部进行惩罚。

假设 4：领导干部的收益函数为：$H(q, z) - C(a, X)$，即包括了：领导干部从人民群众手里拿到的奖励或惩罚［即 $H(q, z)$］减去领导干部治理环境的成本（即 $C[a, X]$）。其中，领导干部治理环境的成本 $C(a, X)$ 既与领导干部治理环境的努力水平 a 有关，也与领导干部的类型 X 有关。本书假设：C 随着 a 的增大而增大，C 是关于 a 的严格凸函数。这表示，领导干部治理环境的努力水平越高，其环境治理的成本越大；同时，C 随着 X 的增大而减小。当面临同样的环境改善程度 q 时，能力较强的领导干部不仅在环境治理方面能力强，而且在其他政府事务领域也有较强的能力。本书暂不考虑领导干部在其他政府事务方面的工作，换句话说，本书假设领导干部在其他政府事务的工作所付出的成本为零。当其他政府事务成本为零的情况下，能力较强的领导干部在治理环境方面的表现更为优秀，环境治理成本也更低；能力较弱的领导干部的环境治理成本较高。另外，$q = some\ g(a, X)$，$g'(a) > 0$，$g'(X) > 0$。

假设 5：人民群众的收益函数为：$V(q,X) - H(q,z) - f(z, g(q \mid X))$。人民群众的收益函数是基于他对领导干部的类型的信念 $\mu(X \mid q)$ 和领导干部的策略。其中，$V(q,X)$ 表示，当领导干部的类型为 X，并且领导干部的环境改善程度的实现值为 q 时，领导干部为人民群众所创造的收益。$f(z, g(q \mid X))$ 表示人民群众实施行政问责制的成本。其中，$g(q \mid X)$ 表示人民群众认为领导干部的类型为 X，环境改善程度实现值为 q 时的环境改善治理成本。

假设 6：在分离均衡下，存在一个 $q(X)$，使得 $q'(X) > 0$，即一对一（或者单调递增）的映射。也就是说，类型为 X 的领导干部会发出环境改善程度为 q 的信号；并且领导干部的能力越强（即 X 越大），他应该做出更多的环境改善努力。

二　模型构建与求解思路

（一）领导干部的目标函数

每给定一个人民群众提供的奖罚契约 H，领导干部的目标函数可以用式（5-1）表示：

$$\underset{a}{Max} H(g(a,X),z) - C(a,X) \qquad\qquad (5-1)$$

在均衡路径上，领导干部观察到奖罚契约 H 后，领导干部根据自己的类型，选择最优的努力水平 $a_H^*(X)$。也就是说，每一个奖罚契约函数 H 都对应了一个领导干部的最优努力水平 $a_H^*(X)$。如果上述问题（5-1）对于任意一种类型 X 的领导干部，都存在一个唯一的解 $a_H^*(X)$，并且 $a_H^*(X)$ 是一个关于 X 单调上升的函数（即 $a_H^{*\prime}(X) > 0$），那么给定任意一个奖罚契约 H，都存在环境改善程度 $q_H(X) = g(a_H^*(X))$。在分离均衡条件下，$q_H(X)$ 是单调递增函数。

那么，在分离均衡的路径上，人民群众一旦观察到领导干部的环境改善程度 q，就能够立刻推断出领导干部的类型 X。

（二）人民群众的目标函数

人民群众知道自己每选择一个奖罚契约函数 H，领导干部都会对应一个最优努力水平 $a_H^*(X)$。因而人民群众的目标是选择一个最优的奖罚契约函数 H。

人民群众的目标函数用公式表示为：

$$\underset{H}{\mathrm{Max}}E[V(q_H(X),X)-H(q_H(X),z)\mid X] \tag{5-2}$$

式（5-2）需满足两个约束条件：第一，需要选择一个存在分离均衡的奖罚契约函数 H，即奖罚契约函数 H 需要使得领导干部的目标函数（即式（5-1））存在唯一的解 $a_H^*(X)$，且 $a_H^*(X)$ 是关于 X 的单调递增函数。第二，在上一步求得唯一的解 $a_H^*(X)$ 的情况下，对于任何一种领导干部的类型 X，式（5-1）应满足个人理性约束（IR）假设。

需要注意的是，满足以上两个条件的奖罚契约函数不止一个。式（5-2）便是希望求解出所有满足以上两个约束条件的最优奖罚契约函数。

本小节构建了领导干部隐匿信息下的环境规制最优（或有效性）机制模型。在一个不完全信息动态博弈下，当人民群众设计了最优的违约惩罚契约 H^* 时，领导干部根据自己的类型选择不同的最优努力水平 $a_H^*(X)$ 来达到分离均衡。

第三节　领导干部隐匿行为下的环境规制有效性机制设计模型

该博弈的参与者有两个：人民群众和领导干部。博弈的行动顺序如下：首先，人民群众确定对领导干部的奖励规则；其次，领导干部在观测到人民群众的奖励规则后，选择其环境改善的努力水平；再次，不可观测的随机因素决定自然状态；最后，人民群众根据领导干部创造的收益，决定支付给领导干部的奖金。

一　模型假定

假定1：人民群众对领导干部报告自己收益的行动并不完全相信。

若领导干部守信且兑现承诺，说明其报告是可信的；若领导干部没有兑现承诺，说明其报告是不可信的。人民群众可以根据学习到的知识，修正对领导干部的先验概率分布，从而调整环境规制最优机制。若领导干部讲真话，则可以得到相应的奖励；若领导干部说谎，人民群众对其进行相应的惩罚。

假定2：随机变量 i 为领导干部创造的收益，$i = i(n,\theta)$，θ 是随机不可观测的噪声，n 是领导干部改善环境的努力程度。假设 z 表示行政问责的变量。在给定领导干部改善环境的努力程度 n 的情况下，i 和 z 的联合分布函数为 $F(i,z,n)$，相应的联合密度函数为 $f(i,z,n)$。

假定3：人民群众为领导干部承担环境改善治理成本的比例为 $\bar{w}$，领导干部改善环境的程度为 $\bar{q}$。在这里，本书假定 $\bar{w}$ 和 $\bar{q}$ 均为给定的数值。期末领导干部创造的收益为 $i = i(n,\theta)$。

假定4：人民群众为风险中性的，领导干部为风险厌恶的。人民群众的效用函数为 $G(j)$，j 为人民群众取得的净收益（即剔除人民群众为领导干部承担部分环境治理的成本）。领导干部的效用函数为 $M(i,n) = U(i) - T(n)$，$U(i)$ 为领导干部的效用，$T(n)$ 表示领导干部改善环境的努力成本。

假定5：人民群众只能观测到领导干部创造的收益 i，而不能观测到领导干部改善环境的努力程度 n，人民群众只能根据领导干部的 i 的数值和代表行政问责的变量 z 决定对领导干部的奖励金额，用 $J(i,z)$ 表示人民群众对领导干部的奖励规则。

假定6：M 为领导干部的效用，$\bar{M}$ 为领导干部的保留效用，即表示领导干部改善环境的程度为零时的效用。

二　模型的构建思路

领导干部存在隐匿行为时，人民群众的最优环境规制设计问题可以用以下理论模型描述：

$$\underset{J(i,z),n}{\text{Max}} E\big[G(i - J(i,z) - g(\bar{w},\bar{q},i)) \big] \tag{5-3}$$

$$s.t. \ E\big[M(J(i,z),n) \big] \geq \bar{M} \tag{5-4}$$

$$n \in \arg \underset{n'}{\text{Max}} E \big[M(J(i,z),n') \big] \qquad (5-5)$$

式中, $g(\bar{w},\bar{q},i)$ 是人民群众为领导干部承担的环境改善治理成本。

将人民群众的最优环境机制设计问题写成积分的形式, 可以表述为:

$$\underset{J(i,z),n}{\text{Max}} \int G(i - J(i,z) - g(\bar{w},\bar{q},i)) f(i,z,n) di \qquad (5-6)$$

$$\int \big[U(J(i,z)) \big] f_n(i,z,n) di = T'(n) \qquad (5-7)$$

$$s.t. \int \big[U(J(i,z)) - T(n) \big] f(i,z,n) di \geqslant \overline{M} \qquad (5-8)$$

上述问题的拉格朗日函数可表示如下:

$$L = \int_{-\infty}^{+\infty} G(i - J(i,z) - g(\bar{w},\bar{q},i)) f(i,z,n) di$$

$$+ \lambda \Big(\int \big[U(J(i,z)) - T(n) \big] f(i,z,n) di - \overline{M} \Big)$$

$$+ \mu \Big(\int \big[U(J(i,z)) \big] f_n(i,z,n) di - T'(n) \Big) \qquad (5-9)$$

式中, λ 为式 (5-7) 的拉格朗日因子, μ 为式 (5-8) 的拉格朗日因子。

可以得到如下一阶条件:

$$\frac{G'(i - J(i,z) - g(\bar{w},\bar{q},i))}{U'(J(i,z))} = \lambda + \mu \frac{f_n(i,z,n)}{f(i,z,n)} \qquad (5-10)$$

人民群众和领导干部的效用函数是单调递增的, 人民群众在最大化自己的效用时, 必定会定制 $J(i,z)$, 使得领导干部的参与约束得以满足, 而 $J(i,z)$ 的期望值最小 (即人民群众期望奖励越少越好)。此时, 式 (5-7) 可以表示为: $\big[U(J(i,z)) - T(n) \big] f(i,z,n) di = \overline{M}$。

对领导干部环境改善努力程度 n 求解一阶条件:

$$\int G(i - J(i,z) - g(\bar{w},\bar{q},i)) f_n(i,z,n) di$$

$$+ \mu \Big(\int U(J(i,z)) f_{nn}(i,z,n) di - T''(n) \Big) = 0 \qquad (5-11)$$

求解式 (5-9) —式 (5-11), 可得最优的领导干部环境改善

的努力程度 n^* 和相对应的奖励规则函数 $J(i,z)$。

本小节构建了领导干部隐匿行为下的环境规制有效性（或者说最优）机制模型。根据贝叶斯法则，通过求解该模型的拉格朗日函数，得出该模型的一阶优化条件，由此可求得最优的领导干部环境改善的努力程度和最优的奖励规则函数。因此，在非完全信息下，领导干部存在隐匿行为的情况（即通过减少努力程度来提高自己的效用），人民群众需要设计包括行政问责的最优奖励规则函数，从而实现资源配置的帕累托最优，防止人民群众的利益被破坏。

第四节　审计监督型环境规制
有效性机制选择

环境规制有效性机制理论界研究成果比较多，世界银行《碧水蓝天》编写组将环境规制有效性机制分为利用市场机制、利用经济增长创建市场、利用直接的环境规制和公众参与这四类环境规制机制。[1]王红梅把环境规制政策工具分为四种类型，即命令控制型、市场激励型、公众参与型和自愿行动工具型。[2]谭冰霖把环境规制有效性机制分为三大类，即行政命令型、市场型和公众自愿型。[3]在前人研究的基础上，依据本章的研究结论，本章认为：领导干部在环境规制的有效性方面有特别重要的作用，即领导干部受人民群众委托实施环境规制，领导干部既是环境规制的实施者，同时也是环境规制的规制对象。通过本章的分析，领导干部在环境规制实施过程中往往为了自身利益，存在隐匿信息或隐匿行为的问题。如果不加强对领导干部实施环境规制的情况进行监督，领导干部很可能不会严格实施环境规制，从而影响了环境规制的有效性。所以，本章在前人研究的基础上认为

① 世界银行《碧水蓝天》编写组：《展望21世纪的中国环境》，中国财政经济出版社1997年版，第54页。
② 王红梅：《中国环境规制政策工具的比较与选择——基于贝叶斯模型平均（BMA）方法的实证研究》，《中国人口·资源与环境》2016年第26卷第9期。
③ 谭冰霖：《论第三代环境规制》，《现代法学》2018年第1期。

对领导干部执行环境规制情况进行监督非常重要，提出通过利用审计监督为工具对领导干部履行环保责任的情况进行监督，并将此审计监督制度列入环境规制有效性机制。

审计监督型环境规制有效性机制，是环境规制激励机制最主要的形式之一。张维迎提出，激励机制研究的一个核心问题是如何让外部性内部化，也即如何使行为的外部性后果内部化。① 法律是解决外部性内部化的最强有力的激励机制。生态环境资源属于公共产品，环境污染有较强的外部性，那么环境规制同样是解决环境污染外部性内部化的强有力的激励机制。

虽然在中国环境规制较多，但通过加强对领导干部环保责任监督的环境规制并不多。同时，虽然中国已经开展了多年对领导干部的环境目标责任考核，比如：水质量目标责任考核、空气质量目标责任考核等。但这些考核基本都是单项的，综合性的环境目标责任考核较少。在考核结果的运用上，由于环境污染的成因复杂，环境污染的责任不容易厘清，这导致环境污染的责任划分不明确，因此对领导干部的处理、问责不到位，从而影响了考核的权威性与有效性。

领导干部受人民群众委托管理国家生态环境资源，领导干部受人民群众委托执行环境规制，领导干部又是"理性人"。那么，谁来监督领导干部，怎么监督领导干部？本章认为，对领导干部管理生态环境资源与执行环境规制情况进行审计监督是对干部监督方式的创新。

审计监督型环境规制有效性机制是环境规制有效性机制的制度创新。传统的审计监督主要集中在经济监督的范围，对经济范围以外的监督审计机构基本没有介入。随着现代审计技术的发展，审计的范围不断扩大、技术不断更新，审计目前已经进入生态环境领域。国家于2017年9月已经出台了领导干部自然资源资产离任审计制度，目前这项制度正在全国实施。从实施的效果看，领导干部自然资源资产离任审计制度的实施，对规范领导干部管理国家自然资源与生态环境资源行为，对促进国家已经出台的其他环境规制的贯彻落实都有很大的

---

① 张维迎：《博弈论与信息经济学》，上海人民出版社 2004 年版，第 89—104 页。

帮助。李祎指出，环境审计应该引入地方污染治理中，这对改善地方环境质量、落实环境保护政策法规、引导企业承担社会责任，实现可持续发展意义重大。①

但目前正在实施的领导干部自然资源资产离任审计制度在执行过程中存在的两点核心问题就是：第一，审计的范围仅是对离任的领导干部，对现任的领导干部不进行审计。由于领导干部任期一般为5年，如果不在任期内审计，到离任时就可能为时已晚，代价会更大。第二，正在实施的领导干部自然资源资产离任审计制度，没有能把领导干部承担的自然资源资产责任界定到领导干部身上。这样的话，行政问责就无法有效实施、行政问责不到位，环境规制有效性就无法得以发挥。据此，本书建议国家应对正在实施的领导干部自然资源资产离任审计制度总结、完善，尽快出台更加严格的领导干部自然资源资产责任审计制度，把领导干部自然资源资产责任审计制度作为最主要的环境规制有效性机制之一。

环境规制有效性机制的设计是环境规制有效性的重要前提条件。本章认为，中国在环境规制的建设方面还需要进一步转化思路、调整方向、突出重点。在新的形势下，环境规制的制定要与现代经济社会的发展相适应。行政命令型的环境规制虽然目前在中国广泛应用，但这种类型的环境规制由于没有把激励相容的因素设计在环境规制之中。由于对环境规制的实施者没有有效的激励，因而环境规制的实施者没有积极性去改善环境，因而环境规制执行的监督成本高，环境规制的有效性差。市场型环境规制，行政色彩比较淡薄，能充分利用市场机制，应该说比行政命令型环境规制有较大的进步，但由于中国还不是一个完全意义上的市场经济国家，信息不对称问题较为严重，市场型环境机制中的定价机制无法有效实施，从而会产生环境不公正问题，影响了市场激励型环境规制的有效实施。本章认为：公众自愿型环境规制有效性机制更适合中国现代社会的发展阶段，更能调动环境

---

① 李祎：《环境审计在地方污染治理中的作用机制及路径创新研究》，《中外企业家》2017年第26期。

参与者保护环境的积极性。特别是随着人们环境意识的不断提高，自愿参与环境保护已经成为一种趋势与潮流。在这种大背景下，环境规制有效性机制设计一定要与之相适应。

综上所述，在环境规制有效性机制设计过程中要充分体现激励相容机制，充分考虑环境规制的参与者的利益，尽可能用市场机制调动环境规制参与者保护环境、执行环境规制的积极性。同时在环境规制有效性机制设计过程中，可以充分利用现代技术，加大环境信息披露力度，如利用绿色认证、发展绿色商业，用新的环境规制有效性机制设计理念和新的环境规制有效性机制引导环境规制参与者绿色消费。

审计监督型环境规制有效性机制，是本章在前人对环境规制有效性机制系统研究后提出的一种新的环境规制有效性机制。本章认为公众自愿型环境规制机制主要是针对广大社会公众，而审计监督型环境规制有效性机制则是主要针对领导干部。领导干部在生态环境保护中的作用很特殊也很重要：领导干部受人民群众委托管理国家生态环境资源，实施环境规制。目前中国对领导干部管理国家生态环境资源和实施环境规制方面的监督还不到位。因此，本章提出：建议尽快建立领导干部自然资源资产责任审计制度，并将此列入环境规制有效性机制。这不仅可以弥补中国在环境保护方面对领导干部监督工作的制度短板，也是环境规制有效性机制的机制创新。

本章小结

本章在上一章基于行政问责的环境规制的理论有效性论证的基础上，对环境规制有效性机制设计的机理进行了研究。本章构建了基于行政问责的领导干部隐匿信息和隐匿行为两种情况下的环境规制有效性机制设计模型。根据模型，本章提出将领导干部的环境保护实施情况进行审计监督作为新的环境规制有效性机制。这不仅是环境规制有效性机制的机制创新，同时也是对领导干部监督工作的制度创新。

第六章 审计监督型环境规制设计

在上一章环境规制有效性机制设计研究中提出的审计监督型环境规制有效性机制概念的基础上，本章对审计监督型环境规制有效性机制进行制度设计。审计监督型环境规制有效性机制的类型多样，不同的审计监督型环境规制有效性机制有不同的特点与适应范围。本章结合中国正在实施的领导干部自然资源资产离任审计制度的实施情况，针对该制度在实施过程中存在的问题，对该制度进行制度创新设计。本章构建领导干部自然资源资产责任审计监督型环境规制，即领导干部自然资源资产责任审计制度。

第一节 领导干部自然资源资产责任审计监督型环境规制构建的必要性

领导干部自然资源资产责任审计监督型环境规制，即领导干部自然资源资产责任审计制度的构建是干部监督工作和经济社会可持续发展的需要，是保护人民群众财产和生态环境安全的需要。构建领导干部自然资源资产责任审计制度，对进一步加强对领导干部的监督和确保生态文明战略的有效实施具有重要的积极意义。

一 领导干部自然资源资产责任审计制度是干部监督工作需要

中国《宪法》规定：矿藏、水流、森林、山岭、草原、荒地、滩涂等自然资源属于国家所有。国家把这些自然资源的管理权按照隶属关系划分给各级政府及其相关部门单位管理，各级政府及其相关部门单位又将国家授权各级政府及其相关部门单位的管理权层层授权。这样一来，经过层层多级授权、多级委托代理，国家实际对自然资源资产的管理控制权递减。在这种管理体制下，由于多级委托代理造成严重的信息不对称。如果国家放松了对其所有的自然资源资产的监督管理，很可能导致管理国家自然资源资产的政府官员因为信息不对称而产生偷懒行为，在管理国家自然资源资产的过程中不能尽职尽责，其结果会造成国家所有的自然资源资产的损失浪费和政府官员的谋私行为。

目前中国对领导干部监督的体制机制还比较健全，对领导干部的监督基本做到了全覆盖。但在自然资源资产领域，中国对领导干部监督的重点是自然资源资产的开发利用是否严格执行国家的招标投标政策、是否严格执行国家的自然资源与生态环境政策等大的方面的规定。现有的对领导干部自然资源资产监督的政策法规主要是对领导干部完成生态环境目标任务的情况进行考核、对领导干部进行自然资源资产离任审计等。这些政策法规有一个共同的特点，就是仅对领导干部管理国家自然资源资产的情况进行评价，评价的主要内容是领导干部在任期内管理国家自然资源资产情况的好坏、生态环境目标任务是否完成等内容。虽然评价具有一定的全面性和客观性，但是这种评价并不能引起领导干部的重视，同时在实际操作中领导干部也并不十分关心这个评价结果。这主要是由于该评价结果虽然名义上是对领导干部个人进行评价，实际上是对领导班子这个集体进行评价。

此外，自然资源或生态环境问题产生的原因非常复杂，既有人为因素，又有客观因素；既与现任领导有关，也与前任领导有关；既与本区域领导干部的工作有关，也与相邻区域领导干部的工作有关。现任领导干部的自然资源生态环境问题的责任可能不应归咎于现任的领导干部，而是前任领导干部的不当决策造成的。在对现任领导干部进行自然资源与生态环境考核过程中，考核评价结果的好坏并不完全代表领导干部履行自然资源生态环境责任的好坏。比如对空气质量中的PM2.5考核，考核结果良好并不能完全代表领导干部充分履行了自然资源与生态环境责任，考核结果差也不能完全代表领导干部没有尽到履行自然资源与生态环境的责任。这是因为空气中 PM2.5 含量是否超标不仅与领导干部履行自然资源生态环境责任有关，同时也与当时、当地的气象条件有关。具体来说，在气象条件好、风力充足条件下，即使领导干部不认真履行自然资源生态环境责任，空气中的 PM2.5 考核更容易达标；在气象条件不好、风力不足的条件下，即使领导干部认真履行自然资源生态环境责任，空气中的 PM2.5 考核也不一定会达标。这正是中国现行的对领导干部自然资源生态环境考核存在的问题和需要进一步完善创新的地方，也正是领导干部对现行的领导干部自然资源生态环境考核评价不重视的原因。

本章提出的领导干部自然资源资产责任审计监督型环境规制有效性机制，正是为了克服中国现有的对领导干部自然资源资产监督中存在的问题，能够把造成自然资源或生态环境事件的客观因素与人为因素进行区分，尽可能实事求是地反映和评价领导干部履行自然资源资产管理责任的情况。换句话说，把领导干部在管理自然资源资产中应该承担的责任界定到领导干部身上，同时也区分出哪些是领导干部不应该承担的责任。对领导干部因不当决策应承担的自然资源资产管理责任，按照对领导干部问责处理的相关规定进行相应的问责处理。

本章提出的领导干部自然资源资产责任审计监督型环境规制（领导干部自然资源资产责任审计制度是领导干部自然资源资产责任审计监督型环境规制的一种），尽可能克服了中国现有的对领导干部自然资源资产监督制度中存在的弊端，是对现有的对领导干部自然资源资产监督制度的创新设计，具有突出重点和可操作性强的特点。领导干部自然资源资产责任审计制度聚焦领导干部管理自然资源资产的问题与责任，不仅是对领导干部自然资源资产管理情况进行全面评价，更重要的是对领导干部管理自然资源资产的责任进行分析、评价和认定。只有对领导干部管理自然资源资产的责任问责处理到位，领导干部对国家自然资源资产政策的执行才会引起实质性的重视，领导干部才可能严格执行国家的自然资源资产政策。如果仅对领导干部管理的自然资源资产目标任务完成情况进行考核评价，而不对产生这个结果的责任进行清晰的界定，领导干部对这样的考核评价结果既不会心服口服，更不会引起重视，反而会找出各种原因推诿产生的这个结果与自己无关、自己无能为力，或是由别人的不当行为造成的。

针对现状，要解决好这个问题，唯一可行有效的办法就是突出责任，执行以责任为中心开展自然资源生态环境审计。自然资源资产问题多数是领导干部的不当决策造成的，"人祸"要远远大于"天灾"，"人祸"与领导干部的不当决策直接相关。要解决"人祸"的问题必须解决责任的问题，只有将领导干部应承担的责任和对领导干部的问责处理落到实处，才能让领导干部对管理自然资源资产引起重视。从这个意义上讲，领导干部自然资源资产责任审计制度是对领导干部自然资源资产监督的制度创新，是当前对领导干部监督工作的现实需要。

二　领导干部自然资源资产责任审计制度是经济社会可持续发展需要

自然资源是人类社会生存与发展的基础。没有自然资源、没有自然界最基本的物质及能量供给，人类就无法生存与发展，人类的经济活动就无法展开；没有良好的生态环境，人类的生存就会受到威胁，人类在生存受到威胁的情况下，也同样无法正常开展经济活动。联合国环境规划署对自然资源的定义是：在一定时期、地点条件下能够产生经济价值，以提高人类当前和将来福利的自然因素和条件。按照《中国资源科学百科全书》的分类，自然资源可分为土地资源、水资源、海洋资源、矿产资源、生物资源和气候资源六大类。中国的自然资源种类多，数量也较为丰富，但中国人均拥有量与世界人均拥有量相比明显较低，并且中国的自然资源的结构不合理，空间分布差异大。改革开放以来，中国经济发展取得了举世瞩目的成就，但也付出了自然资源消耗与生态环境污染的代价。粗放式的经济增长与资源、生态环境的矛盾日益突出，中国经济发展的可持续性面临严峻挑战，中国资源与生态环境的安全受到威胁。自然资源的储量是有限的，自然资源是稀缺资源，人类对自然资源的需求是无限的。生态环境是脆弱的，生态环境的承载力是有限的。随着人们生活质量的提高，人类对生态环境的要求也越来越高。人类一定要正视自然资源与生态环境有限的承载力，应采取多种方式保护和利用好有限的自然资源和赖以生存的生态环境，这是促进经济社会的可持续发展根本举措，也是经济社会发展的客观要求。

自然资源资产审计首先要掌握自然资源资产的数量与价值、生态环境的现状与质量，并且编制自然资源资产负债表。自然资源资产负债表就是要通过计量的方式列报水资源、矿产资源、土地资源等自然资源资产的占有、使用、消耗和恢复等各个环节的情况，显示某一时点上自然资源资产状况，反映自然资源资产的变化情况。通过定期核算自然资源资产的变化情况，监督自然资源资产所有者、经营者或管理者对自然资源资产的经营管理情况。自然资源资产负债表能够全面反映自然资源资产管理者或使用者在自然资源资产管理方面的绩效、履行自然资源资产责任的情况，督促自然资源资产管理者或使用者更好地履行好管理自然资源资产的责任，节约有限的自然资源、保护生态环境。

三 领导干部自然资源资产责任审计制度是自然资源资产管理体制需要

在中国自然资源资产的所有权归国家所有，即人民群众所有。人民群众作为自然资源资产的所有者，人民群众将自己所有的自然资源资产的所有权授予各级政府管理，在各级政府内部又层层授权，最终管理自然资源资产的代理人与自然资源资产的初始委托人之间存在较长的距离。这样一来，委托代理的层次就比较多，委托代理的效率损失就比较大。研究表明，初始委托人的监督积极性和最终代理人的工作努力程度，随着公有化程度提高和公有经济规模的扩大进一步递减。由此可见，对领导干部管理自然资源资产情况进行审计监督十分必要。只有持续不断地对领导干部管理自然资源资产情况进行审计监督，才有可能提高自然资源资产的委托代理效率，防止自然资源资产的损失浪费，确保自然资源资产的安全和领导干部安全。

领导干部自然资源资产责任审计源于生态环境的所有权与经营权

分离。从委托代理的机制来看，代理链条越长，委托人与代理人信息不对称的情况就越严重，委托人委托审计机构对代理人进行审计监督的意愿就越强烈。委托代理是审计产生的根本原因，委托代理产生源自信息不对称。由于委托人与代理人之间存在信息不对称，委托人观察不到代理人为完成委托人目标所做的努力，代理人很可能存在投机动机，即代理人在实现委托人目标时就可能夹杂有其他与委托人目标无关的事项，或代理人完成委托人目标的动力就会下降。委托人为了有效地对代理人的行为进行监督，为了确保代理人能够按照委托人的意愿实现委托人的目标，委托人就必须采取措施对代理人的行为进行监督，对代理人行为进行监督的行为就是审计。审计就是受委托人委托，对代理人进行监督的行为。审计通常是为委托人服务的，并且审计是中立的，审计机构对委托人、代理人的信息都比较清楚，但审计监督是需要成本的。在委托人是否委托审计机构对代理人进行监督的问题上，委托人通常是统筹考虑是否需要委托审计机构对代理人进行审计。委托人主要考虑的因素是审计机构的监督成本与代理人有可能的投机行为给委托人产生的成本进行比较。如果委托人委托审计机构产生的成本费用大于代理人投机行为产生的成本费用，委托人一般不会委托审计机构对代理人进行审计监督。

第二节　领导干部自然资源资产责任审计监督型环境规制设计机理

领导干部自然资源资产责任审计监督型环境规制，领导干部自然资源资产责任审计制度是干部监督工作的制度创新。领导干部自然资源资产责任审计制度设计是一项创新性的工作，对领导干部自然资源资产责任审计制度设计的理论基础、功能定位与设计机理研究，是领导干部自然资源资产责任审计制度设计的理论支持与技术保障。

一　领导干部自然资源资产责任审计制度设计的理论基础

领导干部自然资源资产责任审计制度设计主要的理论基础是审计

理论、制度构建理论和生态环境理论①。审计理论是领导干部自然资源资产责任审计制度设计的基础理论，领导干部自然资源资产责任审计制度也是审计制度的一种形式。审计因委托代理而产生，同时审计也因委托代理的发展而发展，没有委托代理关系就没有审计。领导干部自然资源资产责任审计就是检查领导干部履行自然资源资产管理责任的情况。自然资源资产的所有人（人民群众）委托自然资源资产代理人（政府官员）管理使用自然资源资产。委托人委托审计机构对代理人管理委托人自然资源资产的情况进行审计，考察自然资源资产的代理人管理的情况如何，代理人是否损害了委托人的利益，这就是自然资源资产责任审计的实质。自然资源资产责任的产生源于自然资源资产资源产权与经营管理权的分离。这种分离不仅是自然资源资产审计产生和存在的基础，而且是自然资源资产审计发展的根本原因。自然资源资产的所有者（人民群众）要求自然资源资产的管理使用者（政府官员）必须履行自然资源资产的管理使用职责，承担受托责任，兑现受托承诺。如果自然资源资产管理使用者（政府官员）没有兑现承诺，就应该受到相应的问责处理。

制度是指在一个组织或团体中要求其成员共同遵守并按照一定程序办事的规程。制度的基本功能包括约束功能、激励功能、信息功能和经济功能。约束功能是指能干什么、不能干什么；激励功能是指不同的行为选择有不同的成本收益函数；信息功能是指使得人们可以获得他人行为的预期信息；经济功能是指降低交易成本。制度内容包括行为规则与实施机制。领导干部自然资源资产责任审计制度把领导干部自然资源资产责任审计的行为规则与实施机制程序化、系统化、规则化。对领导干部自然资源资产责任审计的审计主体、审计客体、审计内容、审计目标、审计程序等都进行了规范，使领导干部自然资源资产责任审计制度具有可操作性，审计的结果具有可比较性。在中国，自然资源资产责任审计的审计主体分别是国家审计机关、内部审计机构、社会审计组织；审计客体是政府部门、企事业单位和社会组

---

① 厉以宁、张铮：《环境经济学》，中国计划出版社 1995 年版，第 2 页。

织的法人代表；审计内容是审计被审计单位履行受托责任管理使用自然资源资产情况；审计目标是确保受托管理使用的自然资源资产责任履行的经济性、效率性、效果性；审计程序是审计机构实施领导干部自然资源资产责任审计的方法步骤，依据审计准则制定。领导干部自然资源资产责任审计制度在构建过程中按照制度构建理论的基本规范操作。

自然生态系统依靠自身组织机制进行物质与能量的交换，维持自然生态系统的平衡，为人类提供生存发展的物质与环境。自然生态系统的价值分为显性价值和隐性价值。显性价值主要是指直接作为生产要素的自然资源与生态环境，隐性价值主要是指不直接作为生产要素进入生产过程，仅为生产过程提供生态环境支持。[①] 自然生态系统独立存在，具有稀缺性与公共产品属性，人类的生存和发展离不开自然生态系统，保护自然资源生态环境是人类社会发展的前提与基础。领导干部自然资源资产责任审计制度设计的出发点和最终目标就是保护自然资源生态环境、维护自然资源和生态环境安全。领导干部自然资源资产责任审计的一切程序、方法、内容都以合理开发利用自然资源资产、保护自然资源生态环境为中心，在领导干部自然资源资产责任审计制度设计过程中要始终坚持用生态环境理论为指导。

二　领导干部自然资源资产责任审计的功能定位

领导干部自然资源资产责任审计的基本功能就是摸清领导干部任职期间领导干部管理自然资源资产的基本情况，揭示领导干部管理自然资源资产中存在的问题、风险与隐患，并且对存在问题、风险与隐患进行系统深入的分析研究，厘清产生问题、风险与隐患的原因，客观公正、实事求是地对产生问题、风险与隐患的责任进行划分，把领导干部应该承担的责任界定到领导干部身上，把领导干部不应该承担的责任讲清楚、说明白。根据国家对领导干部监督管理的有关规定，

---

① 杨芳：《环境审计的经济学理论基础分析》，《陕西省行政学院、陕西省经济管理干部学院学报》1999 年第 3 期。

对领导干部应该承担的责任进行问责处理，对领导干部在管理自然资源资产中突出成绩进行表彰奖励，与领导干部个人晋升挂钩。营造领导干部严格执行国家自然资源资产政策，积极主动干事创业的制度环境，促进中国自然资源资产管理效益的不断提高，促进国家自然资源资产政策的有效贯彻落实。① 领导干部自然资源资产责任审计的动能定位如下。

（1）促进自然资源资产管理中存在问题的整改。领导干部自然资源资产责任审计最主要的功能就是揭示自然资源资产管理中存在的问题、风险与隐患，促进自然资源资产管理中存在问题的整改和对风险与隐患的化解，确保自然资源生态环境安全。

（2）促进自然资源资产管理效益的提高。近年来，各级政府投入的自然资源生态环境专项资金不断增加，为了防止这些资金不被挤占、挪用，为了使得这些有限的自然资源生态环境资金发挥更大的效益。自然资源生态环境审计将自然资源生态环境资金作为重点审计内容之一，其目的就是确保自然资源生态环境资金的有效使用，不断提高自然资源生态环境的管理效益。

（3）促进经济增长方式的转变。自然资源资产责任审计目标之一就是促进经济增长方式的转变，改变以往粗放的发展方式，倡导集约、节约利用资源，可持续发展、绿色发展，坚决反对损失浪费资源和以靠要素投入推动的高速增长，引导全社会绿色生产、绿色消费，教育广大干部树立正确的政绩观，不以 GDP 论英雄。

（4）促进国家自然资源生态环境政策的贯彻落实。自然资源生态环境问题党和政府高度重视，国家出台了一系列保护自然资源生态环境的法律法规，并且要求也越来越严格，这些法律法规能否认真贯彻落实，领导干部自然资源资产责任审计是确保自然资源生态环境法律法规有效执行的制度保障。

（5）促进国家自然资源生态环境政策的完善。领导干部自然资源

---

① 潘旺明等：《领导干部自然资源资产离任审计实务模型初构——基于绍兴市的试点探索》，《审计研究》2018 年第 3 期。

资产责任审计的最高境界是影响自然资源生态环境政策。领导干部自然资源资产责任审计对现行的自然资源生态环境政策执行情况如何，这些政策在执行过程中还存在什么问题，需要怎么样进行修改完善，领导干部自然资源资产责任审计站在自然资源生态环境政策执行的最前沿，了解自然资源生态环境政策执行的第一手资料。领导干部自然资源资产责任审计同时对需要规范的自然资源生态环境事项目前还没有法律法规也比较清楚。因此领导干部自然资源资产责任审计最重要的任务之一就是对现行的领导干部自然资源生态环境制度政策执行情况提出进一步补充完善的意见与建议。

三 领导干部自然资源资产责任审计制度的设计机理

领导干部自然资源资产责任审计制度通过对领导干部管理自然资源资产过程中存在问题、风险与隐患的识别、预警、监督、整改、控制、预防等程序，发挥审计在国家治理体系中的"免疫系统"功能，促进领导干部认真履行自然资源资产责任，认真贯彻落实自然资源资产政策法规。[①]

（一）识别是领导干部自然资源资产责任审计的基础

领导干部自然资源资产责任审计的过程，其实就是对自然资源资产问题、风险与隐患识别的过程。对领导干部在自然资源资产管理过程中存在问题、风险与隐患的识别是基础的基础，只有把问题、风险与隐患识别清楚、识别正确，才可能对问题、风险与隐患进行正确的处置。要把问题、风险与隐患识别正确，就必须要求自然资源资产审计人员有较高业务水平与政策水平。自然资源资产审计专业性强，并且自然资源资产问题产生的原因比较复杂，这就要求自然资源资产审计人员在审计过程中要实事求是分析问题、识别问题，客观公正反映问题。

（二）预警是领导干部自然资源资产责任审计的首要任务

对领导干部自然资源资产责任审计发现的领导干部在自然资源资

---

① 刘茜、许成安：《国家审计推进腐败治理的机理与路径研究》，《东南学术》2018年第1期。

产管理中存在的风险与隐患，特别是对比较严重的风险与隐患，审计机构应该在第一时间向被审计单位和有关部门进行预警。预警是领导干部在资源资产责任审计的首要任务，预警的目标是防患于未然，让被审计单位和有关部门提前制定出预防或化解生态环境风险与隐患的措施与方案，并及时采取有效的预防或化解自然资源资产风险与隐患措施。

（三）监督是领导干部自然资源资产责任审计的基本要求

领导干部自然资源资产责任审计监督的主要对象是管理使用国家自然资源资产的领导干部。对领导干部在管理使用国家自然资源资产过程中存在的问题，审计机构可以通过审计报告对外公开，让社会、媒体监督，也可以对重点问题移送有关部门监督，审计机构反映问题的渠道很多，监督方式较多。

（四）整改是领导干部自然资源资产责任审计目标

领导干部自然资源资产责任审计发现问题不是为了发现问题而发现问题，发现问题的目的是整改问题，整改是领导干部自然资源资产责任审计目标。为了督促被审计单位和领导干部认真整改自然资源资产责任审计发现的问题，审计机构可以采取多种方式、方法。例如对整改不力的被审计单位和领导干部，国家审计机关可以持续跟踪监督问题的整改情况。

（五）控制是领导干部自然资源资产责任审计的重要手段

控制是对识别的自然资源资产问题、风险与隐患整改情况的持续关注。对领导干部自然资源资产责任审计识别的问题、风险与隐患，审计机构按照规定的程序与方法进行适当的处理，对被审计单位的整改情况，审计机构持续关注，对领导干部自然资源资产责任审计发现的问题整改情况进行全过程、全方位的跟踪控制，制止问题彻底整改。

（六）预防是领导干部自然资源资产责任审计的根本目的

审计的最高境界是影响政策，领导干部自然资源资产责任审计的最高境界是影响国家自然资源资产政策，为国家进一步完善自然资源资产政策提出建设性的意见与建议。领导干部自然资源资产责任审计发现问题的目的不是发现问题而发现问题，发现问题的目标是分析研究问题、研究问题，找出问题后面的问题、产生问题的原因，提出进一步完善制度政策的意见与建议，从根本上铲除再次发生问题的土壤与条件，杜绝问题的再次发生。

第三节　领导干部自然资源资产责任审计监督型环境规制设计原则

领导干部自然资源资产审计监督型环境规制，领导干部自然资源资产责任审计制度的设计原则分为基本原则与具体原则。无论是基本原则还是具体原则，在领导干部自然资源资产责任审计制度设计过程中都必须坚持。

一　领导干部自然资源资产责任审计制度设计的基本原则

环境规制应该具备高度的抽象性、普遍的适应性、严密的逻辑性三项特征。[①] 领导干部自然资源资产责任审计制度也同样需要具备这三项特征。所谓高度的抽象性，是指领导干部自然资源资产责任审计制度是从实践中提炼出来的，是对一般的规律的概括与总结，领导干部自然资源资产责任审计制度不是针对某个具体事项而设立的专项制度；所谓普遍的适应性是指领导干部自然资源资产责任审计制度对各类生态环境审计项目都具有适应性，无论什么类型、什么行业的生态环境审计项目，领导干部自然资源资产责任审计制度既然具有高度抽象性，那么就一定有普遍的适应性；所谓严密的逻辑性是指领导干部自然资源资产责任审计制度有一套严密的逻辑体系，包括领导干部自然资源资产责任审计制度的制度起源、制度的要素构成、制度的规范对象、制度的处理处罚等都有一套严密的逻辑关系。这些是对领导干部自然资源资产责任审计制度设计的基本原则。

---

① 董大胜：《深化审计基本理论研究推动审计管理体制改革》，《审计研究》2018 年第 2 期。

二 领导干部自然资源资产责任审计制度设计的具体原则

领导干部自然资源资产责任审计制度设计的具体原则主要体现在领导干部自然资源资产责任审计制度设计过程中要坚持科学性、全面性、连续性、实用性、前瞻性的基本要求。

一是科学性。领导干部自然资源资产责任审计制度的设计要科学合理，实事求是。中国正在实施的领导干部生态环境审计监督型环境规制的类型比较多，每个类型都有自己的侧重点以及要解决的主要问题，领导干部自然资源资产责任审计监督型环境规制要突出责任这个重点，领导干部自然资源资产责任审计制度的切入点与归宿都要围绕责任展开。要把领导干部履行自然资源资产责任情况厘清，领导干部应该承担的责任一定要界定到领导干部身上，领导干部不应该承担的责任一定要给领导干部一个明白，同时要鼓励领导干部干事创业，对领导干部在管理自然资源资产工作中出现的问题要正确处理，不能乱扣帽子、乱打棒子，要有容错纠错机制。要实事求是，客观公正反映领导干部在履行自然资源资产责任方面存在的问题。

二是全面性。领导干部自然资源资产责任审计在制度设计过程中要全面考虑领导干部履行自然资源资产管理责任的方方面面，不仅要考虑约束指标的完成情况，同时还要考虑非约束指标的完成情况；不仅要考虑自然资源生态环境目标任务的完成情况，同时还要考虑经济社会发展目标任务的完成情况。突出自然资源生态环境特色，并且要把自然资源生态环境和经济社会发展目标同步考虑、统筹规划，使得自然资源生态环境指标与其他经济社会发展指标相互协调、相互促进。

三是连续性。领导干部自然资源资产责任审计在制度设计过程中要针对原有制度运行过程中出现的问题进行创新设计，要在原有制度基础上进行创新发展，同时要与国家自然资源资产政策的变化、发展方式变化相适应，吸收国内外自然资源资产审计研究最新成果。领导干部自然资源资产责任审计制度是在领导干部自然资源资产离任审计制度的基础上发展起来的，是领导干部自然资源资产离任审计制度的升级版，因此，在领导干部自然资源资产责任审计制度设计过程中一定要与领导干部自然资源资产离任审计制度保持连续性。

四是实用性。领导干部自然资源资产责任审计制度设计要立足解决实际问题，要务实管用，制度要具有可操作性，评价的结果要与国家对党政领导干部的考评评价要求对接，评价要与领导干部履职情况对接，评价要突出重点，评价指标设计要合理，评价指标的数据要有较好的可获得性。制度设计要能够指导领导自然资源资产责任审计实践，理论要服务实际，能够指导实践，同时也要进一步规范审计机构的领导干部自然资源资产责任审计行为。

五是前瞻性。领导干部自然资源资产责任审计制度设计要适度超前，要吸收国内外最新的制度建设的研究成果，要把国家生态文明战略实施体现在制度设计的过程中。在制度设计过程中要解放思想，扩宽思路，要充分地利用现代技术、互联网技术、大数据技术等。

第四节 领导干部自然资源资产责任审计监督型环境规制的要素构成

领导干部自然资源资产责任审计监督型环境规制，领导干部自然资源资产责任审计制度的要素构成是领导干部自然资源资产责任审计制度的核心，是领导干部自然资源资产责任审计制度设计的重点与难点。领导干部自然资源资产责任审计制度的要素构成形成了领导干部自然资源资产责任审计制度的理论体系。

一 自然资源资产责任审计的审计环境[1]

审计理论来源于审计实践，审计实践与审计环境密切相关，有什么样的审计环境，就会产生什么样的审计实践。审计实践是在一定的审计环境下满足社会环境需求的审计活动。审计理论是对审计实践的提炼与升华，审计实践为审计理论提供了物质基础，审计环境直接影

---

[1] 张晶、高运川：《环境审计的理论框架》，《环境科学动态》2004年第3期。

响着审计实践与审计理论。审计面临的社会环境是催生审计实践与审计理论的土壤，审计理论与审计实践随着社会环境的变化而变化，发展而发展。审计理论与审计环境相互作用，审计环境推动审计理论随着经济社会环境的变化而变化，审计理论反作用于经济社会环境，使得经济社会环境不断改善与提高。

审计环境分为审计的外部环境与审计的内部环境两种。审计的外部环境主要是指审计面临的大环境，包括政治、经济、法律环境等。审计的内部环境主要是指审计系统内部的环境，主要包括审计人员、审计程序、审计内容与方法等。审计的产生与发展，审计环境是最根本因素，离开审计环境，审计无法开展，离开审计环境研究审计理论，就失去研究的基础。领导干部自然资源资产责任审计制度的产生与发展，也是审计环境变化的产物。领导干部在自然资源资产的管理中存在问题催生了领导干部自然资源资产责任审计制度，领导干部自然资源资产责任审计制度的实施又反过来进一步规范领导干部管理自然资源资产的行为。

在中国自然资源资产的所有权与管理使用权分离，自然资源资产的多级委托代理关系是产生中国领导干部自然资源资产责任审计的社会大环境。党的十八届三中全会通过的《中共中央关于全面深化改革若干重大问题的决定》要求健全自然资源资产产权制度和用途管理制度，对水、森林、山岭、草原、荒地、滩涂等自然资源资产进行统一确权登记，形成归属清晰、权责明确、监管有效的自然资源资产产权制度。中国《物权法》规定，国家实行自然资源有偿使用制度。自然资源是指天然存在的并有使用价值的自然物，自然资源资产物权主要是指附着于大气环境、水环境、生物环境、地质和土壤环境以及其他自然资源资产上的权力，在法律上物权包括自然资源资产所有权、用益权和担保权。从经济学角度将物权限定为所有权和使用权，将收益权与处置权（用益物权）这些与资金运动直接相关的权力称为自然资源资产财权，包括人们改善自然资源资产的收益权，或破坏自然资源资产应承担经济处罚以及处置可得的收益或损失。在自然资源资产产权明晰的市场，自然资源资产的物权的价值与自然资源资产财权对等，即人们对自然资源资产改善了多少，人们就可获得多少收益，人们对自然资源资产破坏了多少，人们就要承受多少损害、就应该得到多少处罚。由于法律规定中国自然资源资产可以流转，可以在市场进行交易，自然资源资产的所有方式就从国家所有转变为国家、集体或个人所有三种形式，行政区划范围内所属的自然资源资产国家委托地方政府管理辖区内国家所有的自然资源资产，集体或个人所有自然资源资产归集体或个人管理。自然资源资产产权关系不同，自然资源资产审计的主体与客体以及审计目标均不同。

中国自然资源资产是国家所有，即人民群众所有。人民群众委托领导干部对自己拥有的自然资源资产进行管理，领导干部对自然资源资产管理的不当行为，最直接的受害者是人民群众，人民群众为了挽回自己利益，减少自己的损失，人民群众有愿望要求审计机构对领导干部管理自然资源资产的状况进行审计。对领导干部管理自然资源资产的情况进行审计监督，这是中国的客观现实环境。同时由于自然资源资产存在"外部性"，自然资源资产有可能被随意地使用或破坏，而不需要支付任何成本，随意使用自然资源资产的事件增加了自然资源资产使用者的效益而损害了社会公众的利益。在利润的追逐下，随意使用自然资源资产，甚至破坏自然资源资产，为了谋取私利的情况越来越严重，致使自然资源资产破坏程度越来越高。针对这种情况，社会公众的意见就越来越大，人民群众更加强烈地要求自然资源资产管理者加强自然资源资产管理，要求审计机构对自然资源资产的管理者进行审计，检查他们在自然资源资产责任的履行情况。作为自然资源资产的管理者或使用者，由于社会公众对自然资源资产管理要求越来越高，国家出台了越来越多的法律政策对自然资源资产进行管理，对自然资源资产管理者或使用者而言，他们的任务越来越重、责任也越来越大，被问责或处理的风险也越来越高。领导干部自然资源资产审计可以有效地降低自然资源资产管理者或使用者的管理使用责任，防范自然资源资产管理者或使用者管理使用风险，提高自然资源资产管理者或使用者自身效益。

领导干部自然资源资产责任审计的审计环境作为领导干部自然资

源资产责任审计研究的逻辑起点，打通了经济社会发展与审计、审计理论与审计实践的关系。领导干部自然资源资产责任审计的审计环境的发展变化，催生了领导干部自然资源资产责任审计以及审计理论体系的形成，并且使得领导干部自然资源资产责任审计理论体系成为一个开放的理论体系，与时俱进的理论体系。领导干部自然资源资产责任审计的审计环境作为领导干部自然资源资产责任审计理论体系的逻辑起点，使得整个领导干部自然资源资产责任审计理论体系建立在宽泛而坚实的基础之上，使得领导干部自然资源资产责任审计理论体系更全面完整，更科学合理。

二 自然资源资产责任审计假设

假设在任何理论大厦里都占有基石的地位，审计假设也一样。审计假设是指导审计实践的理论基础，也是确立审计责任、降低审计风险的主要依据。[①] 20 世纪 60 年代，英美国家的审计学者就开始对审计假设进行研究，其代表人物是莫茨和夏拉夫等。莫茨认为"因为事物的发展及最终结果具有不可确定性，因此有必要对其未来发展做出适当假设。我们存在于一个不确定的世界中，承认假设的存在是符合理性的"。莫茨和夏拉夫在 1990 年出版的《审计理论结构》一书中首次提出了八条审计假设，即：一是财务报表与财务数据是可验证的。二是审计人员与被审计单位管理者之间没有必然的利害冲突。三是送审的财务报表与其他资料不存在串通舞弊和其他不正当的舞弊行为。四是完善的内部控制制度可以减少错弊发生的可能性。五是公认的会计原则的一致运用可使财务状况和经验成果得到公允的表达。六是如无确凿的反证，被审单位过去被认为真实的情况仍为真实。七是审计人员有能力独立地审查财务资料并发表意见。八是独立审计人员的职业地位负有相应的职业责任。[②] 这八条审计假设在审计理论研究

---

① 李雪、杨智慧、王健姝：《环境审计研究：回顾与评价》，《审计研究》2002 年第 4 期。

② ［美］罗伯特·K. 莫茨、［埃及］侯赛因·A. 夏拉夫：《审计理论结构》，文硕等译，中国商业出版社 1990 年版，第 49—90 页。

方面具有里程碑意义。审计假设是对审计实务一般规律的抽象概括，随着经济社会环境的发展变化，审计实践也在发展变化，审计内容、范围，审计的程序、方法，审计的地位、作用以及人们对审计本质的认识都在发生变化，原有的审计假设可能有的已经变得不能适应经济社会环境的变化和审计实践发展变化的需要，原有的审计假设就必须修改完善。

2010 年之前，中国学者对审计假设的研究也取得了重要的研究成果。最具有代表性的有董秀红[①]提出审计责任关系假设、审计主体独立性假设、审计证据可靠性假设、审计标准适当性假设；她同时指出，审计假设是为了保障审计顺利实施而对审计环境和审计条件作出的最基本界定，其初衷是为了降低审计风险，保障审计达到既定目标，审计假设一旦被破坏，审计风险必然产生。方修宇[②]提出五条审计假设：审计能够揭露错误和舞弊假设、审计结果公允性假设、公认会计标准可执行假设、审计主体可信赖假设和审计风险可以评价假设。刘国常[③]提出经济责任关系假设、可以验证假设、能力胜任假设、制度基础假设、无反正判定假设、适当怀疑假设、信息传递假设。

2010 年以后，中国学者对审计假设的研究越来越少，研究成果也不多。但近年来，中国审计实践发展变化很大，特别是 2013 年以来，审计的范围不断扩大，审计的任务也越来越重，国家对审计的要求也越来越高。除了财务、经济审计外，自然资源生态环境、政策执行情况跟踪审计、经济责任审计、建设项目审计等很多审计事项过去都不在审计范围之内，现在都成为审计对象。由于审计对象、内容的较大变化，审计假设也应该随之变化，否则审计风险就会不断加大，出现现有的审计理论就不能指导审计实践的现象。对领导干部自然资

---

① 董秀红：《从审计假设看审计风险》，《福建财会管理干部学院学报》2001 年第 3 期。

② 方修宇：《关于以审计环境为基础构建审计假设的探讨》，《中国注册会计师》2004 年第 11 期。

③ 刘国常：《基于审计关系框架的审计假设体系构建》，《财会月刊》2006 年第 13 期。

源资产责任审计，由于自然资源资产责任审计的特殊性，原有的审计假设不能完全适应领导干部自然资源资产责任审计的要求，急需重新构建适应新形势的领导干部自然资源资产责任审计的审计假设，只有这样，审计假设才能真正指导领导干部自然资源资产责任审计实践，降低领导干部自然资源资产责任审计的风险。根据上述研究可以看出，整个社会是由受托责任编织起来的网，社会成员中的各类组织单位与个人都是特定的责任载体与责任人。领导干部自然资源资产责任审计假设除一般审计假设外，主要需要补充完善对领导干部自然资源资产责任关系假设和责任人关系假设的内容：①

（一）自然资源资产责任关系假设

领导干部自然资源资产责任审计假设除了一般审计项目的经济责任关系假设外，同时应重点关注生态环境责任关系假设、环境公正责任关系假设、社会责任关系假设等。自然资源生态环境责任具有长期性、持久性，自然资源生态环境的社会价值、生态价值、环境价值要远远大于经济价值。

（二）自然资源资产责任人关系假设

所有权与经营权分离导致了受托经济责任关系的确立，自然资源资产的所有者委托审计机构与人员对自然资源资产管理使用者进行审计监督。在一般审计项目中，审计责任人关系是清楚的，在领导干部自然资源资产责任审计项目中，委托代理关系并不十分明晰，审计责任人关系比较复杂，需要通过自然资源资产责任人关系假设进一步明确。

领导干部自然资源资产责任审计范围非常广泛，因为自然资源资产的范围本身就十分广泛，再加之产生自然资源资产问题的原因又很复杂，这样要厘清领导干部在自然资源资产管理中应该承担的责任就更加困难。领导干部自然资源资产责任审计不仅涉及领导干部本身，同时凡是消费自然资源资产资源，并产生废弃物的单位与个人都在领导干部自然资源资产责任的审计范围，因为消费自然资源资产资源，

---

① 张晶、高运川：《环境审计的理论框架》，《环境科学动态》2004 年第 3 期。

消化自然资源资产资源废弃物都会对自然资源资产产生影响，自然资源资产责任审计如果不分析这些对自然资源资产造成影响的因素，领导干部自然资源资产责任审计将无法达到预期的结果。根据中国自然资源资产管理体制与所有制体制，目前中国领导干部自然资源资产责任审计对象可以分为三大类，即政府部门、企业单位和社会组织，针对三类不同的审计对象，分别由政府审计、内部审计、社会审计来承担三类不同审计对象的领导干部自然资源资产责任审计任务，这样就形成了不同的三类审计主体（见图6-1）。

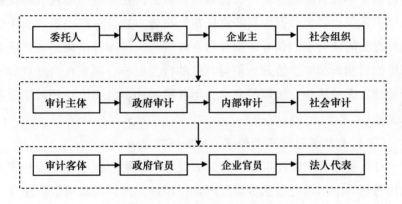

图6-1 三类不同审计主体责任关系

针对三类不同的审计主体，委托代理关系也不同：政府部门的领导干部自然资源资产责任审计的委托人理论上是人民群众。人民群众是国家的主人，人民群众是自然资源资产的最终所有者。但人民群众并不是直接委托审计机构对领导干部进行自然资源资产责任审计，人民群众委托审计机构对领导干部进行自然资源资产责任审计是间接方式委托的。各级人民代表大会把人民群众的意志与主张变成法律，通过法律授权各级审计机构对领导干部进行自然资源资产责任审计，审计机构把领导干部自然资源资产责任审计结果向人民代表大会报告，向社会公告，向人民群众报告；企业单位的领导干部自然资源资产责任审计的委托人是企业主。企业主为了降低企业的环境风险，减少企业因环境违规被处理处罚、降低企业的经营成本，提高企业环境形象与社会地位，企业主委托内部审计机构与内部审计人员对企业自然资源资产依据有关国家自然资源资产方面的法律法规进行审计，审计结果用来改进企业的自然资源资产方面管理措施与办法，减少企业自然资源资产违法行为，提高企业效益与环境形象；社会组织的领导干部自然资源资产责任审计的委托人为社会组织法人，社会组织领导干部自然资源资产责任审计的实施机构为各类社会中介组织与注册会计师群体。社会中介机构与注册会计师根据社会组织的委托，承担社会组织的领导干部自然资源资产责任审计任务，向社会组织委托人提交社会组织领导干部自然资源资产责任审计报告。社会组织根据社会中介机构提交的社会组织领导干部自然资源资产责任审计结果，改进社会组织的自然资源资产管理，使得自己的行为更符合国家在自然资源资产管理方面的法律、法规的要求，不断提高社会组织生态环境形象与社会地位。

（三）自然资源资产责任审计可验证假设

自然资源资产责任审计可验证假设是指国家授权或企业委托审计机构对领导干部进行自然资源资产责任审计，审计机构可以依法完全得到领导干部自然资源资产责任审计需要的一切资料，依法进行调查、取证，不存在无法进行验证、取证、调查的情况。领导干部自然资源资产责任审计的可验证性假设，是领导干部自然资源资产责任审计的基本假设，如果这一点做不到，领导干部自然资源资产责任审计无法进行。

（四）自然资源资产可利用假设

自然资源资产可利用假设：一是自然资源资产本身可修复、可利用。二是领导干部自然资源资产责任审计的结果可利用。利用领导干部自然资源资产责任审计结果，可以对已经破坏了的自然资源资产进行修复，可以推动领导干部更好地履行自然资源生态环境责任。三是领导干部自然资源资产责任审计提出的审计建议具有针对性，可操作性。

（五）自然资源资产可计量假设

自然资源资产可计量假设是指利用货币来度量自然资源资产价值，把自然资源资产价值货币化，编制自然资源资产负债表，根据自然资源资产负债表的变化情况对领导干部履行自然资源资产责任情况进行评价。自然资源资产的量化管理目前仍然处在探索阶段，无论从理论到实践都需要一个成熟的过程，但自然资源资产量化管理是发展的方向。

（六）自然资源资产责任审计的系统性、整体性假设

自然资源资产责任审计的系统性、整体性假设是指由于领导干部自然资源资产责任审计的复杂程度高、影响范围大、影响时间长、影响因素多，往往存在跨区域、跨行业、跨部门、跨时间界限等情况。领导干部自然资源资产责任审计的系统性、整体性假设就是假设领导干部自然资源资产责任审计机构与人员能够系统、整体分析研究领导干部自然资源资产责任审计中发现的问题，对在领导干部自然资源资产责任审计过程中发现问题产生的原因与责任能够历史地看待问题，根据当时、当地的具体情况、具体政策分析研究当时、当地的具体问题，力求做到客观公正、实事求是。

（七）自然资源资产责任审计可信任假设

领导干部自然资源资产责任审计可信任假设：一是对领导干部自然资源资产责任审计的审计机构与审计人员能力信任，不会出现审计人员能力不足和审计人员的道德问题。二是领导干部自然资源资产责任审计中审计机构与人员和被审计单位不存在妨碍审计人员验证财务报表中会计信息可信性的利益冲突。三是领导干部自然资源资产责任审计机构与审计人员能够客观公正进行审计。

三　自然资源资产责任审计的概念

"审计是一个系统化的过程，即通过客观地获取和评价有关经济活动与经济事项认定的证据，以证实这些人与既定标准的符合程度，并将其结果传达给有关使用者。"这是美国会计学会 1973 年的《基本审计概念说明》（A Statement of Basic Auditing Concepts）一文对审计

的定义①。英国审计学者 Sherer 和 Kent 认为，在现代社会，任何组织，无论是国家还是政府，无论是国有还是私营企业，无论是营利还是非营利组织，都是基于特定的受托经济责任关系而存在，都要履行好其承担的受托经济责任②。整个社会就是一张责任关系网，社会成员中的任何组织和个人都是责任载体与关系人。受托责任是审计产生的根本，在经济社会发展的不同水平与阶段，审计的社会环境不同，受托责任的形式也不同。有简单责任、复杂责任，有经济责任，也有非经济责任，有社会责任、生态环境责任、决策责任，等等。随着经济社会发展，随着人民群众生活质量的提高，人们对生态环境质量的要求也越来越高，受托责任就从经济责任发展到自然资源生态环境责任，要落实领导干部自然资源资产责任的履行情况，就产生了领导干部自然资源责任审计。领导干部自然资源资产责任审计是由国家审计机关、内部审计机构或社会审计组织依据国家自然资源资产管理的相关制度、法律法规以及审计准则综合系统地分析领导干部履行自然资源资产责任的情况，对领导干部履行自然资源资产责任的情况进行评价，对领导干部履行自然资源资产的责任进行界定，对领导干部承担的自然资源资产责任提出处理的意见与建议，从而推动领导干部认真履行自然资源资产责任的一种控制活动。领导干部自然资源资产责任审计包括自然资源资产财务审计、自然资源资产合规性审计和自然资源资产绩效审计三部分。自然资源资产财务审计重点关注自然资源资产资金的管理使用情况；自然资源资产合规性审计重点关注领导干部执行国家自然资源资产政策情况，特别是要分析研究领导干部的自然资源资产责任；自然资源资产绩效审计重点关注领导干部履行自然资源资产责任的实际效果，对领导干部履行自然资源资产责任的实际效果进行评价，重点关注领导干部在管理自然资源资产过程中应该承担的责任。

---

① 美国会计学会审计基本概念委员会：《基本审计概念说明》，美国会计学会 1973 年版，第 59 页。

② Michael Sherer and David Kent, 1983, *Auditing and Accountability*, London：Pitman, pp. 15–28.

四　自然资源资产责任审计的本质

关于领导干部自然资源资产责任审计的本质问题，国内外研究得比较多，归纳起来有四种观点①：一是经济监督论。该观点认为，领导干部自然资源资产责任审计是审计机构及审计人员依据国家有关自然资源资产方面的法律、法规，对被审计单位领导干部自然资源资产责任履行情况进行评价、鉴定，以促进被审计单位领导干部认真履行领导干部自然资源资产责任，保护自然资源生态环境的一种独立的经济监督活动。二是管理工具论。该观点认为，领导干部自然资源资产责任审计是一种管理行为。政府或企业为了降低自然资源生态环境风险的需要，自发地制订独立的自然资源生态环境审计计划，定期评价检查政府或企业的自然资源生态环境问题与风险。最早的生态环境审计源于企业的内部管理，从内部管理的角度看生态环境审计，生态环境审计就是一种内部管理措施。三是监督鉴证评价论。该观点认为，领导干部自然资源资产责任审计是国家审计机关、内部审计机构和注册会计师，对政府和企事业单位的生态环境管理系统以及经济活动对生态环境的影响进行监督、评价和鉴证，使之达到管理有效、控制得当，并符合可持续发展要求的审计活动。四是检查论。该观点认为，领导干部自然资源资产责任审计是对领导干部履行自然资源资产责任情况系统的、有证据的、定期的、客观的检查活动。

上述对领导干部自然资源资产责任审计本质的讨论，无论是经济监督论、管理工具论，还是监督鉴证评价论和检查论都是不全面的。要全面地理解领导干部自然资源资产责任审计本质，必须从审计的本质来研究。审计的本质是检查评价鉴证受托责任，审计的产生源于受托责任，审计的发展同样也源于受托责任范围的扩大。审计的受托责任最早主要是经济责任，由于受托责任范围的扩大，现阶段已经远远超出了经济责任，受托的责任范围十分广泛，既有经济责任，同时也有非经济责任。领导干部自然资源资产责任审计的本质就是检查、评

---

① 蔡春、陈晓媛：《环境审计论》，中国时代经济出版社 2006 年版，第 19 页。

价和鉴证领导干部受托责任的落实情况。具体地讲，就是检查、评价和鉴证领导干部受人民群众之托，管理人民群众自然资源资产的情况，对领导干部在管理自然资源资产中的功过是非进行检查评价鉴证，对领导干部应该承担的责任进行梳理，对领导干部不应该承担的责任进行说明，给领导干部一个明白，给组织一个交代。

五 自然资源资产责任审计目标

领导干部自然资源资产责任审计目标是领导干部自然资源资产责任审计制度框架体系中的重要组成部分，领导干部自然资源资产责任审计目标直接反映着领导干部自然资源资产责任审计的本质，体现了领导干部自然资源资产责任审计的基本职能，是构成领导干部自然资源资产责任审计理论体系的基石。[①] 领导干部自然资源资产责任审计的目标包括根本目标、一般目标和具体目标三个层次。根本目标：改善自然资源资产管理，提高自然资源资产的质量，实现绿色发展，可持续发展，贯彻落实生态文明发展战略；一般目标为规范领导干部自然资源资产管理行为，促进领导干部认真履行自然资源资产责任，促进生态环境质量改善；具体目标是对一般目标的进一步细化，主要包括自然资源资产财务管理规范化、自然资源生态环境政策有效执行、自然资源生态环境目标实现等。

六 自然资源资产责任审计准则

领导干部自然资源资产责任审计准则是由权威机构制定或认可的，用以明确领导干部自然资源资产责任审计主体资格、指导领导干部自然资源资产责任审计人员工作和评价领导干部自然资源资产责任审计工作质量的专业规范。[②] 它既是领导干部自然资源资产责任审计人员的行为规范，同时也是领导干部自然资源资产责任审计的技术标准。领导干部自然资源资产责任准则是为了保证领导干部自然资源资

---

① 蔡春、陈晓媛：《环境审计论》，中国时代经济出版社 2006 年版，第 19 页。
② 赵琳：《环境审计准则体系建设初探》，《财会月刊》2004 年第 21 期。

产责任审计目标的实现而制定的用来指导和制约领导干部自然资源资产责任审计主体行为的规范。领导干部自然资源资产责任审计准则是联系领导干部自然资源资产责任审计实践和领导干部自然资源资产责任审计理论的桥梁，既是领导干部自然资源资产责任审计理论的研究成果，也是领导干部自然资源资产责任审计的指南，同时也是判断领导干部自然资源资产责任审计质量的标准和依据。领导干部自然资源资产责任审计准则规定了领导干部自然资源资产责任审计的程序、方法、报告等内容，是领导干部自然资源资产责任审计规范化、制度化的重要手段。

在领导干部自然资源资产责任审计理论体系中，领导干部自然资源资产责任审计准则一方面要满足领导干部自然资源资产责任审计目标的要求，充分体现为实现领导干部自然资源资产责任审计目标而应该遵循的各种技术规范，充分反映领导干部自然资源资产责任审计假设的相关内容和推论；另一方面领导干部自然资源资产责任审计准则同时应规范领导干部自然资源资产责任审计的程序与方法。领导干部自然资源资产责任审计准则分为基本准则、具体准则和执业规范。领导干部自然资源资产责任审计基本准则是对每一个领导干部自然资源资产责任审计项目都涉及的共性问题、基本问题进行规范；具体准则是依据基本准则制定，是基本准则的细化；执业规范指南是依据基本准则和具体准则制定的，为领导干部自然资源资产责任审计人员执行基本准则和具体准则提供可操作性的指导。

七　自然资源资产责任审计主体

审计主体是审计活动的主要部分，是依法进行审计并享有审计权力和承担审计责任的审计人员与审计机构。广义的审计主体包括委托人和审计机构与审计人员，狭义的审计主体主要是指审计机构与审计人员。领导干部自然资源资产责任审计的审计主体包括政府审计主体、内部审计主体、社会审计主体。政府审计主体主要是指各级国家审计机关与人员，内部审计主体主要是指各类企业与社会组织的内部审计机构与人员，社会审计主体主要是指第三方服务机构、社会中介机构，即注册会计师群体。根据审计关系人理论，审计行为发生必须有审计人、被审计人和审计委托人，其中审计人是第一关系人，作为被审计人的第二关系人是自然资源资产的授托管理者，第三关系人为委托人，即自然资源资产的所有者。审计主体是审计关系人的第一关系人，在审计关系中处于主导地位。一方面审计主体与审计委托人之间存在受托的审计关系，另一方面其行为对被审计人与审计委托人之间的受托责任关系产生重大影响。审计关系人之间的关系图如图6-2所示。

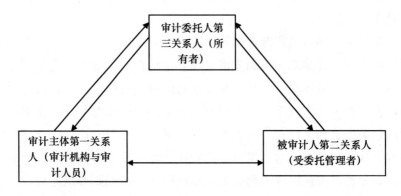

图6-2 审计主体在审计关系的位置

八 自然资源资产责任审计客体

领导干部自然资源资产责任审计的审计客体是管理自然资源资产的政府官员、企事业单位、社会组织的法人代表。在中国由于自然资源资产管理的多重委托代理，使得领导干部自然资源资产责任审计的审计客体越来越广泛，越来越复杂。不同的领导干部自然资源资产责任审计客体承担着不同性质的职能与任务，根据领导干部自然资源资产责任审计客体承担的任务不同，可以把领导干部自然资源资产责任审计的审计客体分为管理类审计客体和经营类审计客体。

九 自然资源资产责任审计的内容

领导干部自然资源资产责任审计的重点内容是厘清领导干部管理自然资源资产的责任，围绕领导干部管理自然资源资产的职责分工开展领导干部自然资源资产责任审计。领导干部管什么，审计的重点内容就是领导干部管理的内容。一般来说，领导干部自然资源资产责任审计的主要内容包括领导干部履行自然资源资产责任情况、执行国家自然资源生态环境政策情况和领导干部任职期间对自然资源生态环境投入情况等内容，审计的重点是对领导干部管理自然资源资产过程中是否有不当决策与生态环境事件，如果有不当决策与生态环境事件，对这些不当决策和生态环境事件领导干部应该承担什么责任，不应该承担什么责任。最高审计机关国际组织《从环境视角进行审计活动的指南》中列示的生态环境绩效审计内容包括：对生态环境法规执行情况的审计、对生态环境项目的效益进行审计、对其他政府项目的生态环境影响进行审计、对生态环境管理系统进行审计、对生态环境政策和生态环境项目进行评估等。

十　自然资源资产责任审计的分类

领导干部自然资源资产责任审计根据审计对象的不同，可以分为政府领导干部的自然资源资产责任审计和企业领导干部自然资源资产责任审计两大类。对政府领导干部自然资源资产责任审计，一般由国家审计机关来实施审计，审计的主要内容：国家自然资源生态环境政策执行情况、自然资源生态环境资金的管理使用情况、自然资源生态环境项目的建设情况、自然资源生态环境污染的治理情况等，重点审计政府领导干部履行自然资源资产责任情况和政府领导干部在履行自然资源资产责任过程中应该承担的自然资源生态环境责任情况；对企业领导干部自然资源资产责任审计，一般由内部审计或社会审计来承担，审计的主要内容：企业执行国家自然资源生态环境政策情况、企业自然资源生态环境考核情况、企业自然资源生态环境管理的内控系统运行情况、企业治理自然资源生态环境污染治理的投入情况等，重点审计企业领导干部履行自然资源资产责任情况和企业领导干部在履行自然资源资产责任过程中应该承担的自然资源生态环境责任情况。

十一　自然资源资产负债表的编制

自然资源资产是指国家拥有或控制的、预期能够给国家带来利益的、能以货币计量的自然界各种物资财富要素的总称。自然资源的物质性能和存在形式是自然界赋予的，同时自然资源也是被人们认识的自然资源。自然资源只有被人们认识后才具有社会价值。自然资源资产按照属性可分为生物、农业、森林、国土、海洋、气象、能源和水等大类。西方国家对矿藏、森林、油气等自然资源都估价入账，称其为递耗资产，分期摊销，计入成本，使得自然资源消耗得到合理补偿。

自然资源资产负债表是用来反映被评估区域或部门在某时点所占有的可测量、可报告、可核查的自然资源资产状况以及某时点被评估区域或部门应该承担的自然资源资产负债状况。编制自然资源资产负债表可以准确掌握被评估区域或部门的自然资源资产的占有、使用、消耗恢复和增值活动情况，全面反映被评估区域或部门的经济社会发展的资源环境代价和生态环境效益，为领导干部自然资源资产责任审计提供数据支持。自然资源资产负债表可按照：资产＝负债＋所有者权益进行编制。自然资源资产负债表是反映某一时点上被评估区域或部门自然资源资产、负债、所有者权益状态的报表，主要列报类别包括土地资源、水资源、大气资源、森林资源、矿产资源、海洋资源、草原资源、野生动物资源等。

第五节　领导干部自然资源资产责任审计监督型环境规制制度框架

构建领导干部自然资源资产责任审计监督型环境规制，领导干部自然资源资产责任审计制度框架，首先要确定领导干部自然资源资产责任审计制度框架的要素构成，同时要对各要素的相互关系进行明确，根据各要素间的相互关系，构建领导干部自然资源资产责任审计的框架结构图。[1]

一 领导干部自然资源资产责任审计制度框架

构建领导干部自然资源资产责任审计制度的逻辑起点是领导干部自然资源资产责任审计制度的基础，是一门学科的理论开端，它影响和制约着领导干部自然资源资产责任审计制度中其他因素的建立与发展，同时也决定着其他因素之间的逻辑关系。作为领导干部自然资源资产责任审计制度的逻辑起点，必须能联系审计系统与审计环境、审计理论与审计实践，能推导论证其他理论要素和可知性。[2] 领导干部自然资源资产责任审计制度的逻辑起点的基本特征是前面不存在其他事物，主要是回答领导干部自然资源资产责任审计制度从哪里来，为什么需要领导干部自然资源资产责任审计制度。根据领导干部自然资源资产责任审计制度逻辑起点的特征与要求，领导干部自然资源资产责任审计面临的审计环境是领导干部自然资源资产责任审计制度研究的逻辑起点，主要是因为领导干部自然资源资产责任审计的审计环境能够回答为什么要进行领导干部自然资源资产责任审计，同时领导干部自然资源资产责任审计面临的审计环境的变化是产生领导干部自然资源资产责任审计的直接动力与原因，并且领导干部自然资源资产责任审计的审计环境前面也不存在其他事物。领导干部自然资源资产责任的审计环境分为外部环境与内部环境。外部环境主要包括自然资源资产被损害、自然资源的损失浪费现象严重、生态环境污染、生态环境事件等，另外也包括国家出台的自然资源资产管理的政策、法律、法规等。内部环境主要包括审计系统内部的小环境。

审计环境是审计假设的基础，审计假设是对审计环境和审计条件作出的基本界定，其初衷就是为了降低审计风险，保障审计能够达到既定目标，如果审计假设一旦被破坏，审计风险会必然产生。[3] 领导

---

① 杨智慧：《环境审计理论结构研究》，硕士学位论文，中国海洋大学，2003 年，第32—43 页。

② 张晶、高运川：《环境审计的理论框架》，《环境科学动态》2004 年第 3 期。

③ 蔡春、陈晓媛：《环境审计论》，中国时代经济出版社 2006 年版，第 59 页。

干部自然资源资产责任审计是新的审计类型，审计的内容与范围与一般的审计项目差别较大，特别是涉及自然资源资产责任，所以领导干部自然资源资产责任审计的设计假设就显得格外重要。

审计假设影响审计概念，审计概念是在审计假设的前提下产生与发展起来的，要形成审计概念，必须先进行审计假设，在审计假设的基础上形成审计概念，审计概念不同，审计的本质也不同，审计概念影响审计本质。领导干部自然资源资产责任审计概念清楚之后，就可以清楚知道领导干部自然资源资产责任审计本质，不同的审计概念对应的审计本质是不一样的，领导干部自然资源资产责任审计的本质就是对领导干部管理的人民群众所有的自然资源资产的管理者或经营者履职情况进行监督、检查与评价，并将监督、检查与评价的结论告诉自然资源资产的所有者，自然资源资产的所有者根据自然资源资产责任审计的结果对领导干部进行奖惩。领导干部自然资源资产责任审计本质清楚之后，根据领导干部自然资源资产责任审计的本质确定领导干部自然资源资产责任审计目标，领导干部自然资源资产责任审计目标确定之后，领导干部自然资源资产责任审计的标准、程序、方法、内容又是什么？如何开展领导干部自然资源资产责任审计，领导干部自然资源资产责任审计如何报告、怎么报告等都是领导干部自然资源资产责任审计制度框架的重要组成部分，将上述领导干部自然资源资产责任审计要素归纳整理一下，就形成领导干部自然资源资产责任审计制度框架见图 6 - 3。

二　领导干部自然资源资产责任审计制度框架各要素之间关系

领导干部自然资源资产责任审计制度的逻辑起点是审计环境。经济社会的发展会不断产生新的问题，这些新的问题构成了新的审计环境。领导干部自然资源资产责任审计的审计环境随着经济社会的发展变化而变化。当前领导干部自然资源资产责任审计的审计环境主要表现为经济快速发展带来的生态环境问题。如雾霾、生态环境污染、自然资源资产的损失浪费等，如果这些问题得不到有效的治理与控制，这些问题将严重影响广大人民群众的根本利益，影响经济社会的可持

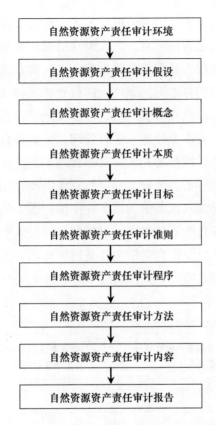

图 6 – 3　领导干部自然资源资产责任审计制度框架

续发展，将会给人类带来重大的灾难，我们必须正确面对，果断采取措施对经济社会发展中自然资源资产和生态环境产生的问题进行治理与控制，对领导干部进行自然资源资产责任审计就是治理与控制的措施之一，从这个意义上讲，领导干部自然资源资产责任审计的逻辑起点就是问题导向，就是因为自然资源资产与生态环境方面存在问题，这些问题与领导干部关系较大，所以必须对领导干部进行自然资源资产责任审计，通过对领导干部的自然资源资产责任审计，企图有效地治理和控制这些问题，由此看来，领导干部自然资源资产责任审计是自然资源资产中存在问题催生的，领导干部自然资源资产审计的最终目的是解决这些问题，确保生态文明战略实施。

领导干部自然资源资产责任审计关系人比较复杂。在中国，自然资源资产的所有者是人民群众，人民群众通过法律法规把管理人民群众自然资源资产的权力授权给各级政府，人民群众是委托人，政府是代理人。政府在管理自然资源资产中的位置比较特殊，当政府接受人民群众的委托管理自然资源资产后，政府又把管理自然资源资产的权力委托给政府官员或职业经理人进行管理。政府在自然资源资产管理中扮演着双重角色，既是委托人，又是代理人。人民群众如何监督政府、如何监督政府官员，领导干部自然资源资产责任审计的责任人关系如何，都是值得深入思考的问题。在中国，通常情况下，领导干部主要管理的是国有自然资源资产，对领导干部自然资源资产责任审计的委托人、受托人以及审计对象主要是国家机构、组织单位与国家公职人员。领导干部自然资源资产责任审计责任人关系见图6-4。

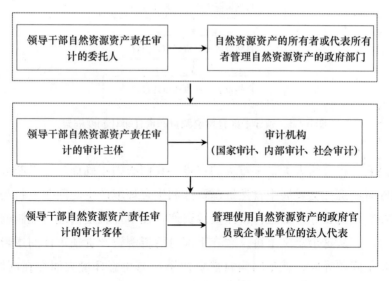

图6-4 领导干部自然资源资产责任审计责任人关系

领导干部自然资源资产责任审计的审计环境、审计假设与审计概念。审计的哲学基础包括数学、逻辑学、社会学等可以推出审计假设，审计假设是对审计环境作出的基本界定，审计假设是审计概念的基础，审计概念是建立在审计假设的基础之上。审计假设界定了审计环境，审计概念依托审计假设，审计环境回答了为什么要进行审计的基本问题，领导干部自然资源资产责任审计的审计环境主要回答了为什么要进行领导干部自然资源资产责任审计，领导干部自然资源资产责任审计的审计概念则主要回答什么是领导干部自然资源资产责任审计的问题，审计环境、审计假设与审计概念密切相关，相互影响。

领导干部自然资源资产责任审计的本质。根据中国自然资源资产管理体制与自然资源资产管理现状，怎么认识自然资源资产责任审计的本质问题。著名审计学者费林特认为，"作为一种近乎普遍的真理，凡是有审计的地方，必然存在一种受托责任关系，受托责任关系是审计存在的重要条件，审计是一种确保受托责任关系履行的社会控制机制"。对不同的所有制形式，自然资源资产责任审计的本质基本一致，只是表现形式上的不同而已，都是为了实现委托人意志的一种监督行为。领导干部自然资源资产责任审计的本质是领导干部自然资源资产责任审计最根本的东西，根据领导干部自然资源资产责任审计本质要求，确定领导干部自然资源资产责任审计的目标，审计目标是为审计的本质服务并服从审计本质。领导干部自然资源资产责任审计目标的确定是领导干部自然资源资产责任审计的关键。

领导干部自然资源资产责任审计目标确定之后，为了实现领导干部自然资源资产责任审计的目标，需要制定实现目标的路径与办法，需要给委托者提交领导干部自然资源资产责任审计报告，为了形成高质量的报告，需要进一步规范领导干部自然资源资产责任审计程序、方法、标准、报告等，对这些内容的规范，其实就是领导干部自然资源资产责任审计的审计准则。

本章小结

本章在对领导干部自然资源资产责任审计监督型环境规制、领导干部自然资源资产责任审计制度构建的必要性分析的基础上，对领导干部自然资源资产责任审计监督型环境规制，领导干部自然资源资产责任审计制度设计的基本理论、功能定位与设计机理进行研究。本章进一步提出了领导干部自然资源资产责任审计监督型环境规制、领导干部自然资源资产责任审计制度的设计原则。根据领导干部自然资源资产责任审计制度的设计原则，本章构建了领导干部自然资源资产责任审计制度框架，并对领导干部自然资源资产责任审计制度框架要素构成与各要素之间的相互关系进行了探析。

第七章 审计监督型环境规制评价指标体系

领导干部自然资源资产责任审计监督型环境规制的评价指标体系，是领导干部自然资源资产责任审计监督型环境规制实施的基础。评价指标体系设计得合理与否，直接关系着领导干部自然资源资产责任审计监督型环境规制的实施效果。领导干部自然资源资产责任审计监督型环境规制评价指标体系的构建，是领导干部自然资源资产责任审计监督型环境规制建设的重要组成部分。本章根据上一章构建的领导干部自然资源资产责任审计监督型环境规制和领导干部自然资源资产责任审计制度框架，在对评价指标体系构建的相关理论以及对中国目前正在实施的针对不同类型的领导干部自然资源资产审计监督型环境规制的评价指标体系情况探析的基础上，构建了领导干部自然资源资产责任审计评价指标体系。

第一节 领导干部自然资源资产责任审计监督型环境规制指标体系构建的理论基础综述

领导干部自然资源资产责任审计监督型环境规制，领导干部自然资源资产责任审计制度评价指标体系构建的理论基础涉及的内容比较多，部分理论基础在本书的理论综述部分已经涉及，本章不再赘述。本章针对与领导干部自然资源资产责任审计评价指标体系直接相关的

理论基础进行综述:①

代际公平理论。代际公平是可持续发展经济学中资源配置的概念,是指满足当代人的需求不能对后代人满足需求造成危害。每代人都有相同使用自然资源资产的权利,当代人不能牺牲后代人的利益,损害后代人的福祉。当代人在开发利用自然资源资产时要坚持保护优先原则,只搞大保护,不搞大开发。要注意节约自然资源,保护生态环境,实现人与自然协调发展,不断提高自然资源资产的利用效率,确保自然资源资产的永续利用和可持续发展,促进代际公平。

生态环境价值理论。② 自然资源资产具有稀缺性、效益性和不可逆转性,自然资源生态环境的价值具有不可替代性。自然资源资产的价值主要体现在生态价值、经济价值和社会价值。生态价值是指自然资源资产为人们生存发展提供了不可或缺的生存发展的基本条件;经济价值是指自然资源资产为经济社会发展提供物质保障,没有物质保障,经济社会就没有发展的基础;社会价值是指自然资源资产满足了人类精神、文化等多方面的各种需求,为社会提供各种服务,满足人类享受等需要。生态环境的生态价值、经济价值和社会价值相互转换,相互影响。

自然资源资产理论。《辞海》对自然资源的定义为:指天然存在(不包括人类加工制造的原材料)并有利用价值的自然物,如土地、矿藏、水利、生物、气候、海洋等资源,是生产的原料来源和布局场所。联合国环境规划署的定义为:在一定的时间和技术条件下,能够产生经济价值。提高人类当前和未来福利的自然环境因素的总称。自然资源可分为可再生资源、可更新自然资源和不可再生资源。自然资源具有可用性、整体性、变化性、空间分布不均匀性和区域性等特点,是人类生存和发展的物质基础和社会物质财富的源泉,是可持续发展的重要基础与条件。自然资源可划分为:生物资源、农业资源、森林资源、国土资源、矿产资源、海洋资源、气候气象、水资源等。

---

① 蔡春、陈晓媛:《经济责任审计的基本理论依据》,《中国审计》2005 年第 3 期。
② 蔡春、陈晓媛:《环境审计论》,中国时代经济出版社 2006 年版,第 36 页。

自然资源转化为资产的条件，要具备一定的稀缺性和产权属性，只有符合这两个条件才能称为资产。自然资源资产是具有明确产权，能为人类带来未来利益的资产，没有明确权属和不能给人类带来利益的不能称为自然资源资产。①

　　环境公正理论。环境公正（Environmental Justice）是从社会学角度认识社会公正的一个重要维度。布拉德（R. Bullard）认为"环境问题若不与社会公正联系起来便不会得到有效解决""环境问题产生的真正原因是社会关系和社会结构的非公正性"。布赖恩特（Bunyan Bryant）认为，"环境公正是指确保人人可以在安全、富足、健康的可持续发展社区中生活的文化规范、价值、制度、规章、行为、政策和决议。环境公正包括体面、安全的有酬工作，高质量的教育，舒适的住房和充足的卫生保健，民主决议和个人知情权、参与权等。在这些居住区域内，文化多样性和生物多样性受到尊重，没有种族歧视，到处充满了公正"。美国环保署（EPA）认为，"在环境法律、法规和政策的制定、实施和执行等方面，全体国民，不论种族、肤色、国籍和财产状况差异，都应该得到公平对待和有效参与环境决策"。②

　　限制理论。限制理论（Theory of Constraints，TOC）是以色列学者伊利雅胡·高德拉特提出的一种管理哲学，主张一个复杂的系统隐含着简单化。一个复杂的系统可能由成千上万的因素组成，但只有非常少的变量称为限制变量，此变量限制该系统达到更高的目标。限制理论是一种"过失"决定理论。该理论认为，对"人格"的评价可以采取对影响"人格"的重要因素进行分别评价的方法，根据对重要因素的评价等次推导对"人格"的评价结果。使得"功劳"不能掩盖"过失"，形成客观公正的评价结果。在领导干部自然资源资产责任审计指标体系构建过程中，可以从问题入手，从责任入手，首先选择几个限制制约评价结果的评价指标，然后对影响该评价指标的影

---

① 耿建新、刘尚睿、吕晓敏：《土地自然资源资产负债表与自然资源资产离任审计》，《财会月刊》2018 年第 18 期。

② 郭鹏飞：《论领导干部自然资源资产离任审计的环境公正观》，《中国审计》2018 年第 1 期。

响因素进行评价，再对各影响因素的结果进行综合。无论是单个影响因素的评价还是对单个影响因素评价结果进行综合，都是按照限制理论的原理，选择最不利的结果作为结果，这样得出的评价结果可靠性更高。

绩效评价理论。自有了人类的生产活动就有了绩效评价的思想。西方国家在 20 世纪 30 年代就开展了企业的绩效评价。随着经济社会的发展，绩效评价的领域与范围也在不断扩大。根据构建绩效评价主客体的不同，西方的绩效评价理论的研究对象主要包括组织绩效评价、跨组织绩效评价和个人绩效评价。在评价理论体系研究上主要有生产有效性绩效评价、行为能力绩效评价和管理绩效评价。在绩效评价的方法研究方面，根据组织的类型不同，评价的要素不同，采用的绩效评价方法也不同。目前比较流行的绩效评价方法据不完全统计超过 30 种。概括起来分两大类，一类是系统绩效评价方法，主要关注组织战略与组织目标的实施程度。另一类是基本绩效评价方法，主要关注组织内部各成员具体目标任务实现程度。

第二节　领导干部自然资源资产责任审计监督型环境规制评价指标体系研究

领导干部自然资源资产责任审计监督型环境规制，领导干部自然资源资产责任审计制度评价指标体系的理论研究成果相对较多。在实践过程中，中国已经开展了多年的领导干部生态环境目标任务完成情况考核和领导干部自然资源资产离任审计实践。构建新的领导干部自然资源资产责任审计评价指标体系是在原有对领导干部生态环境考核和离任审计评价指标体系的基础上，结合国家对领导干部的新要求，对原有的领导干部生态环境考核评价指标体系进行创新发展，构建新时期的领导干部自然资源资产责任审计评价指标体系。[①]

---

① 刘宇晨等：《草原资源资产负债离任审计评价指标构建研究》，《审计文摘》2018年第 11 期。

一 领导干部自然资源资产责任审计评价指标体系文献综述

中国对领导干部的生态环境考核从 1989 年开始到现在仍然在进行，评价的指标体系也在随着时间的发展变化不断发展变化，最早的生态环境考核评价指标体系相对简单，主要是一些单项的考核，综合性的考核比较少。随着经济社会不断发展，生态环境考核的制度类型不断增加，生态环境考核的评价指标体系不断完善，针对不同类型的审计监督型环境规制，都基本有与其相对应的评价指标体系，目前这些评价指标体系尚不成熟，正处于发展变化过程中。关于评价指标体系的研究成果近年来也比较多。本章把中国正在实施的不同类型的自然资源资产责任审计监督型环境规制的评价指标体系的研究情况进行了梳理，主要有以下具有代表性的观点：高小平提出了生态型政府的概念，分析了生态环境视角下政府如何管理，政府的责任是什么。[①]周天勇和宋旭光指出现行的领导干部政绩考核指标体系在很多方面与政府的公共管理职能不匹配，政绩考核方式与程序不规范，他们认为考核方式和考核程序的制度化、规范化是真实、全面、客观反映领导干部政绩的重要保障。[②] 徐泓和曲婧认为自然资源资产审计包括对资金和资源的配置，保护利用的经济性、效率性、效果性和可持续性等方面的评价，构建了政策执行、资金管理、环境保护、资源利用和收益分配等方面评价指标体系。[③] 李丛在定性与定量的基础上，指出评价指标体系包括积极与消极两个方面，积极指标主要有财务、经济社会发展目标、科学决策等相关定量指标，消极指标主要是定性指标。[④]张宏亮等指出主指标与副指标构成的十二项指标，包括生态环境事件

---

① 高小平：《生态安全与突发生态公共事件应急管理》，《甘肃行政学院学报》2007年第 1 期。

② 周天勇、宋旭光：《科学发展观引领政绩考核导向》，《环境保护》2009 年第 16期。

③ 徐泓、曲婧：《自然资源绩效审计的目标、内容和评价指标体系初探》，《审计研究》2012 年第 2 期。

④ 李丛：《党政领导干部经济责任审计评价指标体系构建及应用研究》，硕士学位论文，兰州理工大学，2013 年，第 82—90 页。

发生次数，财务指标等，并且用 AHP 法进行分配权重。① 刘宝财从财务指标、政策执行指标、管理执行指标出发，构建了自然资源资产评价的 12 级指标。② 杨蕾从定性和定量角度出发，构建生态环境责任落实、政策法规执行等 5 个方面的 5 个一级和若干个二级指标体系。③ 安家鹏等指出，在领导干部自然资源资产责任审计工作中，必须准确界定自然资源资产范围和领导干部应当承担的自然资源资产管理责任。领导干部和自然资源资产是审计的载体，研究领导干部自然资源资产责任审计，可以从自然资源资产和领导干部两个方面进行。④ 陈献东认为，自然资源资产责任审计的审计对象范围可包括：矿产资源、土地资源、水资源、森林资源和海洋资源。⑤ 林忠华指出，中国资源性国有资产主要包括土地资源、矿产资源、森林资源、水资源、荒地等。自然资源核算，目前仅涉及草原、森林、矿产、土地、水资源 5 类。⑥ 安家鹏等认为，自然资源资产既包括正在和即将进行经济开发利用的自然资源（如矿藏资源），也包括具有环境与社会功能的自然资源（如流域水资源、保护性森林资源），还包括与这些自然资源相联系的自然环境（如水环境、大气环境）。⑦ 根据《中国大百科全书》，自然资源主要包括水土资源、生物资源、气候资源及旅游资源等。刘宝财认为，开展自然资源资产责任审计载体范围主要包括土地类资源、矿产类资源、水类资源、林业类资源及海洋类资源等。⑧

① 张宏亮、刘长翠、曹丽娟：《地方领导人自然资源资产离任审计探讨——框架构建及案例运用》，《审计研究》2015 年第 2 期。

② 刘宝财：《基于 AHP 法的经济责任审计评价指标体系模型研究——以浙江省高校为例》，《财政监督》2016 年第 14 期。

③ 杨蕾：《领导干部自然资源资产离任审计评价指标体系构建》，《商业会计》2016 年第 16 期。

④ 安家鹏、程月晴、安广实：《自然资源资产离任审计评价指标体系构建》，《南京财经大学学报》2016 年第 5 期。

⑤ 陈献东：《开展领导干部自然资源资产离任审计的若干思考》，《审计研究》2014 年第 5 期。

⑥ 林忠华：《领导干部自然资源资产离任审计探讨》，《审计研究》2014 年第 5 期。

⑦ 安家鹏、程月晴、安广实：《自然资源资产离任审计评价指标体系构建》，《南京财经大学学报》2016 年第 5 期。

⑧ 刘宝财：《基于 AHP 法的经济责任审计评价指标体系模型研究——以浙江省高校为例》，《财政监督》2016 年第 14 期。

陈朝豹等指出，自然资源资产是指所有权已经界定，所有者能够有效控制并能够在目前或可预见的将来产生预期经济效益的自然资源，包括土地、森林、矿产、水、海洋等资源资产。①

领导干部自然资源资产责任审计评价指标的综合方法分为定性分析与定量分析两大类。定性分析是用语言描述形式以及哲学思维、逻辑分析揭示被评价对象特征的信息分析和处理方法。定量分析是指用数学、统计方法反映被评价对象特征的信息分析和处理方法。定性分析与定量分析这两种方法各有所长，定性分析方法主要把握事物的规定性与整体性，定量分析方法主要把握事物的规定性与可测性。定性分析与定量分析相互补充，相互完善。定性分析是定量分析的基础与前提，没有定性的定量是盲目的、无价值的；定量分析使得定性分析更加科学、准确，它可以促使定性分析得出广泛而深入的结论。随着科学技术发展，定性分析方法与定量分析方法还可以相互转换。目前定性与定量转化的方法比较多，有层次分析法、德尔菲法、模糊综合法等。比如李德毅院士提出的云理论就是一种。云是用语言值表示的某个定性概念与其定量表示之间的不确定性转换模型，它把模糊性和随机性完全集成到一起，构成定性与定量相互之间的映射，为定性与定量相互结合的信息处理提供了有力的工具。这里重点简要说明一下层次分析法的基本原理。层次分析法（Analytic Hierarchy Process，AHP）是比较常用的方法，层次分析法运用的基本步骤有四步：即建立层次结构矩阵、构造（成对比较）判断矩阵、层次单排序及一致性检验、层次多排序及一致性检验。建立层次结构矩阵一般分为目标层、准则层和方案层，基本思路是研究的目标是什么，影响目标的因素是什么，实现目标的基本方案是什么。构造（成对比较）判断矩阵是对影响因素对目标实现的重要程度进行成对比较，把比较结果形成矩阵就是成对判断矩阵。成对判断矩阵形成之后，要对成对判断矩阵单排序权向量进行计算并进行一致性检验，根据单排序权向量进行

---

① 陈朝豹、耿翔宇、孟春：《胶州市领导干部自然资源资产离任审计的实践与思考》，《审计研究》2016 年第 4 期。

总排序权向量进行计算并进行一致性检验，最终根据总排序确定方案。这种方法计算过程并不复杂，关键是要进行系统思维，把影响目标的全部重要因素厘清，要构建好层次结构矩阵，同时要选聘好专家，专家的个人判断直接影响着整体判断的正确与否。

二 领导干部生态环境考核与审计监督评价指标体系研究

（一）领导干部生态环境目标责任考核制度

生态环境目标责任考核制度早在 1989 年第三次全国环境保护大会上，时任国家环保总局局长曲格平提出在全国推行环保目标责任制。当年中国对《环境保护法》进行了修订，在新修订的《环境保护法》中明确规定："地方各级人民政府，应当对本辖区的环境质量负责，采取措施改善环境质量。"这是中国最早的环境保护目标责任制的法律依据。1996 年，国务院《关于环境保护若干问题的决定》对环境保护目标责任制又进行了进一步明确，指出"明确目标，实行环境质量行政领导负责制"。1996 年以后，中国各级政府的环境保护目标责任制考核就在全国各地开展。2007 年温家宝总理在第十届全国人民代表大会上指出，"认真落实节能环保目标责任制，抓紧建立和完善科学、完整、统一的节能减排指标体系、监测体系和考核体系，实行严格的问责制"。2014 年《环境保护法》规定"国家实行环境保护目标责任制和考核评价制度。县以上人民政府应当将环境保护目标完成情况纳入对本级人民政府负有环境保护监督管理职责的部门及其负责人和下级人民政府及其负责人的考核内容，作为对其考评的重要依据。考核结果应当向社会公开""地方各级人民政府、县级以上人民政府环境保护主管部门和其他负有环境保护监督管理职责的部门有下列行为之一的，对直接负责的主管人员和其他直接负责人员给予记过、记大过或者降级处分，造成严重后果的，给予撤职或开除处分，其主要负责人应该引咎辞职"。2016 年 12 月，中共中央办公厅、国务院办公厅印发《生态文明建设目标考核办法》，建立生态文明建设目标指标，将其纳入党政领导干部评价体系，并且首次规定生态文明目标考核党政同责，生态目标考核采取年度考核和五年考核相结合的方式。年度考核按照《绿色发展指标体系》实施，五年考核按照《生态文明建设考核目标体系》实施。《绿色发展指标体系》主要包括资源利用、环境治理、环境质量、生态保护、增长质量、绿色生活、公众满意程度七大方面，56 项具体评价指标。《生态文明建设考核目标体系》主要包括资源利用、生态环境保护、年度评价结果、公众满意程度、生态环境事件 5 个大方面，23 项具体评价指标。2015 年 8 月以来，党中央、国务院先后出台了《生态文明体制改革总体方案》《党政领导干部生态环境损害责任追究办法（试行）》《生态环境监测网络建设方案》《领导干部自然资源资产离任审计的试点方案》和《环境变化督察方案（试行）》等生态文明体制改革"1 + 6"系列重要文件，要求建立国家环境保护督察制度和生态环境损害责任追究制度，采用中央巡视组巡视的方式、程序和纪律要求，全面开展生态环境督察工作。中央生态环境保护督察办公室负责监督生态环境党政同责，一岗双责落实情况，拟定生态环境保护督察制度、工作计划、实施方案并组织实施，承担中央生态环境保护督察组织协调工作。承担国务院生态环境保护督察工作领导小组日常工作。2016 年 1 月 4 日，中央环境保护督察组正式开展工作，代表党中央、国务院开展环境保护督察工作。2016 年 9 月，中共中央办公厅、国务院办公厅印发《关于省以下环保机构监测监察执法垂直管理制度改革试点工作的指导意见》，主要目的是增强环境监测监察执法的独立性、统一性、权威性和有效性，适应统筹解决跨区域、流域环境问题，规范和加强地方环境保护执法队伍。

（二）领导干部经济责任审计制度

1999 年 5 月，中共中央办公厅、国务院办公厅印发了《县以下党政领导干部任期经济责任审计暂行规定》和《国有企业以及国有控股企业领导干部任期经济责任审计暂行规定》，为领导干部经济责任审计提供了政策依据，从此以后，这项工作在中国开始启动，2010 年 12 月，中共中央办公厅、国务院办公厅印发了《党政主要领导干部和国有企业领导人员经济责任审计规定》。2014 年 7 月，中央组织部、中央纪委、中央编办、人力资源和社会保障部、审计署、国务院国资委印发了《党政主要领导干部和国有企业领导人员经济责任审计规定实施细则》。2006年6月修改的《审计法》把领导干部经济责任审计写入《审计法》，从此领导干部经济责任审计有了法律依据，在全国广泛开展。领导干部经济责任审计在中国实施以来，基本实现了领导干部经济责任审计全覆盖，领导干部经济责任审计也取得了较好的效果。在领导干部经济责任审计过程中，除领导干部经济责任审计内容外，在领导干部自然资源资产管理方面审计的主要内容与指标有以下几个。①

1. 领导干部自然资源生态环境责任履行情况

在对领导干部经济责任审计过程中，在厘清领导干部经济责任的同时，首先要厘清领导干部的自然资源生态环境责任，要把领导干部是否牢固树立"绿水青山就是金山银山"新发展理念，在实际工作中是否严格执行国家自然资源生态环境政策，是否有违规决策问题，领导干部管辖范围内整体自然资源生态环境状况如何，存在的主要问题是什么，并且对产生问题的原因进行分析，提出解决问题的意见与建议。

2. 统筹发展目标实现情况

在对领导干部进行经济责任审计过程中，要按照山水林田湖草是生命共同体理论，采用辩证思维的工作方法，重点考察领导干部统筹自然、经济和社会发展的综合能力。不仅要看考核指标的完成情况，同时还要看非考核指标的完成情况；不仅要看生态环境指标的完成情况，同时还要看经济社会发展指标的完成情况。要对领导干部管辖区域内自然、经济和社会协调发展的情况进行考察，重点考察人与人、人与自然、人与社会和谐相处的情况；生态产业化和产业生态化为主体的生态经济体系建设情况；绿色发展情况和统筹发展目标实现情况。②

3. 人民群众自然资源生态环境改善情况

在对领导干部实施经济责任审计过程中，除了考察领导干部绿色发展和统筹发展目标完成情况外，还要重点关注环境公正情况，人民

①　胡耘通、苏东磊：《环境绩效审计评价指标体系研究现状与展望》，《财会通讯》2018年第28期。
②　吕永霞：《乡镇领导干部经济责任审计评价指标体系研究》，《财会通讯》2018年第28期。

群众对生态环境的满意度，人民群众对美好生活的期待的实现程度，生态环境的实际改善程度，生活质量的提高程度等都是领导干部经济责任审计重点关注的内容。

（三）政策执行情况跟踪审计制度

2014 年 10 月，《国务院关于加强审计工作的意见》明确要求，审计部门要发挥促进国家重大决策部署的落实的保障作用，要推动政策措施的贯彻落实，中国的政策执行情况跟踪审计开始探索。2015 年 9 月，审计署印发了《关于进一步加大审计力度促进稳增长等政策措施落实的意见》。从此以后，政策执行情况就成为审计部门重要的审计项目类型。从 2014 年以来，全国各级审计部门持续开展了政策执行情况跟踪审计，政策执行情况跟踪审计在确保政令畅通，在督促稳增长、促改革、调结构、惠民生、防风险等重大政策措施落实中发挥较好的作用。在政策执行情况跟踪审计过程中，除政策执行情况跟踪审计内容外，在领导干部自然资源资产管理方面审计的主要内容与指标有：[①]

1. 自然资源资产政策贯彻落实情况

政策执行情况跟踪审计最重要的任务就是确保政令畅通，确保党和政府的重大政策能够有效地贯彻落实，把党和政府对人民群众的关心不折不扣地送给人民群众，使得人民群众能够实实在在地得到实惠。在政策执行情况跟踪审计过程中，要关注国家生态环境政策的执行情况、关注国家生态文明战略的实施情况，确保国家生态环境政策的有效贯彻执行。

2. 系统分析自然资源资产政策运行情况

政策执行情况跟踪审计不但要关注政策执行情况，同时也要关注政策制定、政策效果以及政策评价等方面存在的问题，要对政策运行情况进行全过程、全方位的系统分析研究。政策运行的各个环节是有机的统一体，政策执行过程出现的问题可能产生问题的根源不一定在政策执行层面，有可能是在政策制定层面存在的问题，也可能是在政

---

① 胡耘通、苏东磊：《环境绩效审计评价指标体系研究现状与展望》，《财会通讯》2018 年第 28 期。

策环境层面存在的问题。政策执行情况跟踪审计不能就政策执行论政策执行，要对政策运行全过程、全方位进行系统分析研究，把政策制定、政策执行、政策效果、政策环境等因素统筹考虑，找出政策执行存在问题的深层次原因，提出进一步完善政策的意见与建议。

3. 创新完善生态文明建设制度体系

自然资源资产问题与自然资源资产政策直接相关，中国的自然资源资产政策制度体系目前还不完善，生态文明建设制度体系还没有完全建立，通过自然资源资产政策执行情况跟踪审计，把中国的生态文明建设制度体系进一步完善，对原有的自然资源资产管理制度中不适应的部分要进一步修改，对没有的自然资源资产管理制度要进一步补充完善，进行制度创新设计，在制度创新设计过程中要注意利用现代信息技术的手段与方法。自然资源资产制度是解决自然资源资产问题最根本的途径与方法。

（四）领导干部自然资源资产离任审计制度

2013 年 11 月，党的十八届三中全会提出对领导干部实行自然资源资产离任审计，建立生态环境责任终身追究制度。2015 年，中共中央办公厅、国务院办公厅印发了《开展领导干部自然资源资产离任审计试点方案》，同年在全国 5 个城市实施领导干部自然资源资产离任试点审计。2017 年，中共中央办公厅、国务院办公厅印发了《开展领导干部自然资源资产离任审计规定（试行）》，2018 年这项制度在全国全面实施。《领导干部自然资源资产离任审计制度》是中国生态文明制度建设的重要组成部分，也是中国第一部专门对领导干部履行自然资源资产管理责任进行审计监督的制度规定。在实施领导干部自然资源资产离任审计过程中，重点关注的内容与指标有:[1]

1. 自然资源资产目标责任完成情况

领导干部任期内是否完成了自然资源生态环境目标责任，在调结构、转方式，节约利用资源都做了哪些工作，"三去一降一补"等目

---

[1] 钟文胜、张艳:《地方领导干部自然资源资产离任审计评价指标体系构建的思考》，《中国内部审计》2018 年第 4 期。

标任务完成情况如何等对自然资源生态环境责任硬指标的完成情况的审计，是对领导干部自然资源资产离任审计需要重点审核的基本内容。在对领导干部进行自然资源资产离任审计过程中，除了对领导干部自然资源生态环境责任硬指标考核以外，还要考核当地实际自然资源生态环境质量的改善情况，特别是非考核指标的变化情况，对自然、经济和社会发展指标完成情况综合考察，对领导干部任期内履行自然资源资产责任情况进行全面系统分析，给出准确的评价结论。

2. 自然资源资产政策执行情况

领导干部任期内是否严格执行国家自然资源资产政策，是否存在上有政策，下有对策的情况，在自然资源资产政策执行过程中是否存在变通情况，在经济发展目标与生态环境目标发生矛盾的时候，是否优先考虑生态环境，是否存在违规决策问题，对生态环境事件的处理、处罚是否到位，是否严格执行生态环境一票否决制。

3. 绿色发展情况

领导干部任期内实施绿色发展所采取的政策措施是什么，这些政策措施是否有效性地贯彻执行。在绿色生产方面是否对高耗能、高污染企业进行有效治理。在绿色生活方式方面是否出台倡导绿色消费等鼓励政策，人民群众对生态环境质量的满意度如何，领导干部是否树立正确的政绩观，是否搞政绩工程、形象工程，是否盲目追求 GDP 而忽视绿色发展、循环发展、低碳发展，在发展过程中是否坚持经济、社会、生态环境效益同步提高、同步发展。

三　领导干部自然资源资产责任审计的基本评价方法

评价是测定评价对象的系统属性，并且把这种属性变为客观定量的计量或者主观效用的行为。综合评价就是对多属性体系做出的全局性、整体性的评价。目前中国的评价方法较多，特别是随着计算技术的不断发展，新的计算方法的不断出现，评价的方法也越来越多。本书简要介绍目前比较普遍的模糊综合评价方法的评价原理与步骤：[①]

---

① 蔡春、陈晓媛：《环境审计论》，中国时代经济出版社 2006 年版，第110页。

（一）确定单因素评价指标和评价等级

评价因素集：

$$u = \{u_1, u_2, \cdots, u_p\} \tag{7-1}$$

评语集：

$$v = \{v_1, v_2, \cdots, v_p\} \tag{7-2}$$

（二）构造单因素评价矩阵

确定从单因素 $u_i(i = 1, 2, \cdots, p)$ 来看被评价对象对等级模糊子集的隶属度 $(R \mid u_i)$，可得到模糊关系矩阵：

$$R = \begin{bmatrix} R \mid u_1 \\ R \mid u_2 \\ \cdots \\ R \mid u_p \end{bmatrix} = \begin{bmatrix} r_{11} & r_{12} & \cdots & r_{1m} \\ r_{21} & r_{22} & \cdots & r_{2m} \\ \cdots & \cdots & \cdots & \cdots \\ r_{p1} & r_{p2} & \cdots & r_{pm} \end{bmatrix}_{p.m} \tag{7-3}$$

矩阵 R 中第 i 行第 j 列元素 r_{ij} 表示某个被评价对象从因素 u_i 来看对 v_j 等级模糊子集的隶属度。通过模糊向量（1—100）来刻画一个被评价对象在某个因素 u_i 方面的表现。

$$(R \mid u_i) = (r_{i1}, r_{i2}, \cdots, r_{im}) \tag{7-4}$$

（三）确定单因素权重系数

用层次分析法确定指标体系的权重系数。层次分析法确定指标体系的权重系数要建立层次结构模型，构造判断矩阵，层次单排序及其一致性检验，层次总排序。

1. 构建层次结构模型

包括三个层次，最高层、中间层和最底层，其中最高层反映六类自然资源资产，中间层包括各类资产的执行情况和开发利用情况等，最底层是对应的具体指标。

2. 构建判断矩阵

对同一层次的指标重要程度进行两两比较的方法得到它们的权重系数。如果表示 AB 相同的重要性用 1 表示，如果表示 A 比 B 稍重要用 2 表示，如果表示 A 比 B 明显重要用 3 表示，如果表示 A 比 B 强烈重要用 4 表示，如果表示 A 比 B 极端重要用 5 表示。若因素 i 与因

素 j 的重要性之比为 a_{ij}，那么因素 j 与因素 i 的重要性之比为 $a_{ij} = \dfrac{1}{a_{ij}}$。

根据上述原则，构建判断矩阵：

$$R_a = \begin{bmatrix} a_{11} & a_{12} & \cdots & a_{1m} \\ a_{21} & a_{22} & \cdots & a_{2m} \\ \vdots & \vdots & \ddots & \vdots \\ a_{n1} & a_{n2} & \cdots & a_{nm} \end{bmatrix} \quad\quad (7-5)$$

判断矩阵具有如下性质：

$$a_{ij} > 0 \quad \sum_{i=1}^{j} a_{ij}\, a_{ji} = \frac{1}{a_{ij}} \quad\quad (7-6)$$

3. 利用几何平均法进行指标权重计算

计算判断矩阵 R_a 各行的各个因素的乘积：

$$m = \prod_{j=1}^{m} a_{ij} \quad j = 1, 2, \cdots, n \quad\quad (7-7)$$

计算 n 次方根

$$\overline{w_i} = \sqrt[n]{m_i} \quad\quad (7-8)$$

对向量 $\bar{w} = (\overline{w_1}, \overline{w_2}, \cdots, \overline{w_n})$ 进行规范化计算得出权重 W：

$$W_i = \frac{\overline{w_i}}{\sum\limits_{k=1}^{n} \overline{w_k}} \quad\quad (7-9)$$

矩阵的最大特征根 $\lambda_{\max}$：

$$\lambda_{\max} = \sum_{i=1}^{n} \frac{|R_n \overline{w_i}|}{n\, (\overline{w_i})_i} \quad\quad (7-10)$$

4. 层次单排序及其一致性检验

在这里运用特征相量法进行求解和排序一致性检验，当判断完全一致时，一致性指标 CI 为：

$$CI = \frac{\lambda_{\max} - n}{n - 1} \quad\quad (7-11)$$

随机一致性指标为 RI，它是用数字 1—9 及其倒数中随机抽取的数字构造的 n 阶正互反矩阵，算出相应的 CI，取充分大的样本，计算得到的样本均值。

把 CI 与 RI 之比定义为一致性比率 CR，$CR = CI/RI$。

当 λ_{max} 与 n 一致时，$CI = 0$；不一致时，一般 $\lambda_{max} > n$，因此，$CI > 0$，只要满足 $CR < 0.1$，就可以认为层次单排序有一致性，如果 $CR > 0.1$，就重新进行计算。

5. 层次总排序

获得指标体系中指标因素权向量，即获得方案层相对于决策层的权重：

$$W = (a_1, a_2, \cdots, a_p) \tag{7-12}$$

$$\sum_{i=1}^{p} a_i = 1 \quad a_i \geq 0 \quad i = 1, 2, \cdots, n, \ a_i \geq 0, \ i = 1, 2, \cdots, n$$

$$\tag{7-13}$$

（四）模糊综合评价

将单因素 A 与各被评对象的 R 进行合成，得到各被评对象模糊综合评价结果向量 B。

$$B = A \times R = (a_1, a_2, \cdots, a_p) \times \begin{bmatrix} r_{11} & r_{12} & \cdots & r_{1m} \\ r_{21} & r_{22} & \cdots & r_{2m} \\ \cdots & \cdots & \cdots & \cdots \\ r_{p1} & r_{p2} & \cdots & r_{pm} \end{bmatrix}$$

$$= (b_1, b_2, \cdots, b_m) \tag{7-14}$$

其中 b_1 是由 A 与 R 的第 j 列运算得到的，它表示被评对象从整体上看对 v_j 等级模糊子集的隶属度，模糊综合评价的标准是隶属度最大最优。

第三节 领导干部自然资源资产责任审计监督型环境规制评价指标体系构建的基本原则

领导干部自然资源资产责任审计监督型环境规制，领导干部自然资源资产责任审计制度评价指标体系构建的目标、原则与基本要求，是领导干部自然资源资产责任审计评价指标体系构建过程必须坚持的基本方针。领导干部自然资源资产责任审计评价指标体系的构建原则与基本要求，是实现领导干部自然资源资产责任审计制度评价指标体系目标的基础，只有坚持领导干部自然资源资产责任审计评价指标体系构建的原则与基本要求，才能确保领导干部自然资源资产责任审计评价指标体系构建目标的实现。

一　领导干部自然资源资产责任审计评价指标体系构建目标

领导干部自然资源资产责任审计评价指标体系构建的基本目标就是通过领导干部自然资源资产责任审计评价指标体系，能够客观真实地反映领导干部履行自然资源资产责任的情况，为领导干部自然资源生态环境考评数据支持、为对领导干部的自然资源生态环境责任追究问责提供依据，为制度完善中国自然资源资产政策提供理论支持。为了能够达到上述目标，在领导干部自然资源资产责任审计指标体系构建过程中，要科学合理地选择评价指标，评价指标是评价指标体系的关键要素，评价指标的选择要有代表性、权威性，要与领导干部履行自然资源资产责任职责相一致，不能脱离领导干部履行自然资源资产责任的实际设置评价指标。领导干部自然资源资产责任审计评价指标体系设计同时还要与对领导干部廉政考核和其他对领导干部的目标任务完成情况考核指标相贯通，与领导干部追究问责处理的有关指标贯通，评价指标要具有通用性。在构建领导干部自然资源资产责任审计评价指标体系过程中要突出重点，突出责任相关的指标，领导干部自然资源资产责任审计指标的设计要紧紧围绕领导干部履行自然资源资产的责任展开，指标设计过程中要重点突出责任指标。领导干部自然资源资产责任审计指标要坚持定性指标与定量指标的结合，要尽可能选择定量指标，减少定性指标，最大限度地减少人为因素的影响。①

---

① 胡耘通、苏东磊：《环境绩效审计评价指标体系研究现状与展望》，《财会通讯》2018 年第 28 期。

二 领导干部自然资源资产审计评价的基本要求

坚持实事求是、客观公正性。领导干部自然资源资产责任审计评价要坚持实事求是，客观公正，要尊以事实为依据，用事实说话，用数据说话。对领导干部任期内履行自然资源资产责任情况进行系统、历史的分析研究，分析研究问题要与领导干部当时作决策的现实条件、政策环境为背景，不能用现在的政策衡量过去的历史事件，要把当时领导干部作决策的历史背景、现实条件分析透彻，用当时的政策衡量当时的事件，用当时的现实条件评价当时的决策情况。在对领导干部自然资源资产责任审计过程中要坚持审计的独立性原则，不受外界环境的影响与干扰，领导干部应该承担的自然资源资产责任一定要说到位、说清楚，领导干部不应该承担的自然资源资产责任也要清楚界定，做到功过是非分明。

坚持审计什么评价什么。领导干部自然资源资产责任审计要坚持审计什么评价什么，审计评价的内容与范围一定要与审计的内容与范围相同，超出审计内容与范围的不能进行评价。在审计评价过程中要坚持审慎原则，对事实不清，没有明确审计结论的事项一般不作审计评价，只作审计说明。在领导干部自然资源资产责任审计过程中要对审计的范围与内容进行说明，没有审计的范围与内容也要进行说明，最大限度降低领导干部自然资源资产责任审计的审计风险。

坚持全面审计，突出重点。在对领导干部自然资源资产责任审计过程中要坚持全面审计，突出重点原则，领导干部自然资源资产责任审计的重点就是要突出责任，领导干部在履行自然资源资产责任过程中应该承担什么责任，不应该承担什么责任要界定清楚。要发现领导干部在履行自然资源资产管理过程中的责任，又要求对领导干部履行自然资源资产责任的情况进行全面审计，在全面审计的基础上突出重点，突出领导干部应该承担的责任。

坚持依法审计，依法评价。开展领导干部自然资源资产责任审计必须要有法律或政策依据支持，需要进行委托与授权，对领导干部的评价也要在法律法规和政策授权的范围内进行评价，超出法律法规授权的评价是无效的评价。

三　领导干部自然资源资产责任审计评价指标体系构建原则

系统性原则。领导干部自然资源资产责任审计评价指标体系的构建要坚持系统性原则。[①] 审计评价的系统性原则要求审计评价指标的设计要有层次性、逻辑性、独立性，评价指标的设计由大到小、由宏观到微观、由上层到下层、由外层到里层，既要相互联系，又要相互独立，形成一个全面、系统的统一有机整体；审计评价的系统性原则要求对领导干部履行自然资源资产责任情况要历史地分析研究，要考察事件发生、发展变化的全过程，要看事件发生变化的历史背景，根据当时、当地的情况与政策对领导干部履行自然资源资产责任进行界定，不能超越历史背景研究分析问题，不能用现在的政策环境衡量过去事件。

科学性原则。领导干部自然资源资产责任审计评价指标体系的设计必须坚持科学性、合理、公正原则，审计评价指标的选择要有代表性、典型性、公认性，符合领导干部履行自然资源资产责任岗位实际。领导干部自然资源资产责任审计的审计评价指标要与国家对领导干部的基本要求、领导干部履行自然资源资产责任的基本要求和不同区域、不同职位的领导干部自然资源资产责任要求结合起来，统筹综合考虑领导干部自然资源资产责任审计的评价指标体系。领导干部自然资源资产责任审计评价指标体系设计在科学、合理的基础上，同时要坚持公正性原则，要客观公正地反映领导干部履行自然资源资产责任的情况，实事求是地根据当时、当地的实际情况分析应该做出的决策与事件。

突出重点原则。领导干部自然资源资产责任审计涉及的内容范围非常广泛，在评价指标体系设计过程中要注意突出重点，不能面面俱到，过于烦琐，要紧紧围绕领导干部履行自然资源资产责任情况进行

---

① 胡耘通、苏东磊：《环境绩效审计评价指标体系研究现状与展望》，《财会通讯》2018 年第 28 期。

评价指标设计，与领导干部履行自然资源资产责任无关的评价指标不要列入领导干部自然资源资产责任审计评价指标体系，要突出责任这个重点。

可获得性原则。领导干部自然资源资产责任审计评价指标体系列入的审计评价指标一定要能够获得，并且最好是公开发布的权威数据，无法获得或不容易获得数据的评价指标一般不要列入领导干部自然资源资产责任审计评价指标体系。

开放性原则。领导干部自然资源资产责任审计评价指标体系的设计要坚持开放性原则。领导干部自然资源资产责任审计对不同区域、不同职位的领导干部要求是不一样的，审计评价指标体系的设计要根据领导干部履行自然资源资产责任的具体情况进行设计，有些审计评价指标在一些区域重要，在另一些区域就不一定重要；有些审计评价指标对有些领导干部重要对另一些领导干部就不一定重要，因此在审计评价指标体系设计过程中一定要坚持开放性原则，审计评价指标可以根据不同区域、不同职位的领导干部情况进行调整完善。

第四节　领导干部自然资源资产责任审计监督型环境规制的主要评价指标

根据《生态文明建设考核目标体系》和《绿色发展指标体系》要求的评价指标体系的内容，按照国务院《关于全民所有自然资源资产有偿使用制度改革的指导意见》（国发〔2016〕82号），全民所有自然资源是宪法和法律规定属于国家所有的各类自然资源，主要包括国有土地资源、水资源、矿产资源、国有森林资源、国有草原资源、海域海岛资源等。借鉴此做法，本章将自然资源资产分为：土地资源、水资源、矿产资源、森林资源、草原资源、海洋资源，与之对应的领导干部自然资源资产责任评价的具体指标细分如下：①

---

① 钟文胜、张艳：《地方领导干部自然资源资产离任审计评价指标体系构建的思考》，《中国内部审计》2018年第4期。

一　土地资源

土地规划执行情况：土地开发整理计划指标执行情况、单位 GDP 耗地情况（万元 GDP 占地面积）、是否制定当地国土规划和土地利用总体规划、区域规划、城市规划等建设用地的规模和布局是否符合总体规划要求。

耕地保护目标责任落实情况：耕地保护责任目标完成率、年度耕地保有量、基本农田保护面积、年度补充耕地、土地整理任务完成比例、耕地"占补平衡"落实比例、建设项目占用耕地总量是否实行规划和年度计划指标控制、耕地年变化率（减少率、增长率）、耕地减少与经济发展协调指数、人均耕地占有量。土地开发利用情况：土地资源面积、土地资源人均占有量、农用地面积、农用地面积人均占有量、建设用地面积、建设面积人均占有量、农用地与建设用地比例。

土地资金征管用情况：土地出让金收入增减变动及欠收缴率、新增建设用地有偿使用费增减变动及欠收缴率、土地开发资金增减变动及欠收缴率、耕地开垦费增减变动及欠缴率、耕地复垦费增减变动及欠缴率、土地闲置费增减变动及欠缴率。

土地治理情况：土壤环境质量状况、闲置用地清理率、违规用地处理处罚率、拖欠被征地群众补偿费用案件率、土地案件指数。

二　矿产资源

矿产资源政策落实情况：矿产资源保护责任目标完成率、违法勘查开采发生率、地质灾害防治落实率、战略性矿种的开采控制指标、国家投资地质勘查项目完成率、新建（改扩建）矿山地质环境评价制度是否建立、矿山环境恢复治理制度是否建立。

矿产资源开发利用情况：万元 GDP 消耗主要矿产数量、矿业权年度计划执行情况、主要矿种回采率、矿业招拍挂出让率、矿产资源开发率、主要矿种资源储量补损率、矿产资源综合利用率、矿山环境治理恢复率、矿产储量增减变动。

矿产资源资金征管用情况：矿业权出让收益收缴率、矿产资源税费收缴率。矿产资源整治情况：违法勘查开采矿产资源案件增长率、矿产资源违法案件结案率、矿产开发引发的群访数量、矿山安全事故伤亡率。

三 森林资源

森林资源资产状况：森林蓄积量、森林量增减情况、森林覆盖率、森林覆盖率变动情况。森林资源政策落实情况：森林保护责任目标完成率、森林资源自然减少率、森林资源经济使用率、公益林地增长率。

森林资源开发利用情况：森林损毁率、损毁复绿率、退耕还林率、年林木采伐总量、超采伐限额比率、林地保有量、年度造林比例。

林业资金征管用情况：森林资源税费增减变动率和欠收比率、森林植被恢复费增减变动率和欠收比率。

四 水资源

水资源政策落实情况：水资源保护责任目标完成率、饮用水质量达标率、流域水质量达标率、中等以上水库水质优良率、部门是否制定目标责任情况。

水资源开发利用情况：地下水资源储量及增减变动情况、主要水库河流的流量、储量及增减变动情况、水资源总量及增减变动情况、人均水资源量及增减变动情况、年供水总量及增减变动情况、用水消耗总量及增减变动情况、万元 GDP 用水量、万元工业增加值用水量、农业用水量及增减变动情况、工业用水量及增减变动情况、生活用水量及增减变动情况、地表水保持率、地下水保持率、水资源税费征缴情况。

水资源质量及治理情况：劣Ⅲ级及以上水质的占有率、污水处理回用量及增减变动情况、城市污水集中处理率、城市污水排放量及增减变动情况、工业企业排污量及增减变动情况。

五 草原资源

草原资源规划执行情况：基本草原划定、保护、建设、利用规划情况；推进草原"双权一制"（所有权、使用权和承包经营责任制）情况。

草原资源开发利用情况：畜牧业供需状态、畜牧产品深加工率、畜牧业产值。

草原资源养护管理情况：草原载畜能力、草原退化程度、草原沙化程度。草原资源资产管理情况：天然草原面积、人工草地面积、草原植被覆盖率。

草原资源资金投入状况：草原改良投入情况、草原禁牧补贴投入情况、退耕还草投资情况、生态保护区投资情况。

六 海洋资源

海洋功能区划管理情况：海洋功能区划的编制、实施情况；污染事件的发生、查处和索赔情况；海洋生态红线区面积。海洋资源资产管理情况：海域面积、海水养殖面积、盐田面积、自然岸线保有率。海洋资源保护情况：整治、修复岸线长度；清洁海域面积；近岸海域水质达标率。海洋资源资金管理投入情况：海域使用金的征缴情况、海洋生态保护补偿和海洋生态损失补偿资金的投入情况。

第五节 领导干部自然资源资产责任审计监督型环境规制评价指标体系构建

按照领导干部自然资源资产责任审计监督型环境规制，领导干部自然资源资产责任审计评价指标体系构建的目标、要求与原则，本章采用定性与定量相结合的方法，构建了全口径一般领导干部自然资源资产责任审计的评价指标体系。该评价指标体系共 7 大类一级指标、28 项二级指标和 138 项三级指标。这个评价指标体系是一般意义上的评价指标体系，包括的评价内容比较全面，在实际运用过程中要针对不同区域、不同职位的领导干部任职的具体情况进行适当选择，在选择过程中要突出重点，指标选择不能过多，要与领导干部任职情况完全相适应。本章构建的领导干部自然资源资产责任审计评价指标体系如表7-1所示：

表7-1　　　　　　领导干部自然资源资产责任审计评价指标体系

一级指标 （7）	二级指标 （28）	三级指标 （138）
土地资源	土地规划执行情况	土地开发整理计划指标执行情况
		单位 GDP 耗地情况（万元 GDP 占地面积）
		是否制定当地国土规划和土地利用总体规划
		区域规划、城市规划等建设用地的规模和布局是否符合总体规划要求
	耕地保护目标责任落实情况	耕地保护责任目标完成率
		年度耕地保有量
		基本农田保护面积
		年度补充耕地
		土地整理任务完成比例
		耕地"占补平衡"落实比例
		建设项目占用耕地总量是否实行规划和年度计划指标控制
		耕地年变化率（减少率、增长率）
		耕地减少与经济发展协调指数
		人均耕地占有量
	土地开发利用情况	土地资源面积
		土地资源人均占有量
		农用地面积
		农用地面积人均占有量
		建设用地面积
		建设面积人均占有量
		农用地与建设用地比例
		土地出让金收入增减变动及欠收缴率

续表

一级指标 （7）	二级指标 （28）	三级指标 （138）
土地资源	土地资金征管用情况	新增建设用地有偿使用费增减变动及欠收缴率
		土地开发资金增减变动及欠缴率
		耕地开垦费增减变动及欠缴率
		耕地复垦费增减变动及欠缴率
		土地闲置费增减变动及欠缴率
	土地治理情况	土壤环境质量状况
		闲置用地清理率
		违规用地处理处罚率
		拖欠被征地群众补偿费用案件率
		土地案件指数
矿产资源	矿产资源政策落实情况	矿产资源保护责任目标完成率
		违法勘查开采发生率
		地质灾害防治落实率
		战略性矿种的开采控制指标
		国家投资地质勘查项目完成率
		新建（改扩建）矿山地质环境评价制度是否建立
		矿山环境恢复治理制度是否建立
	矿产资源开发利用情况	万元 GDP 消耗主要矿产数量
		矿业权年度计划执行情况
		主要矿种回采率
		矿业招拍挂出让率
		矿产资源开发率
		主要矿种资源储量补损率
		矿产资源综合利用率
		矿山环境治理恢复率
		矿产储量增减变动
	矿产资源资金征管用情况	矿业权出让收益收缴率
		矿产资源税费收缴率

续表

一级指标 （7）	二级指标 （28）	三级指标 （138）
矿产资源	矿产资源整治 情况	违法勘查开采矿产资源案件增长率
		矿产资源违法案件结案率
		矿产开发引发的群访数量
		矿山安全事故伤亡率
森林资源	森林资源资产 状况	森林蓄积量
		森林量增减情况
		森林覆盖率
		森林覆盖率变动情况
	森林资源政策 落实情况	森林保护责任目标完成率
		森林资源自然减少率
		森林资源经济使用率
		公益林地增长率
	森林资源开发 利用情况	森林损毁率
		损毁复绿率
		退耕还林率
		年林木采伐总量
		超采伐限额比率
		林地保有量
		年度造林比例
	林业资金征 管用情况	森林资源税费增减变动率和欠收比率
		森林植被恢复费增减变动率和欠收比率
水资源	水资源政策 落实情况	水资源保护责任目标完成率
		饮用水质量达标率
		流域水质量达标率
		中等以上水库水质优良率
		部门是否制定目标责任情况
	水资源开发 利用情况	地下水资源储量及增减变动情况
		主要水库河流的流量、储量及增减变动情况
		水资源总量及增减变动情况

一级指标 （7）	二级指标 （28）	三级指标 （138）
水资源	水资源开发 利用情况	人均水资源量及增减变动情况
		年供水总量及增减变动情况
		用水消耗总量及增减变动情况
		万元 GDP 用水量
		万元工业增加值用水量
		农业用水量及增减变动情况
		工业用水量及增减变动情况
		生活用水量及增减变动情况
		地表水保持率
		地下水保持率
		水资源税费征缴情况
	水资源质量及 治理情况	劣Ⅲ级及以上水质的占有率
		污水处理回用量及增减变动情况
		城市污水集中处理率
		城市污水排放量及增减变动情况
		工业企业排污量及增减变动情况
环境保护 及大气治 理情况	环境资源政策 落实情况	总量减排是否达到政府下达的控制目标
		建设项目环评执行率
		矿产资源开采环评执行率
		落后产能淘汰率
		是否存在损毁环境质量重大隐患
		发生重大破坏生态环境安全案件数量
	节能减排目标 完成情况	单位 GDP 能耗指标
		工业企业化学需氧量排放总量
		二氧化硫排放量及增减变动情况
		PM2.5 值及变化量
		环境空气质量达标情况
	环境资金征 管用情况	环境保护税征收增减比率和欠缴情况
		污水处理费和垃圾处理费征收增减比率和欠缴情况
		环保专项资金投入力度增减变动率

一级指标 （7）	二级指标 （28）	三级指标 （138）
草原资源	草原资源规划 执行情况	基本草原划定、保护、建设、利用规划情况
		推进草原"双权一制"（所有权、使用权和承包经营责任制）情况
	草原资源开发 利用情况	畜牧业供需状态
		畜牧产品深加工率
		畜牧业产值
	草原资源养护 管理情况	草原载畜能力
		草原退化程度
		草原沙化程度
	草原资源资产 管理情况	天然草原面积
		人工草地面积
		草原植被覆盖率
	草原资源资金 投入状况	草原改良投入情况
		草原禁牧补贴投入情况
		退耕还草投资情况
		生态保护区投资情况
海洋资源	海洋功能区划 管理情况	海洋功能区划的编制、实施情况
		污染事件的发生、查处和索赔情况
		海洋生态红线区面积
	海洋资源资产 管理情况	海域面积
		海水养殖面积
		盐田面积
		自然岸线保有率
	海洋资源保护 情况	整治、修复岸线长度
		清洁海域面积
		近岸海域水质达标率
	海洋资源资金 管理投入情况	海域使用金的征缴情况
		海洋生态保护补偿和海洋生态损失补偿资金的投入情况

第六节　领导干部自然资源资产责任审计监督型环境规制评价指标体系构建的意见与建议

第一，数据来源的真实性与可靠性。领导干部自然资源资产责任审计涉及的面非常广，需要的数据量也很大。从中国目前的数据情况看，已有的数据不能满足领导干部自然资源资产责任审计的要求，需要对数据进行开发或采用相近的数据替代。如若采用相近的数据就有可能因为统计口径等问题导致数据的一致性较差，进而影响数据质量。数据质量直接影响评价的质量，因此要抓住数据质量这个源头，对基础数据进行"清洗"，要确保数据的真实可靠，否则后续工作再认真也不会有好的结果。

第二，责任的认定问题。领导干部自然资源资产责任审计的责任认定是比较复杂的问题。自然资源生态环境问题产生的原因非常复杂，现阶段的自然资源生态环境问题很可能是由于之前领导干部的不当决策造成的，或毗邻区域的领导干部的错误决策行为导致，而与现任领导干部无关。自然资源生态环境问题有时候有一定的滞后性，并且影响自然资源生态环境的因素很多，既有人为因素也有非人为因素。因此在对领导干部自然资源资产责任审计的责任认定过程中要十分谨慎。领导干部应该承担的自然资源资产责任一定要界定到领导干部身上，领导干部不应该承担的自然资源资产责任也要做到有效区分，从而更好地营造鼓励领导干部干事、创业的环境。

第三，评价指标设计要合理。领导干部履职的区域不同，领导干部的职位不同，领导干部承担的自然资源资产责任也就不同，并且差异较为明显。因此在对领导干部自然资源资产责任审计评价指标设计过程中一定要与领导干部的具体情况相适应，否则得出的评价结果可信度就会较低。如果用该结果对领导干部进行奖惩就显得依据不足。

本章小结

本章对领导干部自然资源资产责任审计监督型环境规制，领导干部自然资源资产责任审计制度的评价指标体系设计的相关理论进行了梳理，对领导干部自然资源资产责任审计制度评价指标体系的研究文献进行了综述，对已经实施的领导干部生态环境考核与审计评价指标体系进行了回顾。在此基础上，本章对领导干部自然资源资产责任审计制度评价指标体系设计的目标、要求与原则进行研究，构建了领导干部自然资源资产责任审计评价指标体系，提出了领导干部自然资源资产责任审计制度评价指标体系构建的意见与建议。

第八章 行政问责与环境规制
实施的环境影响研究

根据上一章构建的领导干部自然资源资产责任审计监督型环境规制和领导干部自然资源资产责任审计制度评价指标体系，本章以淮河流域领导干部水质目标责任考核制度为例，对基于行政问责的环境规制实施的有效性进行实证检验，探究审计监督型环境规制——领导干部自然资源资产责任审计制度可能的环境影响。

第一节　研究内容和思路

20 世纪以来，生态环境问题已经成为全世界关注的重大问题。中国作为世界上最大的发展中国家，经济高速增长的同时，生态环境问题也层出不穷。为了应对生态环境方面的严峻挑战，中国各级政府出台了越来越多并且越来越严格的旨在改善生态环境状况的法律法规等环境规制。然而，中国生态环境问题的治理仍然难以奏效，各类全国性突发环境案件仍高居不下。究其原因是环境规制的实施不力导致环境规制制定的目标无法达成。

部分学者提出通过更多地依靠市场交易型或信息型的环境政策工具来解决环境规制实施不力的问题。这两种环境政策工具的核心思想都是创造"自下到上"的激励机制，从而使得企业为了自身的利益和发展主动做出环境友好的行为决策。这两种环境政策工具通常在市场化水平较高的发达国家的政策效果较为理想，但在中国的实施效果并不理想①。

也有部分学者认为可以通过强化命令与控制型环境规制的实施力度来解决生态环境问题。自 20 世纪 80 年代起，有不少学者开始研究如何通过革新环境规制的实施手段或工具来改善环境表现。例如：通过增加环境违法的罚款金额、增加环境检查次数②、强制金融机构在其发放贷款的决策中考虑企业的环境绩效（绿色信贷政策）③ 等。

目前，在强化命令与控制型环境规制的实施方面，很少有学者关注行政问责制在改善环境、监督领导干部环保责任履行和对企业生产行为的影响方面的作用。然而在行政体系高度集中的中国实施效果较为理想且占主导地位的便是命令与控制型环境规制④。因此，通过行政问责，强化环境规制的实施，是个非常值得探索的课题。

从政策实践层面来看，目前中国环保行政问责的制度实践还处于初步发展阶段。目前的文献更多的是通过定性分析，提出领导干部环保行政问责制的问责主体、客体、程序和政策建议。对于最为关键的问题，即领导干部环保行政问责制度是不是有效的，是否可以有效地改善环境，现有文献对这一问题的研究较为缺乏。

---

① Julia Tao and Daphne Ngar-Yin Mah, "Between Market and State: Dilemmas of Environmental Governance in China's Sulphur Dioxide Emission Trading System", *Environment and Planning C PoliticsandSpace*, Vol. 27, Issue 1, 2009, pp. 175 – 188；王金南等：《排污交易制度的最新实践与展望》，《环境经济》2008 年第 10 期；Xiaodong Xu, Saixing Zeng and Chiming Tam, "Stock Market's Reaction to Disclosure of Environmental Violations: Evidence from China", *Journal of Business Ethics*, Vol. 107, No. 2, 2012, pp. 227 – 237；Lyon T, Lu Y, Shi X, et al., "How Do Investors Respond to Green Company Awards in China?", *Ecological Economics*, Vol. 94, Issue 5, 2013, pp. 1 – 8。

② Cohen M. A., Shimshack J. P. Monitoring, Enforcement and the Choice of Environmental Policy Instruments. *Encyclopedia of Environmental Law: Policy Instruments in Environmental Law*, 2017.

③ Motoko Aizawa and Chaofei Yang, "Green Credit, Green Stimulus, Green Revolution? China's Mobilization of Banks for Environmental Cleanup", *Journal of Environment and Development*, Vol. 19, Issue 2, 2010, pp. 119 – 144.

④ Haitao Yin, Francesca Spigarelli, Xuemei Zhang, et al. 2016, "Policies that Promote Environmental Industry in China: Challenges and Opportunities" in Francesca Spigarelli, Louise Curran and Alessia Arteconi, *China and Europe's Partnership for a More Sustainable World*. Bingley: Emerald Publishing Limited, pp. 145 – 158.

本章的核心研究问题，是检验淮河流域领导干部水质目标责任考核制度对于流域内污染控制的有效性。具体来说，包括以下几个研究问题：

一 淮河流域领导干部水质目标责任考核制度对流域内水质改善的影响，即淮河流域领导干部水质目标责任考核制度是否有效改善了淮河流域四省内考核水质监测指标的水质表现

本章从国控水质监测站的层面对该问题进行检验。文章将运用双重差分（Difference-in-Differences，DiD）的方法，以淮河流域内四个省份（安徽省、江苏省、河南省、山东省）的国控水质监测站的监测断面为研究对象（treatment group），以与淮河流域临近的海河流域、部分黄河流域和部分长江流域内的省份（仅选取了黄河流域和长江流域内的地理位置处于中国中、东部的省份）的国控水质监测站的监测断面为控制组（control group）。本章的研究目的，是从监测站层面提供政策有效性的证据，并为第六章从企业层面分析政策的经济影响提供依据。

二 淮河流域领导干部水质目标责任考核制度的作用机制，即淮河流域领导干部水质目标责任考核制度改变了哪些水质监测考核指标的水质表现，对哪些水质监测指标的水质表现的影响更大

本章将继续使用双重差分方法从水质监测站层面进行分析，具体包括以下三方面内容：

（一）该制度对非考核水质监测指标的水质表现的影响

根据水质指标的约束性，将水质监测指标区分为约束性水质监测指标（考核指标）和非约束性水质监测指标（非考核指标）。检验该制度是否对约束性水质监测指标的改善作用更大更显著，对非约束性水质监测指标的作用不显著。

（二）该制度对于综合水质指标表现的影响

在对非约束性水质监测指标检验的基础上，进一步利用综合水质指标，检验该制度对于水质的整体影响，即是否该制度对约束性水质监测指标有显著改善，但对非约束性水质监测指标的作用不明显，对水质的整体影响也不显著。

（三）该制度对于市级领导干部（市长、市委书记）改善约束性水质监测指标的异质性影响

在对约束性水质监测指标检验的基础上，进一步将领导干部划分为年轻组和年长组领导干部，检验该制度对于这两组领导干部环境治理行为的异质性影响，即是否该制度更能促进年轻组的领导干部改善当地约束性水质监测指标，而对年长组领导干部的水质监测指标的水质表现的影响不显著。

第二节　研究假设

本部分将根据第一节提出的研究问题，分步提出研究假设。

研究问题 1：淮河流域领导干部水质目标责任考核制度对流域内考核水质监测指标的影响

一方面，从环境规制手段的角度，中国现阶段普遍实行的是政府的命令与控制（command-and-control）手段来进行环境管理。尽管中国自 1989 年就出台了《中国环境保护法》，并且制定了相应的法律制度、政策以及环境质量标准等措施以期调节并规范各种经济主体的行为，但中国的环境污染问题依然严峻。[①] 随着经济发展水平的提高和人们环境保护意识的增强，环境污染问题还关系到人们的身体健康，严重的环境污染事件甚至上升为政治事件。[②] 以空气污染为例：国务院于 2013 年 6 月确定了 "大气污染防治十条措施"（简称 "国十条"），但至今中国的空气污染情况仍然不容乐观。根据世界健康组织（World Health Organization，WHO）的报道显示，中国是室外空气

---

① 马中：《环境经济与政策：理论及应用》，中国环境科学出版社 2010 年版，第 23—67 页。

② Qi Y., Zhang L., "Local Environmental Enforcement Constrained by Central-Local Relations in China", *Environmental Policy and Governance*, Vol. 24, Issue 3, 2014, pp. 216–232.

污染导致的死亡人数最多的国家。① 究其原因可知，命令与控制手段的最大问题在于实施（enforcement）不力。强化环境实施的手段诸如2009 年10 月正式启动的"绿色信贷政策"②，其核心是强制银行在其向企业的贷款决定中考虑环境因素，以发挥银行业在改善环境、促进企业可持续发展方面的中介作用。然而，很少有学者关注通过赋予环境监督机构更大的环保监管权力在强化实施机制、改善环境方面发挥的作用。③

　　另一方面，从地方领导干部晋升激励的角度，对省级领导干部实行环境保护方面的目标责任考核制度，并将当地环境保护方面的表现纳入领导干部政绩考核体系，使得省级领导干部具有改善环保考核指标的内在动机。"为促进江苏、安徽、山东、河南四省人民政府（以下简称四省政府）落实淮河流域水污染防治（以下简称淮河治污）的责任制，全面推进淮河治污工作，根据《国务院关于淮河流域水污染防治"十五"计划的批复》（国函〔2003〕5 号）、《国务院办公厅关于加强淮河流域水污染防治工作的通知》（国办发〔2004〕93 号）和国家环境保护总局分别与四省政府签订的《淮河流域水污染防治工作目标责任书》（以下简称《目标责任书》），制定本办法。"（《淮河流域水污染防治工作目标责任书（2005—2010 年）执行情况评估办法（试行）》）。"淮河治污的责任主体是四省政府。四省政府应按照《目标责任书》的要求，切实加强对淮河治污工作的领导，坚持一把手亲自抓、总负责，有关治污工作目标、任务和责任人应向社会公告。四省各级政府要分别与下一级政府签订治污工作目标责任书，并将其纳入领导干部政绩考核指标体系，每年年初对下一级政府上一年

---

　　① Adam Vaughan：*China Tops WHO List for Deadly Outdoor Air Pollution*，2019 年7 月31 日，The Guardian（https：//www. theguardian. com）。

　　② 中华人民共和国生态环境部：《关于全面落实绿色信贷政策进一步完善信息共享工作的通知》，2019 年7 月31 日，中华人民共和国生态环境部官网（http：//www. mee. gov. cn）。

　　③ Carlos Wing Hung Lo and Sai Wing Leung，"Environmental Agency and Public Opinion in Guangzhou：The Limits of a Popular Approach to Environmental Governance"，*China Quarterly*，Vol. 163，Issue 163，2000，pp. 677 - 704.

治污工作目标完成情况和水污染防治规划实施情况进行考核评定，考核结果要向社会公布，并向同级党组织部门通报，考核结果作为干部任免奖惩的重要依据。"（《淮河流域水污染防治工作目标责任书（2005—2010 年）执行情况评估办法（试行）》）。由此可见，国务院协同生态环境部（原国家环境保护总局）以领导干部环保指标考核表现为政策抓手来强化环保执行机制的运行。从结果上看，淮河流域水质目标责任制的实施效果很好：不仅引起了四省领导干部的重视，改善了当地的水质；与此同时，经济发展也没有受到负面影响。"自2006 年起连续三年，会同国务院有关部门组成评估组，对淮河流域四省政府《目标责任书》年度目标落实情况进行了考核评估，量化打分排序，考核结果报经国务院同意后，向社会进行了公告。在此机制的激励下，淮河流域四省政府高度重视治污工作，按照《目标责任书》的要求，严格目标责任考核，扎实推进淮河流域水污染防治工作，治污工作取得了较大的成效。截至目前，淮河'十五''十一五'规划项目的完成率分别为 85% 和 53%，均分别高于其他重点流域 68% 和 27% 的平均水平。"（《环境保护部就重点流域水污染防治考核办法答问》）"考核试点以来，在流域经济社会快速发展的情况下，淮河总体水质不仅没有恶化，而且持续改善。淮河流域试行治污责任考核的实践表明，通过考核并实行公告制，可以有效推动地方政府落实科学发展观，切实转变发展方式，解决环境保护的热点、难点问题。"（《环境保护部就重点流域水污染防治考核办法答问》）

综上所述，领导干部有改善当地水质指标以在领导干部政绩考核体系中达标的动机，而中国中央政府在使用命令与控制手段进行环境管理时也更加倾向于通过加强对地方领导干部监督的手段进行环境治理（environmental governance）。根据环保部的上述文件显示，该手段有效地改善了淮河流域四省的水质。因此，本书提出第一个研究假设：

假设 1：淮河流域领导干部水质目标责任考核制度显著地改善了流域内考核水质监测指标的水质表现。

研究问题 2：淮河流域领导干部水质目标责任考核制度的作用机制

本书的研究目的，除了检验淮河流域领导干部水质目标责任考核制度对考核水质监测指标水质改善的有效性以外，更重要的是挖掘影响环境规制有效性的潜在作用机理，包括两大方面内容：一是该环境规制制度对哪些水质监测指标的改善作用更大。由于淮河流域领导干部水质目标责任考核制度是对氨氮和高锰酸盐指数这两项指标进行了年度的水质考核，因此，该制度并非对全部水质监测指标产生相同的影响。二是该环境规制制度的具体实施和水质考核绩效指标的实现需要依靠更基层的地方层面（如市或乡层面）领导干部的努力。在中国的人事任免和晋升激励体系中，年龄是决定官员升迁的一项重要的制度性因素。因此，该制度对于不同年龄的领导干部的晋升激励作用并非是相同的。

（一）淮河流域领导干部水质目标责任考核制度对非约束性水质监测指标的影响

很长时间以来，经济学家关注的主要是私人部门或者经济组织内部的激励机制，却忽视了回答如何对公共部门进行适当激励的问题。[1] 本书认为，对公共部门的激励研究对中国尤为重要。从中国改革开放近 40 年的实践结果上看，取得的主要改革成就集中于私人部门，公共部门的市场化改革效果往往不甚理想。[2] 因此，对于转型经济体（transitional economy）而言，由于市场机制的不健全（如产权制度的不明晰等），转型的产出成果主要在于对政府主体有适当的激励举措。

对公共部门的激励不同于私人部门，从目标上看，私人部门主要追求利润最大化，而公共部门的目标具有多样性（如直接目标和间接

---

① 王永钦、丁菊红：《公共部门内部的激励机制：一个文献述评——兼论中国分权式改革的动力机制和代价》，《世界经济文汇》2007 年第 1 期。

② 刘厚金：《中国行政问责制的多维困境及其路径选择》，《学术论坛》2005 年第 11 期；王延中、冯立果：《中国医疗卫生改革何处去——"甩包袱"式市场化改革的资源集聚效应与改进》，《中国工业经济》2007 年第 8 期；陈钊、刘晓峰、汪汇：《服务价格市场化：中国医疗卫生体制改革的未尽之路》，《管理世界》2008 年第 8 期。

目标），并且不同的目标之间可能是相互冲突的。① 政府部门需要在经济增长与发展、环境保护、社会公正、收入平等、公共服务等目标之间进行权衡（trade off）。② Holmström and Milgrom 也曾对多任务的委托代理模型进行分析。他们认为，如果委托人有多个任务需要代理人去实施，或者委托人的任务是多维度的，此时激励的作用不仅仅是分配风险和激励代理人努力工作，还可以帮助代理人将精力分配于不同的任务。那么，代理人将集中他的大部分精力于那些可观测的表现（measurable performance）而非不可观测的表现，这将很容易导致代理人努力水平分配的扭曲。③

水质监测指标并不止一个指标，是对流域水体水质的多方面的考量。约束性指标（水质考核指标）只有两个［氨氮和化学需氧量（高锰酸盐指数法）］，其他的五个水质监测指标均为非约束性指标（挥发酚、五日生化需氧量、总汞、总铅和溶解氧）。Kahn et al. 的研究显示，诸如石油类、总汞、挥发酚等水体污染物比化学需氧量对于公共健康的危害更严重。④

因此，本书认为，除了约束性指标外，在淮河流域领导干部水质目标责任考核制度实施后，非约束性指标的水质表现并未得到明显改善。本书认为这是非常有可能的，因为非约束性指标的水质表现结果并未纳入地方领导干部政绩考核的目标。因此，本书进一步认为，那些有晋升动机的地方领导干部有较弱的动机去改善非约束性水质指标的水质表现。

---

① Jeremy J. Hall. "Direct versus Indirect Goal Conflict and Governmental Policy: Examining the Effect of Goal Multiplicity on Policy Change", *Working Paper*, 2007, pp. 1 – 22.

② James Q. Wilson, 1989, *Bureaucracy: What Government Agencies Do and Why They Do it*, New York: Basic Books, pp. 123 – 134.

③ Bengt Holmström and Paul Milgrom, "Multitask Principal-Agent Analyses: Incentive Contracts, Asset Ownership, and Job Design", *Journal of Law Economics and Organization*, Vol. 7, 1991, pp. 24 – 52.

④ Matthew E. Kahn, Pei Li and Daxuan Zhao, "Water Pollution Progress at Borders: The Role of Changes in China's Political Promotion Incentives", *American Economic Journal Economic Policy*, Vol. 7, Issue 4, 2015, pp. 223 – 242.

因此，本书提出针对研究问题 2 的第一部分问题的研究假设：

假设 2：在淮河流域领导干部水质目标责任考核制度实施之后，非约束性水质监测指标的改善效果不明显。

（二）淮河流域领导干部水质目标责任考核制度对整体水质的影响

根据交易成本经济学和人力资源经济学方面的文献研究显示，结果导向的高效能的激励管理体系（high-powered incentive management system）能有效地实现政策管理者或者其他委托人的目标[1]。高效能的激励能促进分配效率（allocative efficiency）的实现[2]。Heinrich[3] 和 Lazear[4] 都发现目标导向的金融激励体系（target-based finanicial incentive system）能够对公共项目中可测量的指标的实现起到积极作用。

虽然大多数经济学家都对市场机制下的高效能的激励体系十分看好，Williamson[5] 指出高效能的激励体系也许存在缺陷。他认为有时候激励过强（too powerful）并非好事。诸如职业规范（professional norm）、对公共利益的看法（perception）等因素也是重要的行为动机。但是，当高效能的激励机制存在时，这些因素很容易被忽略。McDermott[6] 在他名为 *High-Stakes Reform: The Politics of Educational Ac-*

① Edward P. Lazear, "Performance Pay and Productivity", *American Economic Review*, Vol. 90, Issue 5, 2000, pp. 1346 – 1361; Gregory Lewis and Patrick Bajari, "Moral Hazard, Incentive Contracts, and Risk: Evidence from Procurement", *Review of Economic Studies*, Vol. 81, Issue 3, 2011, pp. 1201 – 1228.

② Howard Frant, "High-Powered and Low-Powered Incentives in the Public Sector", *Journal of Public Administration Research and Theory*, Vol. 6, Issue 3, 1996, pp. 365 – 381.

③ Carolyn J. Heinrich, "Outcomes-Based Performance Management in the Public Sector: Implications for Government Accountability and Effectiveness", *Public Administration Review*, Vol. 62, Issue 6, 2006, pp. 712 – 725; Carolyn J. Heinrich, "Improving Public-Sector Performance Management: One Step Forward, Two Steps Back?", *Public Finance and Management*, Vol. 4, Issue 3, 2004, pp. 317 – 351.

④ Edward P. Lazear, "Performance Pay and Productivity", *American Economic Review*, Vol. 90, Issue 5, 2000, pp. 1346 – 1361

⑤ Oliver O. Williamson, 1985, *The Economic Institutions of Capitalism: Firms, Markets, Relational Contracting*. New York: Free Press, pp. 123 – 130.

⑥ Kathryn A. McDermott, 2011, *High-Stakes Reform: The Politics of Educational Accountability*, Washington, DC: Georgetown University Press, pp. 34 – 64.

countability 一书中也提到类似观点，基于绩效的考核体系可能会使被考核机构与考核体系进行博弈（game the measurement system），而不是真正改善表现。同时，基于绩效的考核体系错误地假设不存在能力方面的问题（capacity issue）。[1]

基于此，本书认为，淮河流域领导干部水质目标责任考核制度作为一项对领导干部的环保目标责任考核制度，并且考核结果纳入政绩考核体系的方式是一种对领导干部实行的高效能的激励体系。该目标责任考核制度对于达成考核水质指标的改善有显著促进作用，但是会导致地方领导干部努力行为的扭曲，尤其是对那些有较强晋升动机的地方领导干部，使得他们将绝大多数精力花费在改善约束性指标上，与考核体系进行博弈，而不是真正改善当地的水质状况，最终导致淮河流域整体水质并无改善。

因此，本书提出针对研究问题 2 的第二部分问题的研究假设：

假设 3：在淮河流域领导干部水质目标责任考核制度实施之后，对水质的整体影响并不显著。

（三）淮河流域领导干部水质目标责任考核制度对于市级领导干部（市长、市委书记）改善约束性水质监测指标的异质性影响

受国务院委托，原国家环境保护总局与淮河流域四省政府签订《目标责任书》后，省层面的领导干部为了达到中央政府制定的水质改善的绩效考核目标，会进一步将该目标分解到该省份所管辖的市政府，并自 2005 年起对省辖市政府淮河流域水污染防治工作完成情况进行年度绩效考核，并于次年 1 月底前将考核结果通报原国家环境保护总局。[2]

在中国的人事激励体系中，年龄被视为决定官员晋升可能性的一

---

[1] Kathryn A. McDermott, "Capacity, and Implementation: Evidence from Massachusetts Education Reform", *Journal of Public Administration Research and Theory*, Vol. 16, Issue 1, 2006, pp. 45 – 65.

[2] 新浪新闻：《河南省淮河流域水污染防治目标责任书（2005—2010 年）》，2019 年 7 月 31 日，新浪新闻中心（https://news.sina.com.cn/）；新浪新闻：《安徽省淮河流域水污染防治目标责任书（2005—2010 年）》，2019 年 7 月 31 日，新浪新闻中心（https://news.sina.com.cn/）；新浪新闻：《江苏省淮河流域水污染防治目标责任书（2005—2010 年）》，2019 年 7 月 31 日，新浪新闻中心（https://news.sina.com.cn/）。

项重要的制度性因素①。根据晋升锦标赛理论,年长的领导干部(尤其是接近任期期满)获得晋升的可能性较低,因此"年轻"被视为领导干部在中国的人事体制中获得晋升机会的一大优势。②

基于中国特殊的人事激励体系,年轻的市长和市委书记有更大的可能性和更强的动机获得政治晋升。年轻的市长和市委书记也更可能为了达到环境目标责任考核制度的要求而付出更大程度的努力。

因此,本书提出针对研究问题2的第三部分问题的研究假设:

假设4:在淮河流域领导干部水质目标责任考核制度实施之后,年龄不超过50岁的市长和市委书记显著地改善了流域内考核水质监测指标的水质表现。

第三节　研究方法

双重差分(DiD)的方法由 Ashenfelter and Card③ 在评估1976年国会通过的"综合雇用和培训法案"的实施对受训人员(trainee)收入的影响时第一次使用。该方法将政策作为"自然实验"或"拟自然实验"(例如:政策的突然变化),通过利用政策在时间和空间上的差异,帮助研究者识别政策的效果,同时也有助于克服以往研究中将政策作为自变量(independent variable)所存在的内生性问题(endogeneity problem)。国外的实证经济学界自20世纪80年代以来兴起了运用该计量方法来进行政策干预的因果效应(causal effect)分析④。

---

① Pierre Landry, "The Political Management of Mayors in Post-Deng China The Political Management of Mayors in Post-Deng China", *Copenhagen Journal of Asian Studies*, Vol. 17, Issue 17, 2003, pp. 31 – 58.

② Yang Yao and Muyang Zhang, "Subnational Leaders and Economic Growth: Evidence from Chinese Cities", *Journal of Economic Growth*, Vol. 20, 2015, pp. 405 – 436.

③ Orley Ashenfelter and David Card, "Using the Longitudinal Structure of Earnings to Estimate the Effect of Training Programs", *Review of Economics and Statistics*, Vol. 67, Issue 4, 1985, pp. 648 – 660.

④ 陈林、伍海军:《国内双重差分法的研究现状与潜在问题》,《数量经济技术经济研究》2015 年第 7 期。

例如：用以评估奥林匹克运动会的影响[1]，用以量化某地区新增的大型制造业工厂对现存小工厂的全要素生产率的影响[2]，用以估计新成立的组织（或企业）的影响[3]。双重差分的核心思想是：假设有两组样本（实验组和控制组）和两个时间段（政策前和政策后），并且只有政策后的实验组受到了政策的影响。换句话说，实验组在政策前、控制组在政策前或后均未受到政策影响。如果不存在政策（没有处置效应）的话，实验组和控制组的平均结果的变化趋势将随时间变化而保持平行（满足"平行趋势假设"）。但是，由于受到了政策的外生影响以及政策仅在实验组内实行，实验组和对照组的平均结果的变化趋势将在政策前、后发生变化。双重差分模型通过将实验组在政策前、后结果的平均变化情况，与对照组在政策前、后结果的平均变化情况作比较，从而估计政策对实验组的平均处置效应（Aaverage Treatment Effect，ATE）[4]。如果样本是面板数据的话，双重差分方法不仅可以控制解释变量的外生性，还可以控制样本之间不可观测的个体异质性和随时间变化的不可观测的总体因素的影响，从而得到对政策效果的无偏估计[5]。

本书选取双重差分的思想和方法对假设进行检验。在淮河流域领

---

[1] Mehrotra A. , "To Host or Not to Host? A Comparison Study on the Long-Run Impact of the Olympic Games", *Michigan Journal of Business*, Vol. 5, Issue 2, 2012, pp. 61 – 92.

[2] Greenstone M. , Hornbeck R, Moretti E. , "Identifying Agglomeration Spillovers: Evidence from Winners and Losers of Large Plant Openings", *Journal of Political Economy*, Vol. 118, Issue 3, 2010, pp. 536 – 598.

[3] Hong S. H. , "Measuring the Effect of Napster on Recorded Music Sales: Difference-in-Differences Estimates Under Compositional Changes", *Journal of Applied Econometrics*, Vol. 28, Issue 2, 2013, pp. 297 – 324.

[4] Imbens G. M. , Wooldridge J. M. , "Recent Development in the Econometrics of Program Evaluation", NBER Working Papers 14251, National Bureau of Economic Research, 2008; Callaway B, Sant'Anna P H C, "Difference-in-Differences with Multiple Time Periods and an Application on the Minimum Wage and Employment", Social Science Electronic Publishing, 2018；肖浩、孔爱国：《融资融券对股价特质性波动的影响机理研究：基于双重差分模型的检验》，《管理世界》2014年第3期。

[5] 陈林、伍海军：《国内双重差分法的研究现状与潜在问题》，《数量经济技术经济研究》2015年第7期。

导干部水质目标责任考核制度实施以前，即 2005 年以前，实验组和控制组均未实行该政策；而在 2005 年以后，只有实验组实行了该政策，控制组仍未实行该政策（见图 8 - 1）。双重差分的思想，就是对实验组和控制组进行两层差异的对比，将政策干预的"前后变化"和"有无变化"相结合，具体来说：

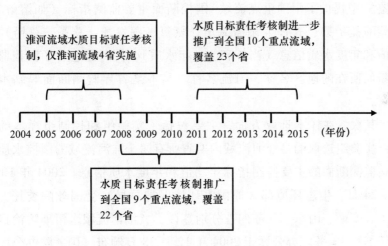

图 8 - 1 运用双重差分法厘清政策效果

第一重差分，是在政策实施前后的观测期间内，实验组在评价指标上的差值 D1。

第二重差分，同样是在政策实施前后的观测期间内，控制组在评价指标上的差值 D2；然后将实验组的平均变化与控制组的平均变化作差，即（D1 - D2），此时的双重差分估计量已经剔除了实验组和控制组"实验前差异"（pretreatment differences）的影响。本书所要检验的就是该双重差分估计量的系数的符号及其显著性。

由于本章使用的是面板数据，如前所述，双重差分法不仅可以控制实验组自身的内生性，还可以控制不可观测的个体固定效应对被解释变量的影响和被解释变量的时间趋势效应。

第四节 国控水质监测站层面的实证分析

一 数据来源及样本选取

首先,在数据来源方面,本书关于水污染方面的数据来自于《中国环境年鉴》(1999—2009)(以下简称《环境年鉴》)。《环境年鉴》中提供了中国重点流域①国控断面主要监测指标(如溶解氧、高锰酸盐指数、五日生化需氧量、氨氮、挥发酚、总汞、总铅)年均值和年度水质信息(当年和前一年水质),同时还包含了国控监测站断面所在的地区名称、河流名称、是不是省界监测断面等基本信息。

其次,在样本选取方面,主要包括了实验组和控制组样本的选取:实验组选取的是淮河流域内四省所有属于淮河流域的国控水质监测站监测断面的主要监测指标年均值和年度水质信息。2004年10月23—24日,生态环境部(原国家环境保护总局)受国务院委托,与河南、安徽、山东、江苏四省分别签订了《淮河流域水污染防治目标责任书》。国务院办公厅于2004年12月28日颁布《国务院办公厅关于加强淮河流域水污染防治工作的通知》(国办发〔2004〕93号)明确了淮河流域考核水质指标和水质目标。控制组选取的是海河流域内所有省份、黄河流域和长江流域内的部分省份(不含地理位置属于中国西部的9个省份,即云南、宁夏、甘肃、西藏、陕西、青海、四川、重庆和贵州)②的国控水质监测断面的数据。本书选取的控制组与实验组具有较高的可比性,原因如下:第一,长江、黄河和海河流域在本书研究的时间段内还没有开始实行领导干部水质目标责任考核制度,但是从2009年起,领导干部水质目标责任考核制度推广到9

---

① 重点流域,是指淮河、海河、辽河、松花江、三峡水库库区及上游、黄河小浪底水库库区及上游、太湖、滇池、巢湖等水污染防治重点流域。百度百科:《重点流域水污染防治专项规划实施情况考核暂行办法》(https://baike.baidu.com)。
② 具体来说,控制组覆盖的省份有13个,即上海、内蒙古、北京、天津、安徽、山东、山西、江苏、江西、河北、河南、湖北和湖南。

个重点流域，覆盖了本书控制组中的3个流域（《重点流域水污染防治专项规划实施情况考核暂行办法》，2009）；第二，本书中的实验组（淮河流域四省）都位于中国东部，选取的控制组的省份与实验组的省份在地理位置上较为接近，水、气候环境等具有一定的相似性，并且在区域经济发展水平（如地区生产总值、人均收入）方面较为接近（见表8-1）。基于以上两点原因，本书认为实验组和控制组具有较强的可比性。

表8-1　　　　　　　　2014年中国东部、中部和西部地区基本情况

	中国东部	中国中部	中国西部
省份	北京，天津，河北，辽宁，上海，江苏，浙江，福建，山东，海南，广东	山西，安徽，江西，湖南，湖北，河南	宁夏，陕西，甘肃，青海，新疆，西藏，四川，广西，重庆，云南，贵州，内蒙古
面积（万平方千米）	106	167	688
城市人口占总人口的比重（%）	63	50	46
第二产业增加值（亿元/省）	34430	23113	11508
年均降水量（毫米/省）	1066	1137	737
人均收入（元）	34794	23913	24171

资料来源：《国家统计年鉴》，国家统计局，2015。

再次，样本期间的选择。本书选取以2004—2008年为样本期。本书以2004年作为样本观测期的起点是因为领导干部水质目标责任考核制度公布并签订目标责任书于2004年年底。本书以2008年为样本观测期的截止年份主要是考虑到从2009年起，领导干部水质目标责任考核制度推广到9个重点流域。因此，将样本观测期截止到2008年，可以为本研究提供一个天然的控制组。

此外，需要说明的是，本章的数据类型为非平衡面板数据① （un-balanced panel data），共有 1112 个样本观测值，覆盖了 224 个国控水质监测站从 2004—2008 年的水质监测指标数据。数据为非平衡面板的原因是数据遗失 （missing data problem） 和某些断面某些年份可能的测量误差 （possible measurement error）。

最后，在数据处理上，本书剔除了仅有淮河流域领导干部水质目标责任考核制度实施前数据的断面 （仅有 2004 年的水质监测数据的断面） 或者制度实施前有 2004 年但是制度实施后 （2004 年以后不含2004 年） 仅有一年数据的水质监测断面。这样做是为了排除两种特殊情况：第一，剔除仅有 2004 年的水质监测数据的监测站断面是因为该断面仅有制度实施前的数据，这会使得此水质监测断面没有任何"处置效应"后 （post-treatment） 的信息；第二，剔除制度实施后 （2005—2008 年期间） 仅有一年数据的水质监测断面为了获取制度实施后的平均政策效应 （average treatment effect）。进行了如上所述的剔除数据的工作后，样本观测值仅损失了 31 个。

二　模型、变量及度量

本章采用标准的双重差分 （Difference-in-Differences，DiD） 回归模型，运用普通最小二乘法 （OLS） 线性回归的方法，进行了国控水质监测站层面的分析，为了识别淮河流域领导干部水质目标责任考核制度对水质表现的影响。本章使用了考虑可能出现的异方差的稳健标准误。双重差分模型最一般的形式为：

$$Y_{i,t} = \beta_0 + \eta_i + \tau_t + \beta_1 \cdot I(i = Treatment) \cdot I\binom{Year \geq}{2005} +$$

$$\beta_2 \cdot X_{i,t} + \varepsilon_{i,t} \tag{8-1}$$

---

① 本书也做了平衡面板数据的回归分析，由于实证结果与非平衡面板数据的结果不存在显著性的差异，本书未汇报平衡面板数据的回归结果。

式中，$Y_{i,t}$ 是被解释变量；$I(Year \geqslant 2005)$ 是时间指示变量；$I(i = Treatment)$ 是省份指示变量；$I(i = Treatment) \cdot I(Year \geqslant 2005)$ 是该模型的核心解释变量，它的系数即为淮河流域领导干部水质目标责任考核制度实施的效果[①]；$X_{i,t}$ 为控制变量；η_i 和 τ_t 分别为国控水质监测站固定效应和年份固定效应。接下来，本章将对变量进行具体的解释和说明。

（一）被解释变量的指标及度量

$Y_{i,t}$ 是被解释变量，表示为"水质监测指标的浓度值的对数形式"，即 $Y_{i,t} = \log(ConcentrationValue_{i,t})$。在对被解释变量水质监测指标的选取中，即 $ConcentrationValue_{i,t}$，本书选用了八个指标，其中：约束性水质考核指标有两个（氨氮和高锰酸钾指数[②]），其他的六个水质指标均为非约束性水质指标（溶解氧、挥发酚、五日生化需氧量、总汞、总铅和水质级别）。

关于"水质级别"这一非约束性指标的参评指标和评价方法如下：地表水水质评价指标是依据《地表水环境质量标准》（GB3838—2002）中确定的除水温、总氮、粪大肠菌群以外的 21 项指标确定的。河流断面水质评价方法采用的是单因子评价法，即根据评价时段内该断面参评的指标中类别最高的一项来确定（《地表水环境质量评价方法（试行）》）。因此，"水质级别"这一指标是根据参评的 21 项指标中水质表现最差的那项指标的水质级别决定的。依据地表水水域环境功能和保护目标，中国按功能高低依次将地表水水质划分为六个级别（Ⅰ，Ⅱ，Ⅲ，Ⅳ，Ⅴ和劣Ⅴ），其中级别Ⅰ的水质最好、劣Ⅴ的水质最差。详见表 8 - 2：

---

① 这是标准的双重差分估计量，经典文献请参考：Esther Duflo, "Schooling and Labor Market Consequences of School Construction in Indonesia: Evidence from an Unusual Policy Experiment", *American Economic Review*, Issue 91, 2001, pp. 795 – 813。

② 高锰酸盐指数以高锰酸钾溶液为氧化剂测得的化学耗氧量。

表 8 – 2 水质级别和水域功能

级别	状况	水域功能
I	极好	主要适用于源头水、国家自然保护区
II	很好	主要适用于集中式生活饮用水地表水源地一级保护区、珍稀水生生物栖息地、鱼虾类产卵场、仔稚幼鱼的索饵场等
III	好	主要适用于集中式生活饮用水地表水源地二级保护区、鱼虾类越冬场、洄游通道、水产养殖区等渔业水域及游泳区
IV	一般	主要适用于一般工业用水区及人体非直接接触的娱乐用水区
V	可接受	主要适用于农业用水区及一般景观要求水域
劣 V	差	基本无用处

资料来源:《地表水环境质量标准》（GB3838—2002），原国家环境保护总局和国家质量监督检验检疫总局，2002。

数据质量通常是在做聚焦中国的环境问题研究时普遍关注的问题。地方权威（local authority）有时为了增加晋升机会而去"做假账"（cook the book）并且发布造假数据。[①] 但本书的研究不涉及这方面的问题，因为两点原因：第一，本书所感兴趣的水质监测站都是被中央政府运营并控制的，地方政府有较为有限的权力去影响国控水质监测站，如不存在学者们在研究中发现的其他国家的地方政府向上级政府策略性汇报（strategic reporting）水质数据的行为；[②]

[①] Chen Y. , Jin G. Z. , Kumar N. , et al. , "Gaming in Air Pollution Data? Lessons from China", *The B. E. Journal of Economic Analysis and Policy*, Vol. 12, Issue 3, 2012, pp. 1 – 43; Jiahua Che, Kim-Sau Chung and Yang K. Lu. , "Decentralization and Political Career Concerns", *Journal of Public Economics*, Vol. 145, 2017, pp. 201 – 210.

[②] Sigman H. , "International Spillovers and Water Quality in Rivers: Do Countries Free Ride?", *American Economic Review*, Vol. 92, Issue 4, 2002, pp. 1152 – 1159; Thomas Bernauer, Patrick M. Kuhn, "Is There an Environmental Version of the Kantian Peace? Insights from Water Pollution in Europe", *European Journal of International Relations*, Vol. 16, Issue 1, 2010, pp. 77 – 102.

第二，本书关注的是国控水质监测站点从 2004—2008 年水质监测指标变化的动态趋势，中央政府有较弱的动机去系统性地进行数据操纵。

本章在回归中用取对数的形式①（除了"水质级别"这一变量是类别型变量，未取对数形式）。描述性统计见表 8 - 3。在本章中，将氨氮、高锰酸盐指数、溶解氧、挥发酚、五日生化需氧量、总汞、总铅和水质级别分别表示为 Ammonia Nitrogen（NH），Permanganate Value（PV），Dissolved Oxygen（DO），Volatile Phenol（VP），Biochemical Oxygen Demand（BOD），Mercury，Lead and Water Quality。相关性分析见表 8 - 4。

（二）解释变量的指标及度量

$I(Year \geq 2005)$ 是指示时间的解释变量。本书在具体的分析回归中，为了观察 2004—2008 年水质监测指标的整个动态效应（dynamic effect），该变量采用多个样本观测年份的虚拟变量形式，即 $Year\_Dummy2004$、$Year\_Dummy2005$、$Year\_Dummy2006$、$Year\_Dummy2007$、$Year\_Dummy2008$ 的形式。当样本观测期发生在制度实施之后，即 2005—2008 年中的任何一年时，该变量取值为 1；当样本观测期发生在制度实施之前，即 2004 年时，该变量取值为 0。

$I(i = Treatment)$ 是指示省份的解释变量。由于淮河流域在 2005 年率先试行了领导干部水质目标责任考核制，因此仅当样本监测站位于淮河流域内四省时，该变量取值为 1；当样本监测站地处控制组（海河、黄河和长江流域）的省份时，该变量取值为 0。

$I(i = Treatment) \cdot I(Year \geq 2005)$ 是本书的核心解释变量。该变量前的系数代表的含义是在控制了样本监测站自身水质变化的时间趋势及外界政策冲击差异之后的净政策效应（net policy effect）。因此，它的最终取值代表着在淮河流域领导干部水质目标责任制对淮河流域

---

① 由于部分被解释变量（溶解氧、总汞、总铅）的取值存在为零的情况，不能对被解释变量直接取自然对数，因此，本章回归中的被解释变量的对数形式进行了先对被解释变量观测值加 1，然后再取自然对数的方式处理。

表 8 - 3   描述性统计

变量名称	样本量	均值	标准误	最小值	最大值
1. 被解释变量					
氨氮 (0.001 毫克/升)	1112	3333.406	6872.524	10	54850
高锰酸盐指数 (0.001 毫克/升)	1112	9099.820	13005.990	800	123000
溶解氧 (0.001 毫克/升)	1111	6878.542	2111.363	0	13800
挥发酚 (0.001 毫克/升)	1111	9.168	50.951	1	1072
五日生化需氧量 (0.001 毫克/升)	1112	7186.331	11263.930	500	84500
总汞 (0.001 毫克/升)	1102	34.470	47.009	0	1070
总铅 (0.001 毫克/升)	1104	6.932	13.559	0	343
水质类别	1453	4.138	1.545	1	6
2. 控制变量					
年均降水量 (毫米)	1453	846.755	354.127	248.300	2366.500
人均国民生产总值 (人民币元)	1453	15015.380	13550.540	2269.150	106863.000
第二产业增加值 (亿人民币元)	1453	4719.243	3934.741	458.860	17571.98

表 8 - 4　相关性分析

变量	氨氮	高锰酸盐指数	溶解氧	挥发酚	五日生化需氧量	总汞	总铅	水质类别	第二产业增加值	年均降水量	人均国内生产总值
氨氮	1										
高锰酸盐指数	0.672	1									
溶解氧	-0.653	-0.710	1								
挥发酚	0.485	0.415	-0.303	1							
五日生化需氧量	0.750	0.880	-0.724	0.475	1						
总汞	0.278	0.205	-0.208	0.221	0.238	1					
总铅	0.267	0.240	-0.215	0.126	0.199	0.128	1				
水质类别	0.540	0.551	-0.656	0.198	0.573	0.236	0.148	1			
第二产业增加值	-0.028	0.074	-0.158	0.016	0.054	-0.034	-0.116	0.123	1		
年均降水量	-0.358	-0.349	0.218	-0.170	-0.374	-0.193	-0.163	-0.364	-0.334	1	
人均国内生产总值	-0.005	-0.009	0.073	-0.005	-0.009	0.008	-0.094	0.021	0.410	-0.271	1

内四省的监测站水质改善的影响大小和方向。该变量是样本水质监测站所处省份和年份虚拟变量的交互项。当且仅当样本监测站处于淮河流域内四省且观测期是在政策实施以后的条件下，该变量取值为1；其他情况下，取值为0。如果该变量的系数符号为负，说明在淮河流域领导干部水质目标责任考核制度实施后，淮河流域内四省的水质监测指标的水质表现得到了改善。

本书选取 *Year_Dummy*2004 为基准观测年（baseline year）。为了避免多重共线性问题，2004 年这一观测年份的虚拟变量与地区指示变量的交互项并未包括在模型中。

（三）控制变量

控制变量是公式（8 – 1）中的 $X_{i,t}$。本书选取两类控制变量，一类是影响地表水水体污染物浓度的自然环境指标；另一类是影响水体污染排放量的地区社会经济指标。

1. 年均降水量

地区的年均降水量影响该地区地表水水体的污染程度。年均降水量越多，会降低地区地表水水体污染的浓度。因此，本书加入"年均降水量"这一变量，在回归中用取对数的形式，详见描述性统计表 8 – 3。

本书从国泰安（CSMAR）数据库获得各省份省会城市从 1998 年1 月至 2008 年 12 月的月度降水量数据，并将月度数据加总成年度数据。由于数据可得性的问题，本研究用该省份省会城市的年均降水量代表该省的年均降水量。

2. 人均国内生产总值

各城市的人均国内生产总值代表该城市的经济发展水平，是绝对值的指标。人均国内生产总值越高，该地区可能会有更多的工业生产和发展，进而导致当地的水体污染物排放量会比较多。因此，本书加入"人均国内生产总值"这一变量，在回归中用取对数的形式，详见描述性统计表 8 – 3。

本书从《中国区域经济统计年鉴》（1999—2001）和《中国城市

统计年鉴》（2002—2009）获得各城市人均国内生产总值的数据。

3. 第二产业增加值

各省份第二产业增加值表示工业（包括采掘业、制造业、自来水、电力、蒸汽、热水和煤气）和建筑业在一定时期内的生产过程中新增加的价值，工业生产活动的较为频繁理论上讲不利于环境污染治理的改善。第二产业增加值越大，表示该省份第二产业的发展程度相对较高，进而意味着当地可能的水体污染物排放量会更多。因此，本书加入"第二产业增加值"这一变量，详见描述性统计表 8 – 3。

本书从《国家统计年鉴》（1999—2009）获得各省份第二产业增加值的数据。

（四）其他控制变量

本研究还加入了年份虚拟变量［公式（8 – 1）中的 τ_t］和国控水质监测站站点层面［即公式（8 – 1）中的 η_i］的虚拟变量。

值得说明的是，之所以控制国控水质监测站站点层面的固定效应，是因为本章对于实验组的定义是"淮河流域流经的四个省份（安徽省、江苏省、河南省和山东省）"，这四个省份虽然都有淮河流域内的河流，但同时也有其他流域的河流流经。与此同时，本章对于控制组的定义是"海河流域流经的全部省份、黄河和长江流域流经的部分省份"。控制组的省份中也出现了个别省份属于多个控制组流域的情况。① 在这种情况下，如果仅控制省份固定效应将会导致估计偏误。因此，本章选择控制国控水质监测站层面的固定效应，这样的话，即使同一个省份内涉及不同流域的河流，监测站层面的固定效应

---

① 具体来说：同属实验组和控制组（或同属多个控制组）的省份有安徽省（省内有165 个水质监测站属于淮河流域，有45 个监测站属于长江流域），山东省（省内有89 个水质监测站属于淮河流域，有40 个水质监测站属于海河流域和15 个水质监测站属于黄河流域），江苏省（有74 个水质监测站属于淮河流域，有40 个水质监测站属于长江流域），山西省（有25 个水质监测站属于黄河流域，有10 个水质监测站属于海河流域）以及河南省（有100 个水质监测站属于淮河流域，有40 个水质监测站属于黄河流域，有25 个水质监测站属于海河流域，还有10 个水质监测站属于长江流域）。

可以控制受制度影响的流域和不受制度影响的流域的差异，提高了模型估计的准确性。

为了预先观察两项考核水质监测指标在制度实施后是否得到改善，本书对这两个指标的原始数据做了如下描述性统计图（见图8-2）。

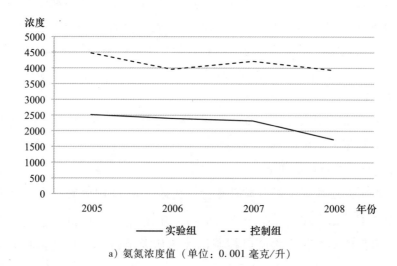

a）氨氮浓度值（单位：0.001毫克/升）

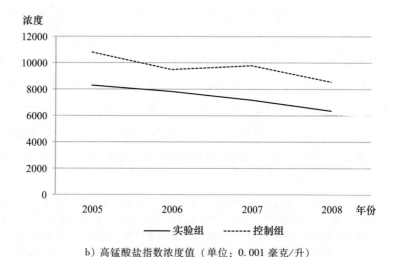

b）高锰酸盐指数浓度值（单位：0.001毫克/升）

图8-2　制度实施后两项水质考核指标变化趋势的描述性统计

如图 8 - 2 所示，淮河流域领导干部水质目标责任考核制度实施后，相比于控制组（海河流域内的全部省份、黄河流域和长江流域的中、东部省份）淮河流域的氨氮浓度值和高锰酸盐指数浓度值均有所下降。具体来说，制度实施后，淮河流域的氨氮浓度值从 2005 年一直到 2008 年一直在下降，尤其是 2007—2008 年，淮河流域的氨氮浓度值相比控制组有大幅度下降（水质改善）。如果单独看控制组的话，氨氮浓度值和高锰酸盐浓度值在 2006 年间甚至有所上升（水质恶化）。

就水质改善的相对值来说，实验组在 2005—2008 年，氨氮的浓度值整体下降了 30.2%；而控制组在此期间浓度值整体下降的幅度不到实验组下降幅度的一半，仅为 12.8%。就高锰酸盐指数浓度值而言，制度实施后，淮河流域的高锰酸盐指数从 2005 年开始到 2008 年，浓度值一直在下降；而控制组的高锰酸盐浓度值在 2006 年时，甚至有所上升（水质恶化）。就水质改善的相对值来说，实验组在 2005—2008 年间，高锰酸盐的浓度值整体下降了 23.3%；而控制组在此期间浓度值下降的幅度小于实验组，下降了 20.8%。

三　实证结果与分析

（一）淮河流域领导干部水质目标责任考核制度对流域内考核水质指标的影响

表 8 - 5 是主要回归结果，是为了检验淮河流域领导干部水质目标责任考核制度对两项考核水质监测指标的影响。$Treatment \times Year\_Dummy2005$，$Treatment \times Year\_Dummy2006$，$Treatment \times Year\_Dummy2007$，$Treatment \times Year\_Dummy2008$ 是模型中的 $I(i = Treatment) \cdot I(Year \geqslant 2005)$，是揭示政策效果的核心变量。从表 8 - 5 的回归结果可以看出，该变量的系数并未在政策实施后立即生效，而是在政策后的第三年时该变量的系数显著为负，即淮河流域领导干部水质目标责任考核制度显著地降低了考核水质监测指标的浓度值。

表 8 - 5　　　　　　　淮河流域领导干部水质目标责任考核制度对当地考核
水质指标的影响

被解释变量（横轴）	1. NH	2. PV
*Treatment × Year_Dummy*2005	0.0527	0.0268
	(0.53)	(0.58)
*Treatment × Year_Dummy*2006	0.0242	- 0.0023
	(0.77)	(0.96)
*Treatment × Year_Dummy*2007	- 0.1386 *	- 0.0923 *
	(0.09)	(0.06)
*Treatment × Year_Dummy*2008	- 0.2725 ***	- 0.0960 *
	(0.00)	(0.08)
Constant	8.1669 ***	8.9894 ***
	(0.00)	(0.00)
Year fixed effects	Yes	Yes
Monitoring station fixed effects	Yes	Yes
Control variables	Yes	Yes
Observations	1112	1112
Monitoring stations	224	224
R-squared	0.9374	0.9469
F-statistic	291.1	154.8

　　注：1. 估计系数下方的数字为 P 值；2. *，**，*** 分别表示 10%，5%，1% 的统计水平上显著。

　　具体来看，当被解释变量为 ln（*Ammonia nitrogen*）时，该变量的系数从政策后的前两年均为正，但不显著；从第三年（2007 年）起，系数由正变负并且显著。具体来说，相比于没有实行该考核制度的控制组，淮河流域领导干部水质目标责任考核制度在政策实施后的第三年，显著地降低了 12.9% 的淮河流域四省的氨氮浓度；相比于控制组，在制度实施后的第四年（2008 年），淮河流域四省的氨氮浓度显著地下降了 23.9%，显著性水平为 1%。

当被解释变量为 ln（*Permanganate Value*）时，核心解释变量的系数在制度实施后的第一年为正数，且不显著；在制度实施后的第二年起，该系数由正变负；从制度实施后的第三年起（包括政策实施后的第三年和第四年，即 2007 年和 2008 年），核心解释变量的系数为负显著。具体来说，相比于未实施该考核制度的控制组，实验组（淮河流域）高锰酸盐指数的浓度在 2007 年显著下降了 8.8%；制度实施后的第四年，相比于控制组，实验组的高锰酸盐浓度进一步显著下降了 9.2%。这表明：相比控制组，在制度实施后的第四年，实行该制度的淮河流域内的高锰酸盐指数的改善仍在持续。此外，这两项考核水质监测指标的浓度降低的绝对值大体上均逐年上升，这表明该制度在持续并且更大力度地改善了淮河流域内考核水质监测指标的水质表现。

关于两项考核水质指标在淮河流域领导干部水质考核制度实施后第三年才开始得到显著的改善（有较长的政策生效时滞），本书认为有三点可能的原因：第一，考虑到中国的政治体制具有层级制和任务层层分解的特点[①]，由中央政府主导采用的"命令与控制型"环保手段较为耗时。具体来说，淮河流域领导干部水质目标责任考核制度是中央政府与淮河流域四省的省政府签订了《目标责任书》；此后，省政府还会与比其低一个行政层级的各地政府签订将水质目标进行任务分解后的《目标责任书》；最终，地方政府强制地方工业企业达到相应的污水排放要求。第二，水质的改善依赖于当地企业采取积极的环保措施来应对水质考核制度，例如：提高企业节水技术或节水设施、改造节水工艺方面的资本投资（进行"终端控制"，

---

① Jiahua Che, Kim-Sau Chung and Yang K. Lu, "Decentralization and Political Career Concerns", *Journal of Public Economics*, Vol. 145, 2017, pp. 201 – 210; Pei Li, Yi Lu and Jin Wang, "Does Flattening Government Improve Economic Performance?", *Journal of Development Economics*, Vol. 123, 2016, pp. 18 – 37; Xiaoli Zhao, Chunbo Ma and Dongyue Hong, "Why Did China's Energy Intensity Increase during 1998 – 2006: Decomposition and Policy Analysis", *Energy Policy*, Vol. 38, Issue 3, 2010, pp. 1379 – 1388.

end-of-pipe，如安装高性能、更昂贵的污水处理设备）、自建污水处理厂或净化厂、进行更频繁的污水设备的维修和监测以确保设备正常运转，甚至也可以减少造成水污染的生产行为来降低企业的污水排放（进行"污染预防"，pollution prevention）。不论工业企业采取的是诸如购买新节水设备的"终端处理"应对机制，还是采取减少会造成水污染的生产行为的"污染预防"应对机制，任何一种企业的环保策略都需要花费一定的时间去实施和产生相应的环保效果，特别是对那些希望树立良好企业形象的公司（因为这些公司通常会进行企业环保技术方面的研发和投资，而这种应对策略从产生到生效更加耗时）。第三，淮河流域领导干部水质目标责任考核制度主要关注并控制的是工业部门的非点源水污染（non-point water pollution）。农村农业部门带来的污染大多数是较为分散、难以监控的点源污染（point pollution）。根据国家统计局、原环境保护部和农业部于 2010 年 2 月联合发布的《第一次全国污染源普查公报》进行归纳整理显示，重点流域工业污染源主要污染物的排放量占比并不高。具体来说，重点流域工业污染源的氨氮排放量为 2.96 万吨，仅占重点流域所有污染源（包括：工业、生活、农业污染源）的氨氮排放量的5.9%。而剩下的 94.1% 的氨氮排放量全部来自生活污染源。类似地，化学需氧量（COD）的排放在重点流域工业污染源领域仅为145.28 万吨，而重点流域农业污染源（包括畜禽养殖业和水产养殖业）共排放了 718.65 万吨 COD，同时重点流域生活污染源排放了328.07 万吨 COD。由此可见，重点流域工业污染源排放的 COD 仅占12.2%，生活和农业排水分别贡献了 27.5% 和 60.3% 的 COD 排放量。因此，在淮河流域领导干部水质目标责任考核制实施后，两项考核指标（氨氮和高锰酸盐指数）的水质表现花费了较长时间才得以改善。

（二）淮河流域领导干部水质目标责任考核制度对非约束性水质监测指标的影响

表 8-6 为淮河流域领导干部水质目标责任考核制度对非考核水质监测指标的影响。

表8－6　淮河流域领导干部水质目标责任考核制度对当地非考核水质指标的影响

被解释变量（横轴）	1. VP	2. BOD5	3. Mercury	4. Lead	5. DO
$Treatment \times Year\_Dummy2005$	-0.0979	-0.0460	-0.0411	0.0541	-0.0414
	(0.28)	(0.46)	(0.70)	(0.48)	(0.64)
$Treatment \times Year\_Dummy2006$	-0.0907	-0.0930	0.2738***	0.1482*	-0.0591
	(0.25)	(0.12)	(0.01)	(0.08)	(0.48)
$Treatment \times Year\_Dummy2007$	-0.1495*	-0.1506**	0.6567***	0.2230**	-0.0685
	(0.06)	(0.01)	(0.00)	(0.01)	(0.46)
$Treatment \times Year\_Dummy2008$	-0.1613*	-0.2607***	0.2596**	0.1571*	-0.0872
	(0.08)	(0.00)	(0.02)	(0.09)	(0.36)
Constant	2.2154	6.6500***	15.0154***	6.9870***	9.4587***
	(0.13)	(0.00)	(0.00)	(0.00)	(0.00)
Year fixed effects	Yes	Yes	Yes	Yes	Yes
Monitoring station fixed effects	Yes	Yes	Yes	Yes	Yes
Control variables	Yes	Yes	Yes	Yes	Yes
Observations	1111	1112	1102	1104	1111
Monitoring stations	224	224	224	224	224
R-squared	0.8203	0.9354	0.4891	0.7569	0.7091
F-statistic	33.60	178.20	25.27	64.96	20.34

注：1. 估计系数下方的数字为P值；2. *，**，***分别表示在10%，5%，1%的统计水平上显著。

其中，有两项非考核水质监测指标的水质在制度实施后得到了显著改善。第一列对 ln（Volatile Phenol）的回归结果显示，相比于控制组，从制度实施后的第三年开始，淮河流域四省内的挥发酚的浓度值显著下降。具体来说，相比于控制组，在制度实施后的第三年（2007年）和第四年（2008年），淮河流域四省内的挥发酚的浓度值分别显著下降了13.9%和14.9%。之所以挥发酚这个非考核指标的水质表现也能得以改善，是因为冶炼行业排出的废水通常同时含有氨氮和挥发酚。[1] 因此，在2004—2008年，对 ln（Ammonia Nitrogen）的回归结果与对 ln（Volatile Phenol）的回归结果交乘项系数的符号和显著性方面均较为相似。另一项非考核水质监测指标"五日生化需氧量"在制度实施后，淮河流域四省内的水质也得到了显著改善。具体来说，第二列对 ln（BOD5）的回归结果显示，相比于控制组，制度实施一年后（2005年），淮河流域四省的五日生化需氧量的排放量就开始减少；并且在随后的2007—2008年，相比于控制组，淮河流域内四省的五日生化需氧量的排放量显著减少了14.0%和22.9%，显著性水平分别为5%和1%。之所以在制度实施后，相比于控制组，淮河流域四省内的"五日生化需氧量"得到了显著改善，可能的原因是非考核水质监测指标"五日生化需氧量"和考核水质监测指标"高锰酸盐指数"具有很强的相关性，这两个水质指标均是描述更容易被氧化的化学需氧量[2]。从相关性分析表格（即表8-4）也可看到，"五日生化需氧量"和"高锰酸盐指数"的相关系数高达0.88。

除第一列对 ln（Volatile Phenol）的回归结果和第二列对 ln（BOD5）的回归结果外，本书发现，在实行淮河流域领导干部水质目标责任考核制后，非考核水质监测指标（溶解氧）的水质表现并未

---

① M. R. Silva, M. A. Z. Coelho and O. Q. F., "Minimization of Phenol and Ammoniacal Nitrogen in Refinery Wastewater Employing Biological Treatment", *Revista De Engenharia Térmica*, Issue 1, 2002, pp. 33 – 37.

② Clem Maidment, Pat Mitchell and Amanda Westlake, "Measuring Aquatic Organic Pollution by the Permanganate Value Method", *Journal of Biological Education*, Vol. 31, Issue 2, 1997, pp. 126 – 130.

得到显著改善。溶解氧的浓度值水平越高，越有利于满足水生动物生存所必需的养分需求，表明水质越好[1]。在目标考核制度实施后，相比控制组，淮河流域内的溶解氧含量不断减少，并且减少的幅度随着年份的增加越来越大。具体来说，在制度实施后的四年间（从2005—2008年），相比于控制组，淮河流域内的溶解氧含量分别下降了4.1%、5.7%、6.6%和8.4%。

甚至在制度实施后，相比于控制组，"总汞""总铅"这两项非考核水质监测指标的浓度值甚至有显著的上升。Kahn et al.[2]的研究中提到，诸如总汞等水污染物对公共健康具有更严重的危害性。由此可见，假设2成立，即省层面的地方领导干部（省长、省委书记）有较弱的动机去改善非考核水质监测指标。他们会将更多的资源和精力分配给那些考核的水质监测指标，以完成他们与中央政府签订的《目标责任书》中的要求和对领导干部政绩考核体系中新纳入的对环境保护方面的要求。

从表8-4的相关性分析可以看出，那些与考核水质监测指标相关性较高的非考核水质监测指标（挥发酚和五日生化需氧量）的水质得到了明显的改善；反之，那些与考核水质监测指标相关性不高的非考核水质监测指标（总汞、总铅和溶解氧）的水质表现并未得到明显的改善。从相关性分析得到的结果有两方面的启示：第一，该相关性分析的结果可以作为支持本研究的假设1和假设2的稳健性检验。这表明：淮河流域领导干部水质目标责任考核制度的实行确实改善了当地的水质表现，而不是其他的某些原因导致淮河流域所有水质监测指标（无论是考核指标还是非考核指标）都得到了水质改善。第二，该相关性分析的结果进一步印证了假设2，即那些不属于考核

---

① Lopamudra Chakraborti, "Do Plants' Emissions Respond to Ambient Environmental Quality? Evidence from the Clean Water Act", *Journal of Environmental Economics and Management*, Vol. 79, 2016, pp. 55 – 69.

② Matthew E. Kahn, Pei Li and Daxuan Zhao, "Water Pollution Progress at Borders: The Role of Changes in China's Political Promotion Incentives", *American Economic Journal Economic Policy*, Vol. 7, Issue 4, 2015, pp. 223 – 242.

范畴内并且与考核水质监测指标相关性不高的水质监测指标并没有得到明显的水质改善。

为了进一步直观地说明淮河流域领导干部水质目标责任考核制度实施后的环境影响的变化趋势，本书对表 8-5 中的交乘项的回归系数作图①。

如图 8-3 所示，淮河流域领导干部水质目标责任考核制度实施后，相比于控制组，两项考核的水质监测指标的水质表现有显著改善（即污染物浓度值明显下降）。

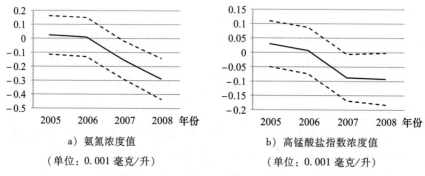

a）氨氮浓度值
（单位：0.001 毫克/升）

b）高锰酸盐指数浓度值
（单位：0.001 毫克/升）

图 8-3　制度实施后的考核水质监测指标的水质表现变化趋势

（三）淮河流域领导干部水质目标责任考核制度对市级领导干部（市长、市委书记）改善约束性水质监测指标的异质性影响

本研究将进一步探究淮河流域水质目标责任考核制度的作用机制。本节将年龄作为一个影响官员晋升的重要制度性因素。本研究根据市长或市委书记的年龄将城市—年份（city-year）维度的样本划分为两组：年轻组和年长组。参考 Shen② 关于领导干部晋升可能性高低的年龄截点划分，年轻组包含的样本是市长或市委书记年龄不超过50 岁，年长组覆盖的样本是市长和市委书记的年龄均超过 50 岁。本

---

① 实线表示的是交乘项的回归系数值，虚线表示上下 90% 的置信区间。
② Xingyao Shen, "Do local government-industry linkages affect air quality? Evidence from cities in China", *Massachusetts Institute of Technology Theses*, 2017.

研究进一步假设：淮河流域领导干部水质目标责任考核制度对年轻组市层面领导干部有显著的正面政策影响，但对年长组的政策影响不显著。表8-7为异质性分析结果。

表8-7　　　　淮河流域领导干部水质目标责任考核制度对年轻组和年长组的异质性影响

被解释变量（横轴）	1. NH		2. PV	
	年轻组	年长组	年轻组	年长组
$Treatment \times Year\_Dummy2005$	0.0078	0.0567	0.0162	-0.0276
	(0.94)	(0.66)	(0.78)	(0.69)
$Treatment \times Year\_Dummy2006$	-0.0100	-0.0003	-0.0100	-0.0477
	(0.92)	(1.00)	(0.86)	(0.57)
$Treatment \times Year\_Dummy2007$	-0.1897**	-0.1361	-0.1041*	-0.0417
	(0.05)	(0.35)	(0.09)	(0.55)
$Treatment \times Year\_Dummy2008$	-0.4135***	-0.1642	-0.1200*	-0.0258
	(0.00)	(0.23)	(0.07)	(0.75)
Constant	8.6548***	9.0639***	6.7787***	10.3664***
	(0.01)	(0.00)	(0.00)	(0.00)
Year fixed effects	Yes	Yes	Yes	Yes
Monitoring station fixed effects	Yes	Yes	Yes	Yes
Control variables	Yes	Yes	Yes	Yes
Observations	758	578	758	578
Monitoring stations	224	224	224	224
R-squared	0.9496	0.9479	0.9530	0.9563

注：1. 估计系数下方的数字为 P 值；2. *，**，*** 分别表示10%，5%，1%的统计水平上显著。

从表8-7可以清楚地看到，在淮河流域领导干部水质目标责任考核制度实施后的第三年（2007年）起，年轻组的市层面领导干部显著地改善了两项考核水质指标的水质表现，而在年长组的市层面领导干部的回归结果中并未发现考核水质指标的改善。具体来说，相比于未实施水质目标责任考核制度的控制组流域，淮河流域内的年轻组的市层面领导干部在政策实施后的第三、四年，显著地降低了17.3%和33.9%的氨氮浓度，显著性水平分别为5%和1%；与此同时，年轻组的市层面领导干部9.9%和11.3%的高锰酸盐指数浓度，显著性水平均为10%。由此可见，由于年轻的领导干部有更高概率的晋升机会，因而他们有更强的动机去改善考核指标的水质表现，进而达到水质环境要求。由此可见，假设4成立，即在淮河流域领导干部水质目标责任考核制度实施之后，年龄不超过50岁的市长和市委书记显著地改善了流域内考核水质监测指标的水质表现。

四　稳健性检验

在这一小节中，本研究将进行一系列的稳健性检验来进一步检查本章第四节第三目中得到的结论。首先，本节对淮河流域领导干部水质目标考核制度中的水质监测指标进行制度实施前的平行趋势检验，以保证本章所使用的双重差分法是有效的。平行趋势检验的结果表明：本研究在上一小节得到的结果并未受到明显影响。除此以外，本研究选取不同的数据处理方式来选择不同的样本观测值，用得到的新的数据来进行同样的回归，结果发现上一节运用双重差分法得到的回归结果并没有显著改变。

（一）平行趋势检验

为了检验淮河流域领导干部水质目标责任考核制实施之前，实验组和控制组是否存在平行的发展趋势（双重差分方法的识别假设是否得到满足），本研究接下来将进行平行趋势检验。

本研究选取的淮河流域领导干部水质目标责任考核制度实施前各项水质监测指标的样本期间为2000—2003年，样本的数据类型均为类别数据（categorial data），原因如下：第一，1998—1999年除了水质级别以外的其他水质监测指标的类别数据缺失；第二，尽管2004年也属于制度实施前的时间，但2004年的数据是绝对值数据（浓度值），不同于2000—2003年各水质监测指标都是类别数据。因此，为保持数据类型的一致性，制度实施前的样本期间选取为2000—2003年。本书利用2000年和2003年这两年各项水质监测指标的类别数据，计算出这期间的每一年的年度复合增长率，以此来进行平行趋势检验。此外，由于数据可得性的缘故，对氨氮类别进行平行趋势检验时的控制组仅为海河流域；对其他水质监测指标进行平行趋势检验时的控制组是海河流域全部省份、黄河流域和长江流域的中、东部地区这三个流域相应水质监测指标的平均值。最后需要说明的是，不论是哪个水质监测指标的类别数据，类别越小，代表水质越好。数据来源于《中国环境年鉴》（1999—2009）。

首先，从图8-4可以看出，实验组（淮河流域内）的氨氮类别呈较快的上升趋势，而控制组（此时仅为海河流域）氨氮类别上升的幅度不大。因此，本书认为：在制度实施前，如果用氨氮类别来代表水质的话，淮河流域的水质比海河流域恶化的速度更快。因此，本章第四节第三目得出的结论更加有说服力。这是因为，在制度实施之前，相比控制组，淮河流域的氨氮情况恶化得更为严重，即淮河流域内的氨氮浓度类别上升了接近一个单位，然而控制组海河流域内的氨氮浓度类别变化不大；而制度实施之后，这一原来的淮河流域氨氮水

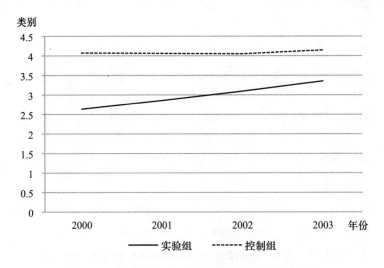

图8-4　氨氮类别在实验组和控制组的变化趋势

质不断恶化的趋势被扭转甚至得到了改善，即淮河流域相比控制组，在制度实施后的第四年氨氮情况显著地得到了改善。这让本书在上一节得到的结论具有更高的可信度。

其次，本研究继续对高锰酸盐指数类别做了平行趋势检验发现，如图 8-5 所示，2000—2003 年，实验组（淮河流域）在这一水质监测指标上的变化不大，维持在 3 这一水质类别上；而控制组（此时为海河流域全部省份、长江流域和黄河流域的中、东部地区）的高锰酸盐指数类别从 2000 年一直到 2002 年在持续下降，2002—2003 年略有上升。由此可见，在淮河流域领导干部水质目标责任考核制度实施之前，考核指标高锰酸盐指数在控制组总体上呈现水质改善的趋势，而在实验组的水质却呈维持不变的趋势。结合本章第四节第三目得到的关于"制度实施后，淮河流域内的高锰酸盐指数污染相比控制组得到了水质改善"这一情况可以得出这样的结论：如果用高锰酸盐指数代表水质的话，在制度实施之前，淮河流域相比控制组，水质处于不断恶化的趋势；而在制度实施后的第三年，淮河流域相比控制组，水质得到了显著的改善。

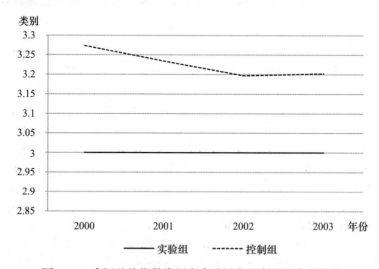

图 8-5 高锰酸盐指数类别在实验组和控制组的变化趋势

最后，本书对其他非考核水质监测指标也进行了平行趋势检验。从图8-6的五张图可以看出，在政策实施前，除了总汞类别和总铅类别这两个非考核水质监测指标保持了平行趋势外，其他三个非考核水质监测指标（溶解氧类别、五日生化需氧量类别和挥发酚类别）

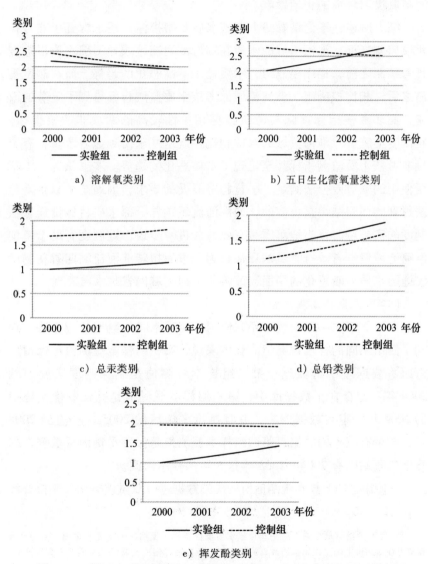

a）溶解氧类别　　　　　　　　b）五日生化需氧量类别

c）总汞类别　　　　　　　　d）总铅类别

e）挥发酚类别

图8-6　非考核水质监测指标水质类别在实验组和控制组的变化趋势

均呈现出实验组（淮河流域）的该水质监测指标的恶化程度高于控制组水质监测指标的恶化程度的趋势①。结合上一小节对非考核水质监测指标的回归结果，图 8 - 6 进一步说明了上一小节的主回归结果并不是历史趋势的简单延续，而恰恰反映的是这项对领导干部的目标考核制度对环境的正向影响。

综上所述，不论是看两个考核水质监测指标，还是看五个非考核水质监测指标，淮河流域的水质在实行淮河流域领导干部水质目标责任考核制之前，相比控制组，水质处于不断恶化的趋势。而在制度实施之后，相比控制组，淮河流域的考核水质监测指标得到了显著的改善；而非考核指标（除与考核指标相关性较高的两项非考核指标）在制度实施后，淮河流域的水质相比控制组并未得到显著改善，有个别非考核水质监测指标甚至出现了水质恶化的趋势。本书认为，本章所使用的双重差分法满足了平行趋势假设的要求，因而基于双重差分法得到的回归结果是可信的，即淮河流域领导干部水质目标责任考核制度的实施对改善当地水质是有效的。进一步地，该制度有助于增加淮河流域四省省政府官员的环保行为，进而扭转淮河流域四省在制度实施前水质不断恶化的局面，改善了淮河流域四省的水质表现。

（二）其他样本观测值

本小节用同一原始数据库，使用了四种不同的数据处理方法，得到了四组不同的样本观测值。具体来说，第一组样本观测值是保留所有原始数据库中的数据；第二组样本观测值是确保制度实施前的 2004 年一定存在于数据库中；第三组样本观测值是保证制度实施前的 2004 年一定在数据库中，并且制度实施后的 2005 年一直到 2008 年，至少有三年的数据；第四组样本观测值是保留平衡面板数据，即每个监测站均有 2004—2008 年这 5 年的样本期间。

当使用这四组样本观测值所构成的数据进行双重差分回归来检查淮

---

① 关于"溶解氧类别"这一非考核水质监测指标，虽然在制度实施之前，实验组和控制组在该指标上均呈现出水质改善的趋势，但是控制组相比实验组的水质改善程度更高。因此，本书认为，在制度实施前，实验组相比于控制组在"溶解氧类别"这一水质监测指标上呈现出水质恶化的趋势。

河流域领导干部水质目标责任考核制度对改善当地水质的影响时，本书发现，不论用哪组样本观测值，得到的双重差分系数的回归结果（符号和显著性）与本章第四节第三目中得到的主回归结果基本保持一致。

如前所述，2004—2008 年的水质监测指标的数据类型不同于1998—2003 年的数据类型。但是，有一个综合水质指标（水质级别）有 1998—2008 年的统一的数据类型。该综合水质指标可以让本研究观察到淮河流域领导干部水质目标责任考核制度对当地的综合水质的影响。本书进一步运用双重差分（DiD）模型对水质级别 1998—2008 年的数据进行了普通最小二乘法（OLS）① 回归分析，并将 2004 年作为基年（base year）。由于某些国控水质监测站在某些年份数据的缺失（可能由于某些监测站在早些年份还未建立），本回归（见表 8 - 7）中使用的数据为非平衡面板数据。除此之外，与本章主回归（见表 8 - 5 和表 8 - 6）的处理手法类似，为了获得制度实施前、后的平均效应，如果某国控水质监测站在制度实施前或制度实施后只有一年的数据，该水质监测站的所有数据将会被删除。本回归控制了监测站层面的固定效应、年份固定效应，并且添加了在主回归中使用的一系列控制变量。具体回归结果见表 8 - 7。

从表 8 - 8 中的回归结果可以得到三点结论：第一，从 1998—2001 年，大多数年份的两两交乘项系数都为负数。由于 2004 年为本回归的基年，这表明：在制度实施前，相比于控制组，淮河流域内的水质恶化得更加严重。第二，尽管在 2002 年，淮河流域内的水质相比控制组有短暂但不具有统计显著性的水质改善，但 2004 年该趋势扭转——相比于控制组，淮河流域内的水质恶化。第三，相比于控制组，淮河流域内的水质在制度实施后的第四年（2008 年）得到了显著改善。由此可见，假设 3 不成立，即在淮河流域领导干部水质目标责任考核制度实施之后，淮河流域内的综合水质有显著的改善。

----

① 虽然运用普通最小二乘法来对作为类别数据的被解释变量（水质级别）进行回归不是最合适的做法，但本研究的目的是检验相比于未实行制度的控制组，实验组的总体水质表现在制度实施后是否有显著改善。也就是说，本书更关注的是通过回归估计出的符号和显著性，而不是回归估计出的具体数值。

表 8 - 8　　　　　　淮河流域领导干部水质目标责任考核制度
对当地综合水质的影响

被解释变量（横轴）	Water Quality
Treatment × _Year_Dummy_1998	− 0. 7792 **
	（0. 03）
Treatment × _Year_Dummy_1999	− 0. 1965
	（0. 38）
Treatment × _Year_Dummy_2000	− 0. 0887
	（0. 71）
Treatment × _Year_Dummy_2001	0. 0431
	（0. 85）
Treatment × _Year_Dummy_2002	− 0. 0852
	（0. 70）
Treatment × _Year_Dummy_2003	0. 0302
	（0. 85）
Treatment × _Year_Dummy_2005	− 0. 0088
	（0. 95）
Treatment × _Year_Dummy_2006	− 0. 0337
	（0. 80）
Treatment × _Year_Dummy_2007	− 0. 1725
	（0. 18）
Treatment × _Year_Dummy_2008	− 0. 2556 *
	（0. 06）
Constant	5. 9468 ***
	（0. 00）
Year fixed effects	Yes
Monitoring station fiexed effects	Yes
Control variables	Yes
Observations	1453
Monitoring station	181
R-squared	0. 8156
F-statistics	190. 60 ***

注：1. 估计系数下方的数字为 P 值；2. *，**，*** 分别表示 10%，5%，1% 的统计水平上显著。

本章小结

　　本章的实证分析包括四部分内容，首先，从整体上检验淮河流域领导干部水质目标责任考核制度的有效性；其次，进一步发掘淮河流域领导干部水质目标责任考核制度的作用机理，即制度对非考核水质监测指标是否同样有效；再次，对这项制度的一个综合评价，探究这项制度对综合水质表现的作用，即这项淮河流域领导干部水质目标责任考核制度是否对改善当地的整体水质发挥积极作用；最后，进一步探究这项制度对不同年龄组的领导干部改善约束性水质考核指标的异质性影响。

　　具体来说，在第一部分，本书运用双重差分方法进行了回归分析，从国控水质监测站层面检验了淮河流域领导干部水质目标责任考核制对改善淮河流域四省的考核水质监测指标的水质表现的作用。实证结果表明，相比于控制组流域，淮河流域领导干部水质目标责任考核制在制度实行后的第三年起显著地降低了淮河流域四省国控水质监测断面的氨氮浓度值（水质考核指标之一）。类似地，相比控制组，淮河流域四省内的国控水质监测断面的高锰酸盐指数浓度值（另一项水质考核指标）在制度实行后的第三年起也有显著降低。与控制组相比，淮河流域内的国控水质监测站的氨氮浓度和高锰酸盐指数浓度均在第四年实现了更大程度的下降。

　　在第二部分，本书认为淮河流域领导干部水质目标责任考核制是一种基于绩效（performance-based）的责任考核制度，是一种高效能的激励机制（high-powered incentive）。在这种激励机制下，代理人领导干部会改变其对于考核指标的行为，但不会改变其对于非考核指标的行为。本书选取了五个非考核指标来检验该制度对非考核指标的改善是否有效。实证结果发现，在实行淮河流域领导干部水质目标责任考核制后，这些非考核水质指标的水质表现并未得到显著的改善。从而验证本书的假设2，即省层面的地方领导干部（省长、省委书记）有较弱的动机去改善非考核水质监测指标。他们会将更多的资源和精力分配给那些考核的水质监测指标，以完成他们与中央政府签订的《目标责任书》中的要求和对领导干部政绩考核体系中新纳入的对环境保护方面的要求。为了进一步发掘该制度的作用机理，本书实证结果还发现，有的非考核指标甚至在制度实施后水质表现更差。从制度实施后的第二年起，相比于控制组，淮河流域内的"总汞"这一非考核水质指标的浓度值均显著上升，显著性水平分别为1%，1%和5%，并且第三年比第二年上升的幅度更高（意味着水质进一步恶化）。类似地，相比于控制组，淮河流域内的"总铅"这一非考核指标在制度实施后的第二年起也有显著恶化。值得注意的是，"总汞""总铅"虽然都是非考核指标，但是其对公共健康具有更严重的危害性。[①] 这启示政策制定者在选择领导干部环保责任履行情况的绩效考核指标时，不应仅仅选择那些可观测的、具有较长监测经验的指标进行测定（如COD），应该更加重视那些不可直接观测、对人体健康有严重危害、需要更先进的监测手段的水质监测指标。这部分研究结论具有重要的政策含义。

本书从官员的年龄对晋升概率的影响角度进一步探究淮河流域水质目标责任考核制度对考核水质指标改善的异质性影响。本书根据市长或市委书记的年龄，按照城市—年份（city-year）维度将样本划分为两组：年轻组和年长组。研究结果发现：在淮河流域领导干部水质目标责任考核制度实施后，年轻组的市层面领导干部显著地改善了两项考核水质指标的水质表现，而在年长组的市层面领导干部的回归结果中并未发现考核水质指标的改善。

在第三部分，本书进行了一系列稳健性检验。该部分包括了两大方面内容：平行趋势检验和使用其他样本观测值。首先，本研究对制度实施前的两项考核水质监测指标（氨氮类别、高锰酸盐指数类别）和五项非考核水质监测指标（溶解氧类别、五日生化需氧量类别、总

---

① Matthew E. Kahn, Pei Li and Daxuan Zhao, "Water Pollution Progress at Borders: The Role of Changes in China's Political Promotion Incentives", *American Economic Journal Economic Policy*, Vol. 7, Issue 4, 2015, pp. 223 – 242.

汞类别、总铅类别和挥发酚类别）进行了检验发现，不论用哪项水质监测指标来指示水质状况，淮河流域的水质在实行淮河流域领导干部水质目标责任考核制之前，相比控制组，水质处于不断恶化的趋势。结合我们在前两个部分对制度实施后的环境有效性回归分析可知，淮河流域领导干部水质目标责任考核制度确实在实施之后扭转了制度实施前淮河流域水质（相比控制组）不断恶化的趋势。这进一步印证了该水质目标责任考核制度是有效的，该制度改变了淮河流域内四省的省级领导干部的环保行为，改善了四省考核水质监测指标的水质表现。其次，本研究通过使用四种不同的数据处理方式以得到不同的样本观测值来进行稳健性检验，发现不论是在数值方向还是在数值大小方面，回归结果没有显著差异。最后，本书认为，高效能的激励机制对于综合水质的改善并不一定是好事，这样的制度会使地方领导干部着力改善考核指标以达标，但却未采取行动真正改善当地的综合水质。因此，本书进一步挖掘了淮河流域领导干部水质目标责任考核制度对综合水质是否有改善作用。本书利用1998—2008年更为完整的"水质级别"这一类别数据，同样进行了基于双重差分模型的普通最小二乘法线性回归。实证研究的结果表明，在淮河流域领导干部水质目标责任考核制度实施之后，淮河流域内的综合水质得到了显著改善。具体而言，淮河流域领导干部水质目标责任考核制度在政策后第四年显著地降低了淮河流域四省的水质级别（实现了综合水质的改善）。

第九章　行政问责与环境规制
实施的经济影响研究

在上一章行政问责与环境规制实施的环境影响研究的基础上，本章运用中国工业企业数据库的基础数据来实证研究考察淮河流域领导干部水质目标责任考核制度的实施。具体来说，本章通过考察淮河流域领导干部水质目标责任考核制度的实施如何影响当地工业企业的生产活动和经济绩效，进一步探索领导干部自然资源资产审计监督型环境规制——领导干部自然资源资产责任审计制度实施在经济活动层面可能造成的影响，从而为平衡经济发展和环境保护这两个重要的政策目标，提供决策参考，为进一步完善领导干部自然资源资产责任审计制度提供政策建议。

第一节　研究内容和思路

中国在缺乏完善的法律法规体系、健全的产权制度和有效的金融市场的环境下，依然获得了举世瞩目的经济增长，这被称为"中国之谜"①。然而，作为世界第二大经济体，中国为此付出的代价是环境恶化和资源短缺问题。不同于西方国家较多地使用公众参与、媒体信

---

① Franklin Allen, Jun Qian and Meijun Qian, "Law, Finance, and Economic Growth in China", *Journal of Financial Economics*, Vol. 77, Issue 1, 2005, pp. 57 –116.

息披露来推动环境保护①，由中央政府自上而下（top-down）主导的、传统的"命令与控制"环境管制工具是中国现阶段和未来最主要的环境管制工具②。设置约束性（binding）环境指标，并将之纳入地方领导干部的目标责任考核制，是一种加强环境规制实施机制的、崭新的"命令与控制"环境管制工具。

　　不论是在西方发达国家，还是在发展中国家，政府始终是企业采取环境保护实践的主要推动力③。尽管有些学者更加偏好合作式的、自愿型的、信息披露型的这类更加新颖的环境管理方式④，但是根据调查问卷得到的结果显示，严格监管和实施相应惩罚措施的政府规制机构是很多工厂采取环境遵守（environmental compliance）行为的第一驱动因素。例如，根据 Khanna 和 Anton⑤ 对标准普尔 500（S&P 500）公司的调查显示，法律和规制因素是导致企业采取环保行为（如环境保护方面的雇员、企业环境审计、企业内部的环保政策、总体质量管理等）的最根本原因，市场因素是第二大导致企业进行环保

①　Lyle Scruggs, *Sustaining Abundance Environmental Performance in Industrial Democracies*, Cambridge University Press, 2003; Alex L. Wang, "The Search for Sustainable Legitimacy: Environmental Law and Bureaucracy in China", *Social Science Electronic Publishing*, Vol. 37, Issue 2, 2012, pp. 365 – 440; JiannanWu, MengmengXu and PanZhang, "The Impact of Governmental Performance Assessment Policy and Citizen Participation on Improving Environmental Performance across Chinese Provinces", *Journal of Cleaner Production*, Vol. 184, 2018, pp. 227 – 238.

②　Mark Beeson, "The Coming of Environmental Authoritarianism", *Geographical Research*, Vol. 19, 2010, pp. 276 – 294; Genia Kostka, "Command without control: The Case of China's Environmental Target System", *Regulation & Governance*, Vol. 10, 2016, pp. 58 – 74.

③　Christopher Marquis and Cuili Qian, "Corporate Social Responsibility Reporting in China: Symbol or Substance?", *Organization Science*, Vol. 25, Issue 1, 2014, pp. 127 – 148; Magali A. Delmas and Michael W. Toffel, "Organizational Responses to Environmental Demands: Opening the Black Box", *Strategic Management Journal*, Vol. 29, Issue 10, 2008, pp. 1027 – 1055; Irene Henriques and Perry Sadorsky, "The Determinants of an Environmentally Responsive Firm: An Empirical Approach", *Journal of Environmental Economics & Management*, Vol. 30, Issue 3, 1996, pp. 381 – 395.

④　James Alm and Jay Shimshack, "Environmental Enforcement and Compliance: Lessons from Pollution, Safety, and Tax Settings", *Foundations and Trends in Microeconomics*, Vol. 10, Issue 4, 2014, pp. 209 – 274.

⑤　Madhu Khanna and William Rose Q. Anton, "Corporate Environmental Management: Regulatory and Market-Based Incentives", *Land Economics*, Vol. 78, Issue 4, 2002, pp. 539 – 558.

经营管理的原因。Delmas 和 Toffel[①] 对 493 家位于美国的工业生产地进行了采访，被采访对象认为：相比社区组织、环境行动小组或是媒体，规制者和立法者能对环保表现施加更大的影响力。由此可见，政府严格地实施环境规制并且对企业采取相应的监管对于提高企业的环保遵守行为是非常必要的。

虽然西方学者关于政府对企业环保行为的影响有不少研究[②]，然而，现有文献有三点不足：第一，较少有研究综合地评估政府制定的命令与控制型环境规制政策的有效性，即既从环境有效性，又从经济有效性的角度去考察环境规制政策。从本书上一章的推论中，可以得知：从环境绩效看，淮河流域领导干部水质目标责任考核制度是非常有效的。本书继续考察实现这一环境绩效目标的经济成本，从而进行更为全面的环境规制的成本收益分析。第二，学界关于严格的环境规制对企业生产行为的影响尚无定论，有待实证的进一步检验。本书将通过细致了解企业在该制度实施后的生产行为的一系列变化，进一步观察企业采取了什么行动（如缩小生产规模、提高生产效率等），从而遵守环保规制，这有助于为政策制定者提供更多的关于环境规制对企业影响的决策支持。第三，研究主要聚焦于欧美发达国家，新兴经济体（emerging economy）的国家政府制定的环境规制，对企业的经济活动和环保实践的影响的研究较为缺乏[③]，而对这些经济发展快速、在全球工业生产格局变化中占据重要位置、同时又面临严重的国家环境治理问题的发展中国家的研究是有重要意义的。

---

① Magali A. Delmas and Michael W. Toffel, "Organizational Responses to Environmental Demands: Opening the Black Box", *Strategic Management Journal*, Vol. 29, Issue 10, 2008, pp. 1027 – 1055.

② Bensal P. , Hoffman A. , 2012, *The Oxford Handbook of Business and the Natural Environment.* Oxford, England: Oxford University Press, pp. 69 – 96; Frank Wijen, Kees Zoeteman, Jan Pieters, Paul van Seters and Edward Elgar, 2012, *A Handbook of Globalisation and Environmental Policy: National Government Interventions in a Global Arena (second edition)*, Cheltenham, England: Edward Elgar, pp. 124 – 140.

③ Chris Marquis and Mia Raynard, "Institutional Strategies in Emerging Markets", *Academy of Management Annals*, Vol. 9, Issue 1, 2015, pp. 291 – 335.

目前，通过制定约束性环境指标，并以此来对地方领导干部进行环保责任考核的新型"命令与控制"环境规制工具的有效性研究非常少，尤其是这种环境规制工具对企业生产经营活动的影响更为匮乏。

因此，基于以上两方面文献的梳理，本章将讨论这种新型"命令与控制"环境规制手段对企业的经济影响和生产行为的影响。本章的主要任务是利用企业层面的数据，实证分析淮河流域领导干部水质目标责任考核制度对水污染行业的企业的经济影响。这项制度的实施对水污染行业的企业的经济影响有两种：一种是水污染行业的企业的产出等经济活动指标受到影响；另一种是直接导致部分企业的退出。由于数据的限制，本书主要研究第一种影响，即淮河流域领导干部水质目标责任考核制度对水污染行业的企业经济活动指标的影响分析，实证分析的样本包括在1998—2008年期间内规模以上的工业企业。

具体来说，淮河流域领导干部水质目标责任考核制度对水污染行业的企业的经济影响主要包括以下四方面研究问题：

（1）淮河流域领导干部水质目标责任考核制度对水污染行业的企业产出的影响，即淮河流域领导干部水质目标责任考核制度是否使水污染行业的企业的产出规模扩张受到限制。在该制度实施以后，企业最易调整的指标是生产规模，因此，这是本章关于经济影响检验的核心经济指标。

（2）淮河流域领导干部水质目标责任考核制度对水污染行业的企业的盈利能力的影响，即淮河流域领导干部水质目标责任考核制度是否显著地降低了水污染行业的企业的盈利水平，尤其是与主营业务相关的盈利水平。

（3）淮河流域领导干部水质目标责任考核制度对水污染行业企业的单位产出的投资规模的影响，即淮河流域领导干部水质目标责任考核制度是否显著增加了水污染行业的企业的单位产出的投资规模。由于企业的投资规模具有黏性，在短期内不容易调整，因此，这部分是对淮河流域领导干部水质目标责任考核制度经济影响的比较强的假设。

（4）淮河流域领导干部水质目标责任考核制度对水污染行业的企业的单位产出的主营业务成本的影响，即淮河流域领导干部水质目标责任考核制度是否对水污染行业的企业单位产出的主营业务成本的影响不明显。

第二节　研究假设

一　淮河流域领导干部水质目标责任考核制度对水污染企业的企业竞争力和企业行为的影响

本研究问题基于两方面的文献研究：首先，是环境经济学和管理学文献中长期以来对"环境规制的经济影响"这一话题的讨论。一方面，有部分经济学者的研究显示，更严格的环境规制通过限制企业行为、增加企业额外的负担的方式损害了企业的竞争力，使企业的生产成本增加[①]。企业生产成本增加将可能带来的后果是污染企业生产效率下降。然而，也有学者持有如下观点，虽然严格的环境规制会提高污染企业的生产成本（production cost），这并不意味着企业竞争能力（competiveness）的下降。环境规制可能带来企业产品价格上涨[②]，当产品价格上涨幅度高于企业边际成本上涨幅度，企业的竞争力并不是在降低，而是在提高。然而，现在很少有文献谈论环境规制对企业

---

① Karen Palmer, Wallace E. Oates and Paul R. Portney, "Tightening Environmental Standards: The Benefit-Cost or the No-Cost Paradigm?", *Journal of Economic Perspectives*, Vol. 9, Issue 4, 1995, pp. 119 – 132; Randy Becker and Vernon Henderson, "Effects of Air Quality Regulations on Polluting Industries", *Journal of Political Economy*, Vol. 108, Issue 2, 2000, pp. 379 – 421; Michael Greenstone, "The Impacts of Environmental Regulations on Industrial Activity: Evidence from the 1970 and 1977 Clean Air Act Amendments and the Census of Manufactures", *Journal of Political Economy*, Vol. 110, Issue 6, 2002, pp. 1175 – 1219; Wayne B. Gray and Ronald J. Shadbegian, "Plant Vintage, Technology, and Environmental Regulation", *Journal of Environmental Economics and Management*, Vol. 46, Issue 3, 2003, pp. 384 – 402; Michael Greenstone, John A. List and Chad Syverson, "The Effects of Environmental Regulation on the Competitiveness of U. S. Manufacturing", *NBER Working Papers*, Issue 18392, 2012.

② Michael Greenstone, John A. List and Chad Syverson, "The Effects of Environmental Regulation on the Competitiveness of U. S. Manufacturing", *NBER Working Papers*, Issue 18392, 2012.

的成本加成（markup）带来的影响。

另一方面，也有学者认为环境规制可以提升企业的竞争力，带来的收益主要体现在"波特假说"。Porter 和 Claas van der[①]认为，严厉且设计合理的环境规制，例如基于市场手段的税收或者排放许可等，可以激发创新，甚至能够抵消大部分环境规制的成本，最终实现更好的环境质量和更高的企业竞争力的"双赢"。

其次，经济和运营管理领域的文献中均有关于面对更严格的环境规制企业如何做出反应的讨论。在国际经济学领域的研究中，面对发达国家制定的严格的环境规制，发达国家的重污染企业的生产成本上升，导致其产品在国际市场上的竞争力下降。相反，欠发达国家的重污染企业在生产成本方面具有比较优势，并且相比发达国家而言，这些国家的环境规制政策不那么严格、环保意识也较为薄弱。因此，发达国家的重污染企业为了利益最大化，倾向于将污染密集型产业转移到欠发达国家，也即欠发达国家沦为发达国家进行污染排放的避难所，即"污染避难所"假说（Pollution Haven Hypothesis，PHH）[②]。

与此同时，也有学者从企业应对更严格的环境规制的角度来衡量环境规制的有效性。环境政策影响企业的生产过程（如耗能产品或中间品外包等）、资源的再分配、资本投资、劳动力密集程度、纵向整合、质量管理、创新激励和金融表现[③]。

---

① Michael E. Porter and Claas van der Linde, "Toward a New Conception of the Environment-Competitiveness Relationship", *Journal of Economic Perspectives*, Vol. 9, Issue 4, 1995, pp. 97 – 118.

② Ingo Walter, "The Pollution Content of American Trade", *Western Economic Journal*, 1973, pp. 61 – 70; Ingo Walter and Judith L. Ugelow, "Environmental Policies in Developing Countries", *Ambio*, Vol. 8, Issue 2/3, 1979, pp. 102 – 109.

③ Linda C. Angell and Robert D. Klassen, "Integrating Environmental Issues into the Mainstream: An Agenda for Research in Operations Management", *Journal of Operations Management*, Vol. 17, Issue 5, 1999, pp. 575 – 598; Karen Fisher-Vanden, Erin T. Mansur and Qiong (Juliana) Wang, "Electricity Shortages and Firm Productivity: Evidence from China's Industrial Firms", *Journal of Development Economics*, Vol. 144, 2015, pp. 172 – 188; Silvia Albrizio, Tomasz Koźluk and Vera Zipperer, "Environmental policies and productivity growth: Evidence across industries and firms", *Journal of Environmental Economics and Management*, Vol. 81, pp. 209 – 226.

然而，企业在更严格的环境规制下到底选择哪种应对行为的相关实证研究比较缺乏，尤其是在强的环境管制强度（strict environmental regulation stringency）下企业的应对选择和行为还有待实证检验。

在能源经济学领域，能源消耗的分解分析（decomposition anlaysis）是文献中较多使用的分析方法。一般来说，文献中通常使用两大类分解方法：基于投入—产出技术的"结构分解方法"（Structural Decomposition Analysis，SDA）和基于分解技术的"指数分解方法"（Index Decomposition Analysis，IDA）。其中，在后一种分解方法的范畴下，有很多不同的指数分解方法，如与 Divisia 指数或者与 Laspeyres 指数相关的分解方法[1]。Ang[2] 对不同的分解方法进行了综合的比较研究，总结了每种方法的优点和缺点，最终他们都认为对数平均迪氏指数法（Logarithmic Mean Divisa Index，LMDI）优于其他分解方法，因为这种方法在路径独立性、处理实证研究中数据观测值为零值的能力和加总的一致性方面存在优势[3]。LMDI 方法是通过简单的分子、分母相消，将能源的排放量进行分解。因此，本章借助能源经济学领域所使用的分解分析的思想和方法，使用 LMDI 分解方法来分析中国企业的水污染物排放量的变化原因。

水污染行业的污水排放量可以用下面的分解式（9-1）来表示：

$$E_t = \sum_i Q_t \frac{Q_{i,t}}{Q_t} \frac{E_{i,t}}{Q_{i,t}} = \sum_i Q_t S_{i,t} I_{i,t} \tag{9-1}$$

式中，E_t 是指水污染行业第 t 年的总废水排放量；$E_{i,t}$ 是指某一个水污染行业的企业 i 第 t 年的总废水排放量；Q_t 是指水污染行业第 t 年的总生产规模；$Q_{i,t}$ 是指某一个水污染行业的企业 i 第 t 年的生产规模；$S_{i,t}$ 是指某一个水污染行业的企业 i 第 t 年的生产规模占水污

① B. W. Ang, "Decomposition analysis for policymaking in energy: Energy Policy", *Energy Policy*, Vol. 32, Issue 9, 2004, pp. 1131 – 1139.

② Ibid. .

③ Xiaoli Zhao, Chunbo Wang and Dongyue Hong, "Why Did China's Energy Intensity Increase during 1998 – 2006: Decomposition and Policy Analysis", *Energy Policy*, Vol. 38, Issue 3, 2010, pp. 1379 – 1388.

染行业第 t 年的总生产规模的比例，即 $S_{i,t} = Q_{i,t} / Q_t$ ；$I_{i,t}$ 是指某一个水污染行业的企业 i 第 t 年的废水排放量占企业 i 第 t 年的总生产规模的比例，即 $I_{i,t} = E_{i,t} / Q_{i,t}$ ，这个指标作为衡量企业 i 的废水排放强度。

那么，水污染行业的企业 i 的废水排放量的变动可以表示为从基年（这里用第 0 年来表示）到报告年即第 t 年的废水排放量的变化，如式（9－2）所示的加法模式：

$$\Delta E_{0t} = E_t - E_0 = \Delta E_{output} + \Delta E_{structure} + \Delta E_{intensity} \qquad (9-2)$$

式中，ΔE_{output} 是指产出效应，$\Delta E_{structure}$ 是指结构效应，$\Delta E_{intensity}$ 是指水污染物排放的强度效应（或者水污染排放的效率效应）。式（9－2）可以理解为：水污染企业的产出变化、结构调整、水污染物排放效率这三类因素对该企业总的水污染排放量变化的影响。

因此，基于以上分析，本章利用"生产规模"来考察淮河流域内水污染企业的产出效应。虽然本书的数据不能区分结构效应和强度效应，但是本书可以利用"单位产出的主营业务成本"和"单位产出的固定资产合计"这两个指标来间接推断出企业在强度效应方面所做的努力。

具体到本章的研究，本书认为淮河流域领导干部水质目标责任考核制度实施后，会显著增加企业在环保设备方面的固定资产投资。然而，这部分固定资产的投资并不计入企业的主营业务成本中。因此，本书提出假设 1。另外，本书为了深入探究淮河流域领导干部水质目标责任考核制度对企业与主营业务密切相关的盈利能力的影响，在假设 3 中对总体盈利能力和与主营业务密切相关的盈利能力做了分别的回归分析。因此，本书提出关于对企业的经济影响的前三个假设，即：

假设 1：淮河流域领导干部水质目标责任考核制度对水污染企业的单位产出的主营业务成本影响不显著。

假设 2：淮河流域领导干部水质目标责任考核制度显著降低了水污染企业的产出规模。

假设 3：淮河流域领导干部水质目标责任考核制度显著降低了水

污染企业的盈利能力。

二 淮河流域领导干部水质目标责任考核制度对水污染企业的投资的影响

不同于企业的产出，企业的投资的调整存在黏性，在短期内不容易调整。这是因为，企业的固定资产投资取决于企业的生产经营需求，固定资产的投资具有回收期长、占用资金数量较多但稳定的特点①。在实行了淮河流域领导干部水质目标责任考核制度后，水污染企业在短期内可以通过适当减少生产规模来应对这项更为严格的环境规制政策。只有当企业的生产经营受到外部环境的重大冲击（如环保部门强制水污染企业进行关闭、停办、合并、转产等要求）时，企业才需要对固定资产的投资做出一定调整②。

因此，本书提出淮河流域领导干部水质目标责任考核制度对水污染企业的单位产出的投资规模影响的如下假设，即：

假设4：淮河流域领导干部水质目标责任考核制度对水污染企业的单位产出的投资规模影响不明显。

第三节　研究方法、数据来源和样本选择

本章将采用三重差分（Difference-in-Differences-in-Differences，DDD）模型的思想对企业的经济影响效果进行实证检验。

双重差分方法存在的一个问题是随时间变化的个体特征可能和被解释变量相关而导致样本估计偏误③，例如：在研究什么因素影响企业的对外直接投资的地点选择问题时，如果遗漏了随时间变化的临近

---

① 单长青：《中小企业固定资产投资管理研究》，博士学位论文，南京理工大学，2007年，第103页。

② 同上。

③ Xiqian Cai, Yi Lu, Mingqin Wu and Linhui Yu, "Does Environmental Regulation Drive Away Inbound Foreign Direct Investment? Evidence from a Quasi-natural Experiment in China", *Journal of Development Economics*, Vol. 123, 2016, pp. 73 – 85.

区位因素（neighboring location）的特征的话，将会造成估计误差[①]。因此，本章将在上一章双重差分的基础上，利用三重差分的思想作为主要的识别策略，考虑了不同行业受到政策影响的程度具有异质性这一因素（换句话说，水污染行业更容易受到政策的影响）。本章将利用时间差异（淮河流域领导干部水质目标考核制度实施前和实施后）、地区差异（淮河流域四省和与淮河流域四省在地理位置上有接壤的省份[②]）和行业差异（水污染行业和非水污染行业[③]）对假设进行检验。

　　本章的数据源是由国家统计局收集编制的中国工业企业数据库，是目前国内可获得的最为庞大的微观企业数据库，其调查对象覆盖全国所有国有及"规模以上"（年主营业务收入不少于500万元）非国有企业，覆盖了采矿业、制造业、电力燃气及水的生产和供应业，制造业企业占90%以上[④]。该数据库提供了企业层面的经济指标，例如：工业销售产值、从业人数、固定资产合计、营业收入、营业成本、营业利润、实收资本、总资产等；同时还包含了企业的基本信息，例如：主要业务活动、开业年份、开业月份、企业营业状态、机构类型等。

　　在样本企业的选择上，本章的样本企业包括了淮河流域四省内和与淮河流域四省在地理位置上接壤的7个省份（或直辖市）内（河

---

　　① Bruce A. Blonigen, Ronald B. Davies, Glen, R. Waddell and Helen T. Naughton, "FDI in space: Spatial autoregressive relationships in foreign direct investment", *European Economic Review*, Vol. 51, Issue 5, 2007, pp. 1303 – 1325; Daniel L. Millimetand Jayjit Roy, "Empirical Tests of the Pollution Haven Hypothesis When Environmental Regulation is Endogenous", *Journal of Applied Econometrics*, Vol. 31, Issue 4, 2016, pp. 623 – 645.

　　② 为了进行稳健性检验的需要，考虑到与淮河流域接壤的省份仅上海市不同于其他省份，是直辖市。因此，控制组（与淮河四省接壤的省份）做了"含上海"和"不含上海"这两种情况的考虑。

　　③ 为了进行稳健性检验的需要，本章同时用"重污染行业和非重污染行业"这一标准来区分"行业差别"。

　　④ 聂辉华、江艇、杨汝岱：《中国工业企业数据库的使用现状和潜在问题》，《世界经济》2012年第5期。

北省、陕西省、山西省、湖北省、浙江省、江西省、上海市）的企业。为保持与上一章"环境影响"部分的分析的一致性，淮河流域四省内的企业作为实验组（treatment group）；与淮河流域四省接壤的7个省份内的企业作为控制组（control group）。

在行业选择上，本书将行业分为"水污染行业"和"非水污染行业"。根据国家生态环境部（原环保部）发布的《水污染物排放标准》中列出的行业作为水污染行业[①]，其他行业作为控制组，以四位数行业代码为识别标准。此外，为了统一1998—2008年的行业分类，本书参考 Brandt 等[②]的方法和 GB/T4754—1994、GB/T4754—2002 的行业代码对应表，对四位数行业代码进行调整。

在数据处理上，参考 Cai 和 Liu[③]的方法剔除缺失值和异常值。首先，本书剔除了关键变量总资产、工业总产值、产品销售收入和资本金的缺失值。其次，剔除不符合会计原则的异常样本（如总资产小于流动资产；企业的资产收益率小于20000；总资产、负债合计、实收资本、主营业务收入、主营业务成本、固定资产合计、出口交货值为负）。此外，处于稳健性（避免极端值影响）的考虑，本书将所有样本企业的连续型变量（包括：工业销售产值、主营业务收入、资产收益率、与主营业务相关的资产收益率、单位工业销售产值的固定资产合计、单位主营业务收入的固定资产合计、实收资本、出口交货值、资产负债率）的最大的1%和最小的1%的企业作为异常值，并对这部分样本企业进行了上下1%的 winsorize 缩尾处理。最后，本书的所有回归分析中均删除了西藏的数据。

---

① 环保部网站上界定了67个需要满足水污染物排放标准的行业。资料来源：中华人民共和国生态环境部：《水污染物排放标准》，2019年7月31日，中华人民共和国生态环境部官网（http://www.mee.gov.cn/）。

② Loren Brandt, Johannes Van Biesebroeck and Yifan Zhang, "Creative Accounting or Creative Destruction? Firm-Level Productivity Growth in Chinese Manufacturing", *Journal of Development Economics*, Vol. 97, Issue 2, 2012, pp. 339 – 351.

③ Hongbin Cai and Qiao Liu, "Competition and Corporate Tax Avoidance: Evidence from Chinese Industrial Firms", *Economic Journal*, Vol. 119, Issue 537, 2009, pp. 764 – 795.

第四节 企业层面的实证分析

一 模型、变量及度量

常用的实证计量分析中使用的数据类型包括面板数据（panel data）和混合截面数据（pooled cross section data，或者 repeated cross section data）。面板数据分析要求在不同时点上，截面个体是相同的。混合截面数据分析假设不同年份的数据服从独立同分布，这种分析方法有助于增加样本点样本观测值，但却忽略了不同年份之间自变量以外的其他因素的变化可能对被解释变量造成影响①。基于本章的主要目的是检验淮河流域领导干部水质目标责任考核制度的平均效应，本章使用的是混合截面数据进行回归分析。

本章采用标准的三重差分（Difference-in-Difference-in-Differences，DDD）回归模型、运用 OLS 线性回归的方法进行企业层面的分析，为了识别淮河流域领导干部水质目标责任考核制度对企业的经济影响。本章使用考虑了可能的异方差情况的稳健标准误。三重差分模型最一般的形式为：

$$Y_{i,p,t} = \beta_0 + \varphi_i + \delta_p + \tau_t + \beta_1 \cdot X_{i,p,t} + \beta_2 \cdot I(Year \geq 2005) \cdot$$
$$I(p = Treatment) + \beta_3 \cdot I(Year \geq 2005) \cdot$$
$$I(p = Water\_Pollution) + \beta_4 \cdot I(p = Treatment) \cdot$$
$$I(p = Water\_Pollution) + \beta_5 \cdot I(Year \geq 2005) \cdot$$
$$I(p = Treatment) \cdot I(p = Water\_Pollution) + \varepsilon_{i,p,t}$$

$$(9 - 3)$$

式中，$Y_{i,p,t}$ 是被解释变量，i 代表行业，p 代表省份，t 代表年份；φ_i、δ_p 和 τ_t 分别控制了四位数行业代码固定效应、省份固定效应和年份固定效应。$I(Year \geq 2005)$ 是时间指示变量；$I(p = Treatment)$ 是省份指示变量；$I(Year \geq 2005) \cdot I(p = Treatment) \cdot$

---

① 沈庆劼：《资本压力、股权结构与商业银行监管资本套利：基于 1994—2011 年中国商业银行混合截面数据》，《管理评论》2014 年第 26 卷第 10 期。

$I(i = Water\_Pollution)$ 是该模型的核心解释变量,它的系数即为淮河流域领导干部水质目标责任考核制度实施的净经济影响效果;$I(Year \geq 2005) \cdot I(p = Treatment)$,$I(Year \geq 2005) \cdot I(i = Water\_Pollution)$ 和 $I(p = Treatment) \cdot I(i = Water\_Pollution)$ 均为两两交乘项;$X_{i,p,t}$ 为企业层面的控制变量。接下来,本书将对每一个变量的含义和度量方法进行解释说明。

(一) 被解释变量的指标及度量

$Y_{i,p,t}$ 是被解释变量,在度量上采取经济指标的对数形式(除了当被解释变量为资产收益率或者与主营业务相关的资产收益率)。本书关心的经济影响主要包括以下八个指标:

(1) 工业销售产值①,表示为"企业工业销售产值的对数形式",在回归分析中以"$\ln(Indsale)$"表示。

(2) 主营业务收入②,表示为"企业主营业务收入的对数形式",在回归分析中以"$\ln(Salesincome)$"表示。

(3) 资产收益率(Return on Assets,ROA),是根据利润总额除以资产总计所得,表示为"资产收益率的对数形式",在回归分析中以"ROA"表示。

(4) 与主营业务相关的资产收益率(Return on Assets in Main Business,简称为 Operational ROA),是根据营业利润除以资产总计所得,表示为"营业利润的资产收益率的对数形式",在回归分析中以"$Opera\_ROA$"表示。

(5) 单位工业销售产值的固定资产合计③,是根据固定资产合计除以工业销售产值所得,表示为"企业单位工业销售产值的固定资产合计的对数形式",在回归分析中以"$\ln(Per\_Indsale\_Fixedasset)$"表示。

---

① "工业销售产值"使用的是中国工业企业数据库 1998—2003 年中的"工业销售产值(现价、新规定)"指标和 2004—2008 年中的"工业产值当"指标。

② "主营业务收入"指标在 1998—2003 年的中国工业企业数据库中被称为"产品销售收入"。

③ "固定资产合计"指标在 2004—2008 年的中国工业企业数据库中被称为"固定资产合"。

（6）单位主营业务收入的固定资产合计，是根据固定资产合计除以主营业务收入所得，表示为"企业单位主营业务收入的固定资产合计的对数形式"，在回归分析中以"ln（$Per\_Salesincome\_Fixedasset$）"表示。

（7）单位工业销售产值的主营业务成本[1]，是根据主营业务成本除以工业销售产值所得，表示为"企业单位工业销售产值的主营业务成本的对数形式"，在回归分析中以"ln（$Per\_Indsale\_Salescost$）"表示。

（8）单位主营业务收入的主营业务成本，是根据主营业务成本除以主营业务收入所得，表示为"企业单位主营业务收入的主营业务成本的对数形式"，在回归分析中以"ln（$Per\_Salesincome\_Salescost$）"表示。

（二）解释变量的指标及度量

$I（Year \geqslant 2005）$是指示时间的解释变量。当样本观测期发生在制度实施之后，即2005—2008年中的任何一年时，该变量取值为1；当样本观测期发生在制度实施之前，即1998—2004年时，该变量取值为0。本章的回归分析中以"$Post$"表示。

$I（i = Treatment）$是指示省份的解释变量。由于淮河流域四省在2005年率先试行了领导干部水质目标责任考核制，因此仅当样本企业位于淮河流域内四省时，该变量取值为1；当样本企业位于与淮河流域接壤的6个省份时，该变量取值为0。本章的回归分析中以"$Treatment$"表示。

$I（i = Water\_Pollution）$是指示行业的解释变量。当样本企业属于上文界定的水污染行业时，该变量取值为1；当样本企业不属于上文界定的水污染行业时，该变量取值为0。本章的回归分析中以"$Water\_Pollution$"表示。

$I（Year \geqslant 2005）\cdot I（p = Treatment）\cdot I（i = Water\_Pollution）$是本章

---

[1]　"主营业务成本"指标在1998—2003年的中国工业企业数据库中被称为"产品销售成本"。

的核心解释变量。该变量是三个变量相乘的交乘项（triple interaction term），其系数表示的含义是：与非水污染行业相比，淮河流域领导干部水质目标责任考核制度实施后带给淮河流域内省份的水污染行业的政策净效应。因此，该变量的系数的取值代表着该制度对淮河流域四省的水污染企业在主要经济指标上的影响大小和方向。该变量是样本企业所属行业、所属省份即观测期时间的三重交互项。当且仅当样本企业地处淮河流域四省、该企业所在行业属于水污染行业并且观测期是在制度实施以后的条件下，该变量取 1；其他情况下，取值为 0。本章的回归分析中以"$Water\_Pollution \times Treatment \times Post$"表示。

（三）控制变量

控制变量是公式（9－2）中的 $X_{i,p,t}$。本书选取了与被解释变量相关的企业层面的经济指标作为控制变量。具体来说，经济指标为"实收资本""资产负债率""出口交货值"和"企业所有权性质"。

1. 实收资本

企业的实收资本是指企业投资者实际投入企业的资本（或股本），按投资形式可分为：货币资金、实物、无形资产三种。企业的实收资本对企业固定资产投资和企业的产出规模都有影响。规模较大的企业容易积累更多的生产资源，也更容易实现规模经济并且降低企业的生产成本[①]。因此，本章加入"实收资本"这一变量的对数形式，以"$\ln(Capital)$"表示。

2. 资产负债率

企业的资产负债率用负债除以总资产来衡量。资产负债率是一个杠杆指标，可以反映企业通过债务进行融资的能力。一般来说，融资能力直接影响企业的经营活动和生产能力，充足的资金准备和较高的融资能力，可以大幅度降低企业的生产成本[②]。本书加入"资产负债率"这一变量，以"$Leverage\_Rate$"表示。

[①] 闫志俊、于津平：《政府补贴与企业全要素生产率——基于新兴产业和传统制造业的对比分析》，《产业经济研究》2017 年第 1 期。

[②] 同上。

3. 出口交货值

国际贸易的经验研究中显示，出口企业与非出口企业之间存在实质性的差别，如不同国家和产业的经验研究都发现，出口企业比非出口企业具有更高的生产率[①]。因此，本书加入"出口交货值"这一变量的虚拟变量，用"*Export_Value*"表示。如果某企业的出口交货值不为 0，则该变量取值为 1；反之，该变量取值为 0。

4. 企业所有权性质

企业的所有权性质或企业股权结构会影响企业对外部政策冲击的反应。同时，不同所有权性质的企业可能会影响企业的生产经营环境，进而影响企业的成产效率等经济活动[②]。按照国家统计局《法人单位基本情况》填报要求，中国企业所有权性质分为：国有控股、集体控股、私人控股、港澳台商控股、外商控股和其他等。因此，本书使用中国工业企业数据库中的"企业登记注册类型"这一指标来代表企业的所有权性质。本书删除了代码缺失和代码异常的样本观测值，本书的样本企业的所有权性质包括国有企业、集体企业、外资企业（包括外商投资企业和港澳台投资企业）以及民营企业（包括股份合作、股份有限、有限责任和其他企业）。本章的回归分析中以"*Firm-Type*"这个虚拟变量表示。

（四）其他控制变量

为了控制企业所属行业、所属省份和不同年份的影响，本章的分析中加入了四位数行业代码固定效应、省份固定效应和年份固定效应。本章的回归分析中分别以"*Industry*""*Province*"和"*Year*"表示。

除此以外，不同于上一章所使用的双重差分的方法，本章使用的

---

① Ricardo A. López and Roberto Alvarez, "Exporting and Performance: Evidence from Chilean Plants", *Canadian Journal of Economics*, Vol. 38, Issue 4, 2005, pp. 1384 – 1400；钱学锋等：《出口与中国工业企业的生产率——自我选择效应还是出口学习效应?》，《数量经济技术经济研究》2011 年第 2 期。

② Suk Bong Choi, Soo Hee Lee and Christopher Williams, "Ownership and Firm Innovation in a Transition Economy: Evidence from China", *Research Policy*, Vol. 40, Issue 3, 2011, pp. 441 – 452.

三重差分的模型设定可以控制一系列的两两交乘项的固定效应。具体来说，本章控制了三个方面的两两交乘项的固定效应：第一，本章控制了所有随制度实施变化和不随制度实施变化的实验组和控制组的特征（加入了 Treatment 和 Post 这两个变量的交乘项），如能源价格、腐败、污染程度、集聚、地区外溢等因素。第二，本章控制了所有随制度实施变化和不随制度实施变化的水污染行业和非水污染行业的特征（加入了 Water_Pollution 和 Post 这两个变量的交乘项），如：技术变化、产业政策等因素。第三，本章控制了实验组和控制组的水污染行业（或非水污染行业）的差异（加入了 Water_Pollution 和 Treatment 这两个变量的交乘项）。

在加入了上述控制变量后，可能产生的遗漏变量需要与 Treatment，Post 和 Water_Pollution 这三个变量同时变化。由此可见，三重差分方法的使用使得由于遗漏变量造成的内生性问题被大大减少了。

表 9 - 1 是样本的描述性统计，表 9 - 2 为样本的相关性分析。

二 实证结果与分析

（一）淮河流域领导干部水质目标责任考核制度对水污染企业的成本收益的影响

首先，本书探讨该制度的实施对企业成本收益方面的影响，主要表现在以下两个方面。

第一，从表 9 - 3 中第三、四列的回归结果可以看出，淮河流域领导干部水质目标考核制度的实施，对企业的整体盈利水平的影响是不显著的：在制度实施后，相比于非水污染企业和与淮河流域四省接壤的控制组省份，淮河流域四省的水污染企业的盈利能力并没有发生显著变化（不论是用"资产收益率"还是"与主营业务相关的资产收益率"指标）。这进一步说明了，虽然本书没有发现淮河流域领导干部水质考核制度显著降低了水污染企业的盈利能力，但是本书也并未发现，该制度的实施提高了水污染企业的与环境相关的技术创新能力（如治污技术、新能源技术等），进而提升了企业的竞争力，即本书同时并未发现"波特假说"成立的证据。

表 9-1 　　描述性统计

变量名称	样本量	均值	标准误	最小值	最大值
1. 被解释变量					
工业销售产值（千元）	1410208	46794.050	86333.530	1.000	854247.000
主营业务收入（千元）	1408551	45903.740	85563.900	1.000	850567.000
资产收益率（%）	1401139	0.089	0.157	-0.190	0.953
与主营业务相关的资产收益率（%）	1401138	0.092	0.168	-0.201	0.995
单位工业销售产值的固定资产合计（千元）	1396115	0.441	0.721	0.004	6.774
单位主营业务收入的固定资产合计（千元）	1394493	0.462	0.778	0.005	7.591
单位工业销售产值的主营业务成本（千元）	1396114	0.832	0.170	0.193	1.739
单位主营业务收入的主营业务成本（千元）	1394491	0.849	0.107	0.417	1.095
2. 部分企业层面控制变量					
实收资本（千元）	1408163	9907.335	21857.510	1.000	212702.000
出口交货值	1440079	0.249	0.432	0.000	1.000
资产负债率（%）	1401138	0.587	0.268	0.014	1.442

表9-2 相关性分析

变量名称	工业销售产值	主营业务收入	资产收益率	与主营业务相关的资产收益率	单位工业销售产值的固定资产合计	单位主营业务收入的固定资产合计	单位工业销售产值的主营业务成本	单位主营业收入的主营业务成本	实收资本	出口交货值	资产负债率
工业销售产值	1										
主营业务收入	0.988	1									
资产收益率	0.133	0.134	1								
与主营业务相关的资产收益率	0.136	0.136	0.949	1							
单位工业销售产值的固定资产合计	-0.088	-0.083	-0.241	-0.242	1						
单位主营业务收入的固定资产合计	-0.086	-0.090	-0.243	-0.243	0.966	1					
单位工业销售产值的主营业务成本	-0.007	0.051	-0.121	-0.127	-0.070	-0.178	1				
单位主营业务收入的主营业务成本	0.015	0.015	-0.218	-0.228	-0.165	-0.160	0.646	1			
实收资本	0.550	0.555	-0.090	-0.090	0.208	0.196	-0.032	-0.089	1		
出口交货值	0.133	0.135	-0.062	-0.061	-0.067	-0.071	0.044	0.044	0.143	1	
资产负债率	-0.023	-0.025	-0.320	-0.311	0.015	0.027	0.080	0.166	-0.129	0.026	1

　　第二，淮河流域内的水污染企业采取了短期应对措施，即通过缩小生产规模这种直接地减少水污染物排放的方式来应对更为严格的环境规制。企业的这种应对方式（减产）对于企业的资产收益率（或者可以用资产收益率来衡量企业竞争力）的影响方向是不确定的，因为：一方面，企业减产不仅会导致资产规模变小，这是企业提升盈利水平的制约因素；但是，另一方面，企业减产同时也会使得企业总成本的减少，而这有助于提升企业的盈利能力。同时，不应忽视的是：如果水污染企业关闭的是该企业最落后、污染最严重的产能的话，这很可能使得企业的盈利能力上升。

　　该制度对企业生产规模的影响（上文所说的"产出效应"）体现在表9-3前两列的回归结果中，即在样本观察期的时间内，在制度实施后，相比于非水污染行业和与淮河流域四省接壤的控制组省份，淮河流域四省水污染企业的产出显著下降（不论是用"工业销售产值"还是用"主营业务收入"指标）。具体来说，淮河流域内四省的水污染企业的工业销售产值显著下降了2.1%，显著性水平为1%；与此同时，淮河流域内四省的水污染企业的主营业务收入显著下降了2.3%，显著性水平为1%。由此可见，淮河流域领导干部水质目标责任考核制度使得流域内的水污染企业的生产规模受到了显著的负向冲击，产出效应显著为负。

　　（二）淮河流域领导干部水质目标责任考核制度对水污染企业生产经营行为的影响

　　接下来，本书继续探讨这项制度的实施是如何影响淮河流域内水污染企业进行生产策略的调整。除了上文提到的，制度的实施使得流域内水污染企业显著降低了产出规模。根据本章的回归结果，还可以观察到该制度的实施对于淮河流域内的水污染企业在投资和成本这两个方面的影响。

　　首先，本书发现：制度实施后，相比于非水污染行业和与淮河流域四省接壤的控制组省份，淮河流域内的水污染企业显著地增加固定资产的投资。从表9-3的回归结果的倒数第三、四列可以看出，相比于非水污染行业与淮河流域四省接壤的控制组省份，淮河流域领导

表9-3 淮河流域领导干部水质目标责任考核制度对当地企业主要经济指标的影响的回归结果

变量名称	因变量:产出		因变量:资产收益率		因变量:单位产出的固定资产合计		因变量:单位产出的主营业务成本	
	$\ln(Indsale)$	$\ln(Salesincome)$	ROA	$Opera\_ROA$	$\ln(Per\_Indsale\_Fixedasset)$	$\ln(Per\_Salesincome\_Fixedasset)$	$\ln(Per\_Indsale\_Salescost)$	$\ln(Per\_Salesincome\_Salescost)$
$Water\_Pollution * Treatment * Post$	-0.021 *** (0.00)	-0.023 *** (0.00)	-0.001 (0.58)	0.000 (0.69)	0.043 *** (0.00)	0.047 *** (0.00)	-0.002 (0.18)	-0.001 (0.11)
$Water\_Pollution * Post$	0.030 *** (0.00)	0.039 *** (0.00)	0.007 *** (0.00)	0.008 *** (0.00)	-0.084 *** (0.00)	-0.091 *** (0.00)	0.007 *** (0.00)	0.005 *** (0.00)
$Water\_Pollution * Treatment$	-0.009 * (0.07)	-0.008 (0.14)	0.000 (0.94)	0.000 (0.97)	-0.019 *** (0.00)	-0.024 *** (0.00)	0.003 ** (0.03)	-0.001 * (0.06)
$Treatment * Post$	0.141 *** (0.00)	0.156 *** (0.00)	0.051 *** (0.00)	0.054 *** (0.00)	-0.085 *** (0.00)	-0.102 *** (0.00)	0.011 *** (0.00)	-0.004 *** (0.00)
$\ln(Capital)$	0.419 *** (0.00)	0.425 *** (0.00)	-0.019 *** (0.00)	-0.019 *** (0.00)	0.293 *** (0.00)	0.288 *** (0.00)	-0.003 *** (0.00)	-0.005 *** (0.00)
$Leverage\_Rate$	0.439 *** (0.00)	0.410 *** (0.00)	-0.181 *** (0.00)	-0.185 *** (0.00)	0.294 *** (0.00)	0.315 *** (0.00)	0.056 *** (0.00)	0.067 *** (0.00)

续表

变量名称	因变量：产出		因变量：资产收益率		因变量：单位产出的固定资产合计		因变量：单位产出的主营业务成本	
	$\ln(Indsale)$	$\ln(Salesincome)$	ROA	$Opera\_ROA$	$\ln(Per\_Indsale\_Fixedasset)$	$\ln(Per\_Salesincome\_Fixedasset)$	$\ln(Per\_Indsale\_Salescost)$	$\ln(Per\_Salesincome\_Salescost)$
Export_Value	0.344 ***	0.346 ***	0.005 ***	0.006 ***	-0.157 ***	-0.157 ***	0.011 ***	0.007 ***
	(0.00)	(0.00)	(0.00)	(0.00)	(0.00)	(0.00)	(0.00)	(0.00)
Constant	5.375 ***	5.199 ***	0.290 ***	0.298 ***	-3.042 ***	-2.908 ***	-0.275 ***	-0.168 ***
	(0.00)	(0.00)	(0.00)	(0.00)	(0.00)	(0.00)	(0.00)	(0.00)
4 - digit industry code fixed effects	Yes	Yes	Yes	Yes	Yes	Yes	Yes	Yes
Year fixed effects	Yes	Yes	Yes	Yes	Yes	Yes	Yes	Yes
Province fixed effects	Yes	Yes	Yes	Yes	Yes	Yes	Yes	Yes
Control variables	Yes	Yes	Yes	Yes	Yes	Yes	Yes	Yes
Observations	1367145	1367705	1355288	1355044	1351251	1349673	1350665	1349890
R-squared	0.404	0.417	0.233	0.233	0.285	0.291	0.116	0.180

注：1. 估计系数下方的数字为 P 值；2. *，**，*** 分别表示在10%，5%，1% 的统计水平上显著。

干部水质目标责任考核制度对淮河流域四省水污染企业的单位产出的固定资产投资有显著的正增长效应（不论是用"单位工业产值的固定资产合计"还是"单位主营业务收入的固定资产合计"指标）。

具体来说，淮河流域领导干部水质目标责任考核制度使得流域内四省的水污染企业的单位工业销售产值的固定资产投资显著地增加了4.4%，单位主营业务收入的固定资产投资显著地增加了4.8%，显著性水平均为1%。这可能是由于在制度实施后，一方面，淮河流域内的水污染企业通过关闭部分落后产能来应对这项更严格的环境规制制度；另一方面，流域内的水污染企业为了使剩下的这些尚未关闭的产能符合国家的环保要求，投资了生产效率更高的设备作为企业污染治理的"污染预防"（pollution prevention）手段，也有可能进行了污水处理设备等固定资产的投资，从而进行水污染的"终端控制"治理（end-of-pipe treatment）。

除此之外，本书还可以看出：该制度的实施对于淮河流域内水污染企业单位产出的主营业务成本没有显著影响。从表9-3最后两列的回归结果可以看出，相比于非水污染行业和与淮河流域四省接壤的控制组省份，淮河流域领导干部水质目标责任考核制度对淮河流域四省水污染企业的单位产出的主营业务成本并未发生显著的变化（不论是用"单位工业产值的主营业务成本"还是"单位主营业务收入的主营业务成本"指标）。结合该制度对水污染企业固定资产投资的影响，本书认为，这是由于根据《企业会计准则》，企业的固定资产投资不计入企业的主营业务成本导致的。

三　异质性分析

除了看淮河流域领导干部水质目标考核制度对水污染企业的平均影响外，本小节进一步探索淮河流域领导干部水质目标责任考核制度实施的影响是否会由于企业所有权属性或者企业的规模大小而有所不同。

（一）对不同企业登记注册类型的影响

本书接下来分别来看淮河流域领导干部水质环保责任考核制度对

国有企业、集体企业、民营企业和外资企业的影响是否有差异（分别对应表9－5至表9－8）。表9－4为样本的描述性统计。需要说明的是，由于回归中的样本量较大，本章将10%的统计显著性水平不定义为显著。

总体来看，从表9－5至表9－8的回归结果可以发现，受到该制度负面影响的主要是民营企业和外资企业，国有企业和集体企业受到的负面影响并不大。该制度对民营企业和外资企业的打击主要体现在对其盈利能力或生产规模的影响这两个方面。

首先，先来看该制度对企业的盈利能力的影响。从表9－5至表9－8的第三、四列的回归结果可以看出，相比于非水污染行业和与淮河流域接壤的其他控制组省份，制度的实施显著地削弱了民营企业的盈利能力；相反地，国有企业和集体企业的盈利能力甚至有显著提高。具体来说，制度实施后，相比于非水污染行业和与淮河流域接壤的其他控制组省份，民营企业的资产收益率显著下降了0.6%，与主营业务相关的资产收益率也显著下降了0.5%，显著性水平为1%；然而，国有企业的资产收益率分别显著地上升了1.1%，显著性水平为1%；与主营业务相关的资产收益率分别显著上升了0.9%和1.2%，显著性水平均为5%。

其次，再来看该制度对企业的生产规模的影响。从表9－5至表9－8前两列的回归结果可以看出，相比于非水污染行业和与淮河流域接壤的其他控制组省份，制度的实施对民营企业和外资企业的生产规模有显著的打击，对外资企业的打击力度比民营企业更大；但是，对国有企业和集体企业的生产规模没有显著的影响。具体来说，制度实施后，相比于非水污染行业和与淮河流域接壤的其他控制组省份，民营水污染企业和外资水污染企业的工业销售产值分别显著下降了3.1%和4.9%，显著性水平均为1%；与此同时，民营水污染企业和外资水污染企业的主营业务收入分别显著下降了3.2%和5.5%，显著性水平均为1%。

表9-4　描述性统计：不同企业登记注册类型

变量名称	国有企业				集体企业			
	样本量	均值	标准误	中位数	样本量	均值	标准误	中位数
1. 被解释变量								
工业销售产值（千元）	116523	42107.270	95204.100	9490.000	154887	34777.620	65895.240	14810.000
主营业务收入（千元）	115749	41757.760	95787.070	8464.000	154638	32871.310	63485.960	13878.500
资产收益率（%）	118528	0.004	0.076	0.000	152079	0.108	0.174	0.046
与主营业务相关的资产收益率（%）	118666	0.000	0.082	0.000	151934	0.106	0.184	0.041
单位工业销售产值的固定资产合计（千元）	108018	1.313	1.405	0.776	152985	0.375	0.575	0.197
单位主营业务收入的固定资产合计（千元）	107682	1.422	1.543	0.829	152765	0.403	0.629	0.209
单位工业销售产值的主营业务成本（千元）	107232	0.781	0.240	0.791	151872	0.801	0.187	0.825
单位主营业务收入的主营业务成本（千元）	109028	0.814	0.137	0.833	152233	0.839	0.112	0.861
2. 部分企业层面控制变量								
实收资本（千元）	116826	12870.980	26006.590	3300.000	154098	5441.623	12611.160	2000.000
出口交货值	127587	0.105	0.306	0.000	156964	0.135	0.342	0.000
资产负债率（%）	114074	0.704	0.293	0.723	151720	0.608	0.277	0.622

续表

变量名称	民营企业				外资企业			
	样本量	均值	标准误	中位数	样本量	均值	标准误	中位数
1. 被解释变量								
工业销售产值（千元）	913946	43751.320	80073.930	17718.000	224852	69867.870	110974.400	29301.500
主营业务收入（千元）	913448	42897.060	79189.290	17247.000	224716	69229.380	110423.600	28910.000
资产收益率（%）	906651	0.102	0.163	0.045	223881	0.073	0.134	0.038
与主营业务相关的资产收益率（%）	906443	0.106	0.175	0.045	224095	0.074	0.141	0.038
单位工业销售产值的固定资产合计（千元）	908549	0.349	0.549	0.185	226563	0.440	0.656	0.229
单位主营业务收入的固定资产合计（千元）	907531	0.362	0.584	0.190	226515	0.451	0.691	0.233
单位工业销售产值的主营业务成本（千元）	910775	0.841	0.155	0.865	226235	0.838	0.167	0.855
单位主营业务收入的主营业务成本（千元）	909880	0.856	0.101	0.879	223350	0.842	0.111	0.863
2. 部分企业层面控制变量								
实收资本（千元）	913598	7575.442	17741.760	2120.000	223641	20962.280	33115.880	8000.000
出口交货值	925363	0.203	0.402	0.000	230165	0.591	0.492	1.000
资产负债率（%）	908939	0.583	0.261	0.607	226405	0.531	0.256	0.535

表9-5 淮河流域领导干部水质目标责任考核制度对国有企业主要经济指标的影响的回归结果

变量名称	因变量：产出		因变量：资产收益率		因变量：单位产出的固定资产合计		因变量：单位产出的主营业务成本	
	$\ln(Indsale)$	$\ln(Salesincome)$	ROA	$Opera\_ROA$	$\ln(Per\_Indsale\_Fixedasset)$	$\ln(Per\_Salesincome\_Fixedasset)$	$\ln(Per\_Indsale\_Salescost)$	$\ln(Per\_Salesincome\_Salescost)$
$Water\_Pollution * Treatment * Post$	-0.038	-0.004	0.011 ***	0.009 **	-0.046	-0.051	0.016	0.026 ***
	(0.35)	(0.93)	(0.00)	(0.01)	(0.23)	(0.18)	(0.12)	(0.00)
$Water\_Pollution * Post$	0.007	0.146 ***	0.014 ***	0.016 ***	-0.070 ***	-0.201 ***	0.019 ***	-0.011 ***
	(0.78)	(0.00)	(0.00)	(0.00)	(0.00)	(0.00)	(0.01)	(0.01)
$Water\_Pollution * Treatment$	0.014	0.008	0.002 **	0.003 ***	-0.015	-0.025	0.001	-0.000
	(0.42)	(0.68)	(0.01)	(0.00)	(0.34)	(0.11)	(0.82)	(0.88)
$Treatment * Post$	-0.079 ***	-0.119 ***	0.004 *	0.006 ***	0.044 *	0.062 ***	0.007	-0.007 *
	(0.00)	(0.00)	(0.05)	(0.00)	(0.06)	(0.01)	(0.30)	(0.08)
$\ln(Capital)$	0.539 ***	0.563 ***	-0.005 ***	-0.006 ***	0.222 ***	0.204 ***	0.009 ***	0.002 ***
	(0.00)	(0.00)	(0.00)	(0.00)	(0.00)	(0.00)	(0.00)	(0.00)
$Leverage\_Rate$	0.317 ***	0.266 ***	-0.069 ***	-0.069 ***	0.595 ***	0.605 ***	0.031 ***	0.052 ***
	(0.00)	(0.00)	(0.00)	(0.00)	(0.00)	(0.00)	(0.00)	(0.00)

续表

变量名称	因变量：产出		因变量：资产收益率		因变量：单位产出的固定资产合计		因变量：单位产出的主营业务成本	
	$\ln(Indsale)$	$\ln(Salesincome)$	ROA	$Opera\_ROA$	$\ln(Per\_Indsale\_Fixedasset)$	$\ln(Per\_Salesincome\_Fixedasset)$	$\ln(Per\_Indsale\_Salescost)$	$\ln(Per\_Salesincome\_Salescost)$
$Export\_Value$	0.759***	0.809***	0.004***	0.003***	−0.232***	−0.233***	0.026***	0.003
	(0.00)	(0.00)	(0.00)	(0.00)	(0.00)	(0.00)	(0.00)	(0.11)
Constant	4.605***	4.367***	0.105***	0.104***	−2.994***	−2.813***	−0.287***	−0.188***
	(0.00)	(0.00)	(0.00)	(0.00)	(0.00)	(0.00)	(0.00)	(0.00)
4 – digit industry code fixed effects	Yes	Yes	Yes	Yes	Yes	Yes	Yes	Yes
Year fixed effects	Yes	Yes	Yes	Yes	Yes	Yes	Yes	Yes
Province fixed effects	Yes	Yes	Yes	Yes	Yes	Yes	Yes	Yes
Control variables	Yes	Yes	Yes	Yes	Yes	Yes	Yes	Yes
Observations	105374	105508	106899	106927	97977	97660	97063	99028
R-squared	0.571	0.586	0.142	0.135	0.311	0.303	0.101	0.219

注：1. 估计系数下方的数字为 P 值；2. *，**，*** 分别表示在10%，5%，1%的统计水平上显著。

表9—6　淮河流域领导干部水质目标责任考核制度对集体企业主要经济指标的影响的回归结果

变量名称	因变量：产出 ln(Indsale)	因变量：产出 ln(Salesincome)	因变量：资产收益率 ROA	因变量：资产收益率 Opera_ROA	因变量：单位产出的固定资产 ln(Per_Indsale_Fixedasset)	因变量：单位产出的固定资产合计 ln(Per_Salesincome_Fixedasset)	因变量：单位产出的主营业务成本 ln(Per_Indsale_Salescost)	因变量：单位产出的主营业务成本 ln(Per_Salesincome_Salescost)
Water_Pollution * Treatment * Post	-0.046 *	-0.046 *	0.009 *	0.012 **	0.074 **	0.075 **	0.028 ***	0.011 ***
	(0.10)	(0.10)	(0.08)	(0.03)	(0.02)	(0.02)	(0.00)	(0.01)
Water_Pollution * Post	0.104 ***	0.103 ***	0.018 ***	0.020 ***	-0.121 ***	-0.114 ***	-0.033 ***	-0.014 ***
	(0.00)	(0.00)	(0.00)	(0.00)	(0.00)	(0.00)	(0.00)	(0.00)
Water_Pollution * Treatment	0.053 ***	0.050 ***	0.004 **	0.002	-0.091 ***	-0.092 ***	0.011 ***	0.005 ***
	(0.00)	(0.00)	(0.03)	(0.20)	(0.00)	(0.00)	(0.00)	(0.00)
Treatment * Post	0.305 ***	0.327 ***	0.059 ***	0.063 ***	-0.202 ***	-0.222 ***	0.021 ***	-0.002
	(0.00)	(0.00)	(0.00)	(0.00)	(0.00)	(0.00)	(0.00)	(0.56)
ln(Capital)	0.313 ***	0.316 ***	-0.023 ***	-0.022 ***	0.318 ***	0.311 ***	-0.003 ***	-0.005 ***
	(0.00)	(0.00)	(0.00)	(0.00)	(0.00)	(0.00)	(0.00)	(0.00)
Leverage_Rate	0.053 ***	0.022 **	-0.206 ***	-0.206 ***	0.715 ***	0.742 ***	0.030 ***	0.046 ***
	(0.00)	(0.03)	(0.00)	(0.00)	(0.00)	(0.00)	(0.00)	(0.00)

续表

变量名称	因变量：产出		因变量：资产收益率		因变量：单位产出的固定资产合计		因变量：单位产出的主营业务成本	
	$\ln(Indsale)$	$\ln(Salesincome)$	ROA	$Opera\_ROA$	$\ln(Per\_Indsale\_Fixedasset)$	$\ln(Per\_Salesincome\_Fixedasset)$	$\ln(Per\_Indsale\_Salescost)$	$\ln(Per\_Salesincome\_Salescost)$
Export_Value	0.344 ***	0.338 ***	0.010 ***	0.013 ***	−0.120 ***	−0.109 ***	0.006 ***	0.012 ***
	(0.00)	(0.00)	(0.00)	(0.00)	(0.00)	(0.00)	(0.01)	(0.00)
Constant	7.339 ***	7.241 ***	0.410 ***	0.408 ***	−4.547 ***	−4.424 ***	−0.228 ***	−0.130 ***
	(0.00)	(0.00)	(0.00)	(0.00)	(0.00)	(0.00)	(0.00)	(0.00)
4 - digit industry code fixed effects	Yes	Yes	Yes	Yes	Yes	Yes	Yes	Yes
Year fixed effects	Yes	Yes	Yes	Yes	Yes	Yes	Yes	Yes
Province fixed effects	Yes	Yes	Yes	Yes	Yes	Yes	Yes	Yes
Control variables	Yes	Yes	Yes	Yes	Yes	Yes	Yes	Yes
Observations	149040	149091	146741	146584	147526	147329	146381	146765
R-squared	0.301	0.308	0.263	0.265	0.260	0.263	0.092	0.176

注：1. 估计系数下方的数字为 P 值；2. *, **, *** 分别表示在10%、5%、1%的统计水平上显著。

表9-7　淮河流域领导干部水质目标责任考核制度对民营企业主要经济指标的影响的回归结果

变量名称	因变量：产出		因变量：资产收益率		因变量：单位产出的固定资产合计		因变量：单位产出的主营业务成本	
	$\ln(Indsale)$	$\ln(Salesincome)$	ROA	$Opera\_ROA$	$\ln(Per\_Indsale\_Fixedasset)$	$\ln(Per\_Salesincome\_Fixedasset)$	$\ln(Per\_Indsale\_Salescost)$	$\ln(Per\_Salesincome\_Salescost)$
$Water\_Pollution * Treatment * Post$	-0.031***	-0.033***	-0.006***	-0.005***	0.035***	0.036***	0.001	0.001
	(0.00)	(0.00)	(0.00)	(0.00)	(0.00)	(0.00)	(0.47)	(0.40)
$Water\_Pollution * Post$	0.049***	0.054***	0.007***	0.008***	-0.089***	-0.092***	0.008***	0.005***
	(0.00)	(0.00)	(0.00)	(0.00)	(0.00)	(0.00)	(0.00)	(0.00)
$Water\_Pollution * Treatment$	-0.005	0.003	-0.000	0.000	0.003	-0.004	0.001	-0.005***
	(0.44)	(0.67)	(0.87)	(0.88)	(0.72)	(0.58)	(0.65)	(0.00)
$Treatment * Post$	0.175***	0.194***	0.058***	0.062***	-0.095***	-0.112***	0.008***	-0.006***
	(0.00)	(0.00)	(0.00)	(0.00)	(0.00)	(0.00)	(0.00)	(0.00)
$\ln(Capital)$	0.398***	0.402***	-0.020***	-0.021***	0.280***	0.275***	-0.006***	-0.007***
	(0.00)	(0.00)	(0.00)	(0.00)	(0.00)	(0.00)	(0.00)	(0.00)
$Leverage\_Rate$	0.458***	0.441***	-0.193***	-0.199***	0.259***	0.274***	0.050***	0.059***
	(0.00)	(0.00)	(0.00)	(0.00)	(0.00)	(0.00)	(0.00)	(0.00)

续表

变量名称	因变量：产出		因变量：资产收益率		因变量：单位产出的固定资产合计		因变量：单位产出的主营业务成本	
	$\ln(Indsale)$	$\ln(Salesincome)$	ROA	$Opera\_ROA$	$\ln(Per\_Indsale\_Fixedasset)$	$\ln(Per\_Salesincome\_Fixedasset)$	$\ln(Per\_Indsale\_Salescost)$	$\ln(Per\_Salesincome\_Salescost)$
Export_Value	0.346***	0.347***	0.005***	0.005***	−0.164***	−0.164***	0.008***	0.006***
	(0.00)	(0.00)	(0.00)	(0.00)	(0.00)	(0.00)	(0.00)	(0.00)
Constant	6.344***	6.271***	0.403***	0.420***	−3.692***	−3.604***	−0.231***	−0.153***
	(0.00)	(0.00)	(0.00)	(0.00)	(0.00)	(0.00)	(0.00)	(0.00)
4 – digit industry code fixed effects	Yes	Yes	Yes	Yes	Yes	Yes	Yes	Yes
Year fixed effects	Yes	Yes	Yes	Yes	Yes	Yes	Yes	Yes
Province fixed effects	Yes	Yes	Yes	Yes	Yes	Yes	Yes	Yes
Control variables	Yes	Yes	Yes	Yes	Yes	Yes	Yes	Yes
Observations	894760	895071	886070	885796	887870	886864	889794	889168
R-squared	0.358	0.364	0.236	0.235	0.213	0.218	0.119	0.180

注：1. 估计系数下方的数字为 P 值；2. *, **, *** 分别表示在 10%、5%、1% 的统计水平上显著。

表 9 - 8　　　淮河流域领导干部水质目标责任考核制度对外资企业主要经济指标的影响的回归结果

变量名称	因变量: 产出		因变量: 资产收益率		因变量: 单位产出的固定资产合计		因变量: 单位产出的主营业务成本	
	$\ln(Indsale)$	$\ln(Salesincome)$	ROA	$Opera\_ROA$	$\ln(Per\_Indsale\_Fixedasset)$	$\ln(Per\_Salesincome\_Fixedasset)$	$\ln(Per\_Indsale\_Salescost)$	$\ln(Per\_Salesincome\_Salescost)$
Water_Pollution * Treatment * Post	-0.050***	-0.057***	-0.003	-0.003	0.037**	0.044**	-0.002	-0.000
	(0.00)	(0.00)	(0.22)	(0.25)	(0.04)	(0.01)	(0.53)	(0.90)
Water_Pollution * Post	0.086***	0.095***	0.007***	0.008***	-0.081***	-0.090***	0.007***	0.001
	(0.00)	(0.00)	(0.00)	(0.00)	(0.00)	(0.00)	(0.00)	(0.42)
Water_Pollution * Treatment	0.026**	0.034***	0.003**	0.003***	-0.044***	-0.051***	0.001	-0.003
	(0.04)	(0.01)	(0.02)	(0.04)	(0.00)	(0.00)	(0.87)	(0.12)
Treatment * Post	0.184***	0.211***	0.032***	0.035***	-0.068***	-0.090***	0.011***	-0.003
	(0.00)	(0.00)	(0.00)	(0.00)	(0.00)	(0.00)	(0.00)	(0.11)
$\ln(Capital)$	0.438***	0.442***	-0.021***	-0.022***	0.390***	0.385***	0.006***	0.000
	(0.00)	(0.00)	(0.00)	(0.00)	(0.00)	(0.00)	(0.00)	(0.19)
Leverage_Rate	0.663***	0.664***	-0.158***	-0.159***	-0.052***	-0.053***	0.130***	0.113***
	(0.00)	(0.00)	(0.00)	(0.00)	(0.00)	(0.00)	(0.00)	(0.00)

续表

变量名称	因变量：产出		因变量：资产收益率		因变量：单位产出的固定资产合计		因变量：单位产出的主营业务成本	
	$\ln(Indsale)$	$\ln(Salesincome)$	ROA	$Opera\_ROA$	$\ln(Per\_Indsale\_Fixedasset)$	$\ln(Per\_Salesincome\_Fixedasset)$	$\ln(Per\_Indsale\_Salescost)$	$\ln(Per\_Salesincome\_Salescost)$
$Export\_Value$	0.265***	0.264***	0.005***	0.005***	-0.148***	-0.148***	0.015***	0.008***
	(0.00)	(0.00)	(0.00)	(0.00)	(0.00)	(0.00)	(0.00)	(0.00)
$Constant$	5.343***	5.242***	0.315***	0.318***	-4.032***	-3.917***	-0.366***	-0.238***
	(0.00)	(0.00)	(0.00)	(0.00)	(0.00)	(0.00)	(0.00)	(0.00)
4 - digit industry code fixed effects	Yes	Yes	Yes	Yes	Yes	Yes	Yes	Yes
Year fixed effects	Yes	Yes	Yes	Yes	Yes	Yes	Yes	Yes
Province fixed effects	Yes	Yes	Yes	Yes	Yes	Yes	Yes	Yes
Control variables	Yes	Yes	Yes	Yes	Yes	Yes	Yes	Yes
Observations	217971	218035	215578	215737	217878	217820	217427	214929
R-squared	0.352	0.361	0.146	0.146	0.292	0.295	0.107	0.168

注：1. 估计系数下方的数字为 P 值；2. *，**，*** 分别表示在 10%，5%，1% 的统计水平上显著。

　　本书认为，以上两点回归结果可能是由于中国地方层面（包括省、市、县层面）环境规制实施不力导致的。[①] 究其原因，环境规制的执行不力是由于不同所有权性质的企业与地方政府谈判能力的差异导致的。具体表现为：在中国，当面临严格的环境规制时，相比外资企业和私营企业，国有企业和集体企业有更多的渠道获得信息，并且表现出更强的与地方政府进行谈判和协商的能力。[②] 相比外资企业和私营企业，国有水污染企业和集体水污染企业面临并不那么严格的环境规制。如果此时环境规制的执行力度不足的话，国有企业和集体企业很可能利用它们所具有的环保方面的谈判能力优势，推迟执行或达到环境规制的要求。本书的回归结果印证了上述研究假设，具体表现为：淮河流域领导干部水质目标责任考核制度的实施对国有企业和集体企业的产出没有明显影响，对其盈利能力甚至有显著提升；对民营和外资企业的产出都有显著负向影响；对民营企业的盈利能力有显著负向影响。

　　除此之外，从表9-5至表9-8第五、六列的回归结果可以看出，相比于非水污染行业和与淮河流域接壤的其他控制组省份，制度实施后，民营水污染企业和外资水污染企业单位产出的固定资产投资显著增加。具体来说，制度实施后，相比于非水污染行业和与淮河流域接壤的其他控制组省份，民营企业和外资企业的单位工业销售产值的固定资产合计分别显著增加了3.6%和3.7%，显著性水平均为

---

① 在中国，环境法律、法规等环境规制的有效实施主要是依靠地方政府。根据《中华人民共和国环境保护法》第三章第十六条规定："地方各级人民政府，应当对本辖区的环境质量负责，采取措施改善环境质量。"

② Carlos Wing-Hung Lo, Gerald E. Fryxell and Wilson Wai-Ho Wong, "Effective Regulations with Little Effect? The Antecedents of the Perceptions of Environmental Officials on Enforcement Effectiveness in China", *Environmental Management*, Vol. 38, Issue 3, 2006, pp. 388 - 410; Hua Wang, Nlandu Mamingi, Benoit Laplante and Susmita Dasgupta, "Incomplete Enforcement of Pollution Regulation: Bargaining Power of Chinese Factories", *Environmental and Resource Economics*, Vol. 24, Issue 3, 2003, pp. 245 - 262; OECD. *Environmental Compliance and Enforcement in China: An Assessment of Current Practices and Ways Forward*, Paris, France: OECD Publishing, 2006, p. 5; Haoyi Wu, Huanxiu Guo, Bing Zhang and MaoliangBu, "Westward Movement of New Polluting Firms in China: Pollution Reduction Mandates and Location Choice", *Journal of Comparative Economics*, Vol. 45, 2017, pp. 119 - 138.

1%；与此同时，民营企业和外资企业的单位主营业务收入的固定资产合计分别显著上升了3.8%和4.5%，显著性水平均为5%。由此可见，为了符合这项严格的环境规制制度的要求，并且由于民营企业和外资企业与地方政府的谈判能力较弱，淮河流域内的排放水污染物的民营企业和外资企业付出了更多的努力，具体表现为：它们为了更好地达到国家的环保要求，显著地增加了单位产出的固定资产投资。

其中，相比排放水污染物的民营企业，外资水污染企业进行了更多的环保设备方面的固定资产投资。这一发现似乎与前人相关研究的实证结果有所矛盾。例如，Dean 等对1993—1996年中国2886个合资企业项目的研究发现，环境管制较不严格的省份吸引的往往是中国的内资企业，来自OECD国家的外资企业不受中国各省份环境管制力度差异的影响。作者认为，这是由于来自OECD的发达国家的企业通常具有清洁的生产技术，并且在环保方面的表现本身就比较符合规范；与此同时，中国的环境标准较低。因而，中国环境规制的力度对外资企业的影响并不大。[1] 本书的研究结果显示，外资企业对淮河流域领导干部目标责任考核制度具有较强的反应，它们显著地提高了其环保设备方面的固定资产投资，甚至比民营企业投入了更多的固定资产投资。这是完全有可能的，基于以下两点原因：第一，随着中国环境的日益恶化，中国政府制定的环境规制的要求或环境标准已经越来越严格。因此，外资企业本身所具有的技术优势在这一背景下有所削弱。第二，民营企业虽然在与地方政府的谈判能力上，不如国有企业和集体企业，但是民营企业相比于外资企业仍然有母国优势（home-bias）。因而，外资水污染企业在逐渐递减的环保技术优势和较弱的谈判能力的背景下，显著地增加了其环保设备方面的投资。

从表9-5到表9-8最后一列的回归结果，可以看出：相比于非水污染行业和与淮河流域接壤的其他控制组省份，制度实施后，国有

---

① Judith M. Dean, Mary E. Lovely and Hua Wang, "Are Foreign Investors Attracted to Weak Environmental Regulations? Evaluating the Evidence from China", *Journal of Development Economics*, Vol. 90, 2009, pp. 1 – 13.

企业和集体企业单位产出的主营业务成本显著增加；而民营企业和外资企业单位产出的主营业务成本变化不明显。具体来说，制度实施后，相比于非水污染行业和与淮河流域接壤的其他控制组省份，国有水污染企业和集体水污染企业单位主营业务收入的主营业务成本分别显著上升了2.6%和1.1%，显著性水平均为1%；与此同时，集体水污染企业的单位工业销售产值的单位主营业务成本显著增加了2.8%，显著性水平均为1%。

（二）对不同企业规模的影响

本书接下来以"资产规模"① 作为衡量企业规模的指标，进一步考察淮河流域领导干部水质环保责任考核制度对不同企业规模是否具有异质性影响（分别对应表9-10至表9-12）。

表9-9为样本的描述性统计。本书采用分组回归的方法，考察该制度对总资产规模处于不同分位数的工业企业的影响。本书将所有样本企业等分为三组，处于33分位数以下的工业企业，本书定义为小型企业；对于33分位至67分位数之间的工业企业，本书定义为中型企业；对于67分位至100分位数之间的工业企业，本书定义为大型企业。

从表9-10至表9-12第三列到第六列的回归结果可以看到，小型企业的资产收益率显著下降，其单位产出的固定资产合计没有显著变化；但是，中型企业和大型企业的资产收益率和单位产出的固定资产合计均有显著上升。

具体来说，制度实施后，相比于非水污染行业和与淮河流域接壤的其他控制组省份，小型水污染企业的资产收益率和与主营业务显著相关的资产收益率分别显著下降了0.9个百分点和0.8个百分点，显著性水平均为1个百分点；与此同时，中型水污染企业与主营业务显著相关的资产收益率分别显著上升了0.4个百分点，显著性水平均为5个百分点；大型水污染企业的资产收益率和与主营业务显著相关的资产收益率分别显著上升了0.8个百分点和0.7个百分点，显著性水平均为1个百分点。

---

① 这里说的"资产规模"即工业企业数据库中的"总资产"这一指标。

表9-9 描述性统计：不同企业规模

变量名称	小型企业				中型企业				大型企业			
	样本量	均值	标准误	中位数	样本量	均值	标准误	中位数	样本量	均值	标准误	中位数
1. 被解释变量												
工业销售产值（千元）	467180	13599.150	15998.100	8950.000	468639	26063.020	30259.790	17032.000	463729	96877.040	121788.600	53519.000
主营业务收入（千元）	467338	13117.490	15320.890	8672.000	468810	25209.200	29098.330	16547.000	464003	95624.870	121016.600	52619.000
资产收益率（%）	454553	0.121	0.181	0.059	463101	0.086	0.156	0.035	465796	0.063	0.127	0.026
与主营业务相关的资产收益率（%）	453749	0.125	0.191	0.060	463230	0.089	0.167	0.034	466501	0.064	0.137	0.025
单位工业销售产值的固定资产合计（千元）	457415	0.247	0.490	0.122	462815	0.399	0.591	0.218	458958	0.665	0.925	0.343
单位主营业务收入的固定资产合计（千元）	455893	0.265	0.553	0.127	462205	0.419	0.645	0.225	459397	0.690	0.987	0.351
单位工业销售产值的主营业务成本（千元）	439196	0.846	0.155	0.872	461520	0.831	0.166	0.855	458371	0.819	0.184	0.839
单位主营业务收入的主营业务成本（千元）	461149	0.865	0.098	0.887	461108	0.849	0.105	0.871	455277	0.834	0.115	0.857
2. 部分企业层面控制变量												
实收资本（千元）	467029	1395.286	1453.991	1000.000	468341	3917.654	3877.169	2970.000	463280	23501.190	31374.810	11532.000
出口交货值	470456	0.187	0.390	0.000	470414	0.233	0.423	0.000	470422	0.324	0.468	0.000
资产负债率（%）	456832	0.570	0.274	0.589	462058	0.592	0.271	0.610	464615	0.598	0.259	0.614

表9-10　淮河流域领导干部水质目标责任考核制度对当地小型企业主要经济指标的影响的回归结果

变量名称	因变量：产出		因变量：资产收益率		因变量：单位产出的固定资产合计		因变量：单位产出的主营业务成本	
	$\ln(Indsale)$	$\ln(Salesincome)$	ROA	$Opera\_ROA$	$\ln(Per\_Indsale\_Fixedasset)$	$\ln(Per\_Salesincome\_Fixedasset)$	$\ln(Per\_Indsale\_Salescost)$	$\ln(Per\_Salesincome\_Salescost)$
$Water\_Pollution * Treatment * Post$	-0.024***	-0.019**	-0.009***	-0.008***	0.017	0.011	-0.001	-0.003**
	(0.01)	(0.04)	(0.00)	(0.00)	(0.19)	(0.37)	(0.70)	(0.02)
$Water\_Pollution * Post$	0.025***	0.016**	0.006***	0.006***	-0.044***	-0.038***	0.002	0.005***
	(0.00)	(0.01)	(0.00)	(0.00)	(0.00)	(0.00)	(0.16)	(0.00)
$Water\_Pollution * Treatment$	-0.009	-0.013*	0.003**	0.002*	0.002	0.005	-0.002	-0.003***
	(0.19)	(0.05)	(0.03)	(0.08)	(0.82)	(0.61)	(0.35)	(0.01)
$Treatment * Post$	0.150***	0.163***	0.069***	0.070***	-0.044***	-0.055***	0.011***	-0.003***
	(0.00)	(0.00)	(0.00)	(0.00)	(0.00)	(0.00)	(0.00)	(0.01)
$\ln(Capital)$	0.091***	0.096***	-0.026***	-0.026***	0.271***	0.264***	0.002***	-0.001***
	(0.00)	(0.00)	(0.00)	(0.00)	(0.00)	(0.00)	(0.00)	(0.00)
$Leverage\_Rate$	-0.063***	-0.089***	-0.201***	-0.203***	0.165***	0.185***	0.048***	0.058***
	(0.00)	(0.00)	(0.00)	(0.00)	(0.00)	(0.00)	(0.00)	(0.00)

续表

变量名称	因变量：产出		因变量：资产收益率		因变量：单位产出的固定资产合计		因变量：单位产出的主营业务成本	
	$\ln(Indsale)$	$\ln(Salesincome)$	ROA	$Opera\_ROA$	$\ln(Per\_Indsale\_Fixedasset)$	$\ln(Per\_Salesincome\_Fixedasset)$	$\ln(Per\_Indsale\_Salescost)$	$\ln(Per\_Salesincome\_Salescost)$
$Export\_Value$	0.163***	0.162***	0.000	0.002**	-0.163***	-0.157***	0.005***	0.008***
	(0.00)	(0.00)	(0.58)	(0.04)	(0.00)	(0.00)	(0.00)	(0.00)
Constant	7.355***	7.191***	0.387***	0.387***	-2.903***	-2.755***	-0.296***	-0.219***
	(0.00)	(0.00)	(0.00)	(0.00)	(0.00)	(0.00)	(0.00)	(0.00)
4 - digit industry code fixed effects	Yes	Yes	Yes	Yes	Yes	Yes	Yes	Yes
Year fixed effects	Yes	Yes	Yes	Yes	Yes	Yes	Yes	Yes
Province fixed effects	Yes	Yes	Yes	Yes	Yes	Yes	Yes	Yes
Control variables	Yes	Yes	Yes	Yes	Yes	Yes	Yes	Yes
Observations	451711	451853	440307	439493	443052	441611	444657	446637
R-squared	0.314	0.342	0.227	0.223	0.217	0.233	0.105	0.156

注：1. 估计系数下方的数字为 P 值；2. *，**，*** 分别表示在 10%，5%，1% 的统计水平上显著。

表9-11 淮河流域领导干部水质目标责任考核制度对当地中型企业主要经济指标的影响的回归结果

变量名称	因变量:产出		因变量:资产收益率		因变量:单位产出的固定资产合计		因变量:单位产出的主营业务成本	
	ln(Indsale)	ln(Salesincome)	ROA	Opera_ROA	ln(Per_Indsale_Fixedasset)	ln(Per_Salesincome_Fixedasset)	ln(Per_Indsale_Salescost)	ln(Per_Salesincome_Salescost)
Water_Pollution * Treatment * Post	-0.005	-0.004	0.003	0.004**	0.039***	0.047***	-0.003	-0.003*
	(0.59)	(0.69)	(0.12)	(0.04)	(0.00)	(0.00)	(0.26)	(0.10)
Water_Pollution * Post	0.051***	0.051***	0.009***	0.010***	-0.093***	-0.095***	0.007***	0.006***
	(0.00)	(0.00)	(0.00)	(0.00)	(0.00)	(0.00)	(0.00)	(0.00)
Water_Pollution * Treatment	-0.019**	-0.021***	0.000	0.001	-0.005	-0.012	0.005**	-0.000
	(0.01)	(0.01)	(0.82)	(0.47)	(0.62)	(0.20)	(0.02)	(0.86)
Treatment * Post	0.178***	0.200***	0.057***	0.061***	-0.127***	-0.153***	0.016***	-0.004***
	(0.00)	(0.00)	(0.00)	(0.00)	(0.00)	(0.00)	(0.00)	(0.00)
ln(Capital)	0.006***	0.011***	-0.021***	-0.021***	0.187***	0.184***	0.009***	0.005***
	(0.00)	(0.00)	(0.00)	(0.00)	(0.00)	(0.00)	(0.00)	(0.00)
Leverage_Rate	-0.265***	-0.288***	-0.181***	-0.184***	0.091***	0.107***	0.084***	0.087***
	(0.00)	(0.00)	(0.00)	(0.00)	(0.00)	(0.00)	(0.00)	(0.00)

续表

变量名称	因变量：产出		因变量：资产收益率		因变量：单位产出的固定资产合计		因变量：单位产出的主营业务成本	
	$\ln(Indsale)$	$\ln(Salesincome)$	ROA	$Opera\_ROA$	$\ln(Per\_Indsale\_Fixedasset)$	$\ln(Per\_Salesincome\_Fixedasset)$	$\ln(Per\_Indsale\_Salescost)$	$\ln(Per\_Salesincome\_Salescost)$
Export_Value	0.229***	0.230***	0.005***	0.006***	−0.181***	−0.179***	0.013***	0.011***
	(0.00)	(0.00)	(0.00)	(0.00)	(0.00)	(0.00)	(0.00)	(0.00)
Constant	8.831***	8.652***	0.306***	0.310***	−2.055***	−1.932***	−0.401***	−0.262***
	(0.00)	(0.00)	(0.00)	(0.00)	(0.00)	(0.00)	(0.00)	(0.00)
4 - digit industry code fixed effects	Yes	Yes	Yes	Yes	Yes	Yes	Yes	Yes
Year fixed effects	Yes	Yes	Yes	Yes	Yes	Yes	Yes	Yes
Province fixed effects	Yes	Yes	Yes	Yes	Yes	Yes	Yes	Yes
Control variables	Yes	Yes	Yes	Yes	Yes	Yes	Yes	Yes
Observations	458857	459008	453866	453868	453607	453045	452286	452091
R-squared	0.217	0.237	0.240	0.241	0.181	0.193	0.109	0.168

注：1. 估计系数下方的数字为 P 值；2. *，**，*** 分别表示在 10%，5%，1% 的统计水平上显著。

表9-12　淮河流域领导干部水质目标责任考核制度对当地大型企业主要经济指标的影响的回归结果

变量名称	因变量：产出		因变量：资产收益率		因变量：单位产出的固定资产合计		因变量：单位产出的主营业务成本	
	$\ln(Indsale)$	$\ln(Salesincome)$	ROA	Opera_ROA	$\ln(Per\_Indsale\_Fixedasset)$	$\ln(Per\_Salesincome\_Fixedasset)$	$\ln(Per\_Indsale\_Salescost)$	$\ln(Per\_Salesincome\_Salescost)$
Water_Pollution * Treatment * Post	-0.053***	-0.065***	0.008***	0.007***	0.046***	0.057***	0.000	0.001
	(0.00)	(0.00)	(0.00)	(0.00)	(0.00)	(0.00)	(0.99)	(0.52)
Water_Pollution * Post	0.049***	0.092***	0.009***	0.010***	-0.098***	-0.129***	0.013***	0.003**
	(0.00)	(0.00)	(0.00)	(0.00)	(0.00)	(0.00)	(0.00)	(0.02)
Water_Pollution * Treatment	0.041***	0.055***	-0.000	0.000	-0.047***	-0.060***	0.004*	-0.000
	(0.00)	(0.00)	(0.86)	(0.78)	(0.00)	(0.00)	(0.08)	(0.89)
Treatment * Post	0.153***	0.171***	0.035***	0.039***	-0.103***	-0.126***	0.009***	-0.003**
	(0.00)	(0.00)	(0.00)	(0.00)	(0.00)	(0.00)	(0.00)	(0.01)
$\ln(Capital)$	0.271***	0.280***	-0.015***	-0.016***	0.180***	0.174***	0.009***	0.002***
	(0.00)	(0.00)	(0.00)	(0.00)	(0.00)	(0.00)	(0.00)	(0.00)
Leverage_Rate	0.144***	0.113***	-0.160***	-0.164***	0.155***	0.178***	0.094***	0.094***
	(0.00)	(0.00)	(0.00)	(0.00)	(0.00)	(0.00)	(0.00)	(0.00)

续表

变量名称	因变量：产出		因变量：资产收益率		因变量：单位产出的固定资产合计		因变量：单位产出的主营业务成本	
	$\ln(Indsale)$	$\ln(Salesincome)$	ROA	Opera_ROA	$\ln(Per\_Indsale\_Fixedasset)$	$\ln(Per\_Salesincome\_Fixedasset)$	$\ln(Per\_Indsale\_Salescost)$	$\ln(Per\_Salesincome\_Salescost)$
Export_Value	0.393***	0.399***	0.005***	0.005***	−0.166***	−0.168***	0.016***	0.006***
	(0.00)	(0.00)	(0.00)	(0.00)	(0.00)	(0.00)	(0.00)	(0.00)
Constant	7.218***	7.042***	0.239***	0.248***	−2.044***	−1.927***	−0.396***	−0.229***
	(0.00)	(0.00)	(0.00)	(0.00)	(0.00)	(0.00)	(0.00)	(0.00)
4－digit industry code fixed effects	Yes	Yes	Yes	Yes	Yes	Yes	Yes	Yes
Year fixed effects	Yes	Yes	Yes	Yes	Yes	Yes	Yes	Yes
Province fixed effects	Yes	Yes	Yes	Yes	Yes	Yes	Yes	Yes
Control variables	Yes	Yes	Yes	Yes	Yes	Yes	Yes	Yes
Observations	451897	452179	453770	454365	447344	447778	446570	443938
R-squared	0.251	0.266	0.222	0.223	0.261	0.264	0.145	0.221

注：1. 估计系数下方的数字为 P 值；2. *、**、*** 分别表示在 10%、5%、1% 的统计水平上显著。

另外，虽然制度实施后，相比于非水污染行业和与淮河流域接壤的其他控制组省份，小型水污染企业单位产出的固定资产合计没有明显变化；但是，中型水污染企业单位工业销售产值的固定资产合计和单位主营业务收入的固定资产合计分别显著上升了 4.0% 和 4.8%，显著性水平均为 1%；大型水污染企业单位产出的固定资产投资上升得比中型水污染企业更快，即大型水污染企业单位工业销售产值的固定资产合计和单位主营业务收入的固定资产合计分别显著上升了 4.7% 和 5.9%，显著性水平均为 1%。

本书认为，之所以小型企业竞争力下降，而中型和大型企业的竞争力上升，同时单位产出的固定资产投资显著上升，或者说，产生淮河流域领导干部水质目标责任考核制度对不同资产规模的企业的影响具有异质性影响的原因在于，环境规制对工业部门的影响是不均衡（uneven）的。在市场竞争中，相比于中型和大型企业，严格的环境规制向小型企业施加了更大的压力，小型企业更容易受到环境规制的打击，并且在严格的环境规制下，变得很难与中型和大型企业竞争并且存活，市场份额不断减小，最优的企业规模在不断变大①。本书的实证结果也在一定程度上印证了这一判断，即发现了：小企业的竞争力下降，也没有资金进行固定资产投资；而中型和大型企业的竞争力提升，并且有能力去进行固定资产投资。

本章小结

本章的实证分析从四个维度（生产规模、盈利能力、成本、投资）检验了淮河流域领导干部水质目标责任考核制度对当地企业的主

---

① B. Peter Pashigian, "The Effect of Environmental Regulation on Optimal Plant Size and Factor Share", *Journal of Law & Economics*, Vol. 27, Issue 1, 1984, pp. 1 – 28; Thomas J. Dean, Robert L. Brown and Victor Stango, "Environmental Regulation as a Barrier to the Formation of Small Manufacturing Establishments: A Longitudinal Examination", *Journal of Environmental Economics & Management*, Vol. 40, Issue 1, 2000, pp. 56 – 75; Daniel L. Millimet, "Environmental Abatement Costs and Establishment Size", *Contemporary Economic Policy*, Vol. 21, Issue 3, 2003, pp. 281 – 296.

要经济指标的影响，是对该制度的经济影响进行评估。

具体来说，本章运用三重差分方法进行了回归分析，实证检验的结果发现，淮河流域领导干部水质目标责任考核制度使得淮河流域四省水污染企业的产出规模（不论是用"工业销售产值"还是"主营业务收入"来度量）显著下降；与此同时，淮河流域四省的水污染企业的单位产出的固定资产投资显著增加；但是，淮河流域四省的水污染企业的资产收益率并未受到明显影响。首先，这验证了该制度对水污染企业确实造成了负向的经济影响，企业的生产规模最先受到了负向冲击；为了应对该制度带来的冲击，淮河流域四省的水污染企业采取了通过改变企业的生产行为即减少企业的生产规模的方式。其次，本书的回归结果发现：淮河流域四省的水污染企业在减产的同时，还通过增加单位产出的固定资产投资来提高企业的生产效率。由于固定资产投资并不属于主营业务成本的范畴，因而单位产出的主营业务成本并未受到制度的明显影响。最后，该制度对淮河流域内的水污染企业的整体盈利能力没有明显影响，即本书并未发现"波特假说"成立的证据。

此外，本章根据企业登记注册类型和企业规模这两个维度进行了异质性分析，结果发现：若按企业登记注册类型来看，受到该制度影响的主要是外资企业和民营企业，国有企业和集体企业受到的影响并不大。该制度对外资企业和民营企业的打击主要体现在对其盈利能力和生产规模的影响这两个方面；若按企业规模来看，小型企业的资产收益率显著下降，其单位产出的固定资产合计没有显著变化；但是，中型企业和大型企业的资产收益率和单位产出的固定资产合计均有显著上升。这一回归结果提醒政策制定者，应充分考虑环境规制对不同类型和不同资产规模的企业的异质性影响，并对受环境规制政策打击较大的企业予以相应的资金或技术支持。

第十章 研究结论、政策建议与展望

第一节 研究主要结论

本书对基于行政问责的环境规制有效性进行了系统的研究。在研究过程中，首先，本书根据中国现行的环境规制委托代理关系，运用委托代理理论，构建了基于行政问责的环境规制有效性委托代理模型。在对构建的环境规制有效性委托代理模型进行运算与推导的基础上，证明了基于行政问责的环境规制的理论有效性。其次，本书根据经济机制设计理论与本书构建的环境规制有效性模型，对基于行政问责的环境规制有效性机制进行了设计，分别对领导干部存在隐匿信息和隐匿行为两种情况下的环境规制有效性机制进行了模型构建，提出了完善中国环境规制有效性机制的政策建议，即把审计监督列入环境规制有效性机制之内。再次，在环境规制实施的有效性实证研究方面，本书以淮河流域领导干部水质目标责任考核制度为例，对领导干部实施这项环境规制的情况进行了实证研究。实证检验包括环境影响和经济影响两个部分，这两个部分也是层层深入的关系。环境影响是检验环境规制有效性的重点，经济影响为环境影响提供更加深入和更多维度的佐证。最后，本书针对中国环境规制有效性存在的问题，提出了审计监督型环境规制和领导干部自然资源资产责任审计制度，构建了领导干部自然资源资产责任审计制度框架，同时还提出了进一步提高中国环境规制有效性的意见与建议。

本书的研究思路与方法和一般关于环境规制有效性文献的研究思路与方法不同。本书研究的切入点是基于行政问责的环境规制有效性，主要研究基于行政问责的环境规制的有效性问题；而不是定性地对环境规制的有效性进行研究，也不是对环境规制针对某一具体行业的有效性进行研究。在研究方法上，绝大多数关于环境规制有效性的研究是实证研究。本书系统地从理论证明到实证分析，对基于行政问责的环境规制的有效性进行了全面、深入的研究，最后提出了相应的政策建议。

本书的研究重点：一是基于行政问责的环境规制的理论有效性证明。在这一部分中，本书构建了环境规制有效性委托代理模型，并从理论上对基于行政问责的环境规制的有效性进行了理论证明。二是构建了基于行政问责的环境规制有效性机制设计模型，分别对领导干部存在隐匿信息和隐匿行为两种情况下的环境规制有效性机制进行了模型构建，同时提出了进一步完善中国环境规制有效性机制的政策建议，即把审计监督列入环境规制有效性机制。三是以淮河流域领导干部水质目标责任考核制为例，对基于行政问责的环境规制的实施有效性进行了实证研究。这一部分主要是为了检验在淮河流域内实行的领导干部水质目标责任考核制对环境和经济的影响的过程，本书实证研究的目的是回答以下三个方面的问题，即：

一是对基于行政问责的环境规制是否对环境质量产生影响进行研究，即基于行政问责的环境规制对改善环境质量是否有效、产生的影响有多大、是否显著。

二是对基于行政问责的环境规制对环境产生影响的机理进行研究，基于行政问责的环境规制对哪些环境指标的影响更大，对综合环境指标是否有显著改善。

三是对基于行政问责的环境规制对污染企业的生产活动和经济影响进行研究，主要是研究在基于行政问责的环境规制的作用下，污染企业的生产规模、盈利能力、投资规模、主营业务成本是否发生了显著变化。

接下来，本书将分别对下述四个核心问题进行综述。

一 对基于行政问责的环境规制的理论有效性进行了理论研究

在中国现行体制下，人民群众委托领导干部管理国家生态环境资源，人民群众为了让领导干部管理好国家的生态环境资源，给领导干部提出了一系列的要求。这一系列的要求就是通过各级政府制定的各种各样的环境规制加以实施，而领导干部将这些环境规制落实的情况如何？在信息不对称条件下，人民群众对领导干部实施环境规制的情况知之甚少。因此，人民群众需要通过一种机制来了解更多的关于领导干部实施环境规制的信息，从而更好地监督领导干部。由于了解到了更多的信息，信息不对称的问题得以缓解，人民群众可以使领导干部尽可能按照其意愿行事，也就是按照环境规制的要求来管理国家的生态环境资源，从而有效地保障了人民群众的利益。这一机制便是行政问责机制，具体来说，人民群众通过引入行政问责机制，对领导干部管理国家生态环境资源的情况和实施环境规制的情况进行监督。引入行政问责机制后，从环境规制实施的委托代理关系来分析，中国现行的环境规制的委托代理关系是：人民群众委托领导干部实施环境规制，人民群众是委托人，领导干部是代理人，人民群众通过行政问责机制对领导干部实施环境规制的情况进行监督。据此，本书构建了适合中国国情的、基于行政问责的环境规制有效性委托代理模型。通过对基于行政问责的环境规制有效性委托代理模型的运算与推导，本书论证了基于行政问责的环境规制的理论有效性。

国内外的研究成果中，关于环境规制的有效性在实证层面的文献比较多，但在实证层面对基于行政问责视角下的环境规制有效性的检验比较少；并且在理论层面，对基于行政问责的环境规制的理论有效性进行证明的国内外研究成果也不多。本书对基于行政问责的环境规制的理论有效性进行了理论探索。

二 对环境规制的实施有效性进行了实证研究

本书首先以淮河流域领导干部水质目标责任考核制为例，深入剖析对领导干部实施环保责任的行政问责可能产生的环境影响。

对这一问题的回答，本书从国控水质监测站的层面对该问题进行检验。文章将运用双重差分（Difference-in-Differences，DiD）的方法，以淮河流域内四个省份（安徽省、江苏省、河南省、山东省）的国控水质监测站的监测断面为研究对象，以与淮河流域临近的海河流域、部分黄河流域和部分长江流域内的省份（仅选取了黄河流域和长江流域内的地理位置处于中国中、东部的省份）的国控水质监测站的监测断面为控制组。本书实证检验了淮河流域领导干部水质目标责任考核制对于淮河流域内的国控水质监测站的水质监测指标的水质表现的影响。实证检验的结果表明，淮河流域领导干部水质目标责任考核制使得淮河流域内的国控水质监测站的两项考核水质监测指标（氨氮浓度和高锰酸盐浓度指数）在制度实施后的第三年显著降低。这一实证结论为正在全面实行的领导干部自然资源资产离任审计制度的实施将会改善环境质量，提供了制度有效性的证据支持。

本书接下来仍以淮河流域领导干部水质目标责任考核制为例，进一步分析对领导干部环保责任的行政问责对污染企业可能产生的经济影响。

对这一问题的回答，本书利用三重差分模型的思想对淮河流域内水污染行业的企业的生产活动和经济影响进行实证检验。本书控制了该制度的实施可能会对水污染行业的企业和非水污染行业的企业产生不同的经济影响。

本书从"生产规模""盈利能力""单位产出的固定资产投资规模"和"单位产出的主营业务成本"四个方面分别进行了检验。实证结果发现，淮河流域领导干部水质目标责任考核制显著地降低了淮河流域内水污染企业的产出规模。这与本书的假设一致，即企业面对更严格的环境规制的短期的反应就是收缩生产规模。与此同时，本书发现：淮河流域内四省的水污染企业在减产的同时，还显著地增加了其单位产出的固定资产投资。本书认为，这是由于淮河流域内四省的水污染企业受制度影响后，希望通过增加单位产出的固定资产投资的方式来提高企业的生产效率。本书还发现，淮河流域四省的水污染企业的资产收益率并未受到显著影响。并且，在样本期间内，单位产出的主营业务成本没有发生显著变化，这是由于根据会计准则，固定资产投资不属于企业的主营业务成本，因而对淮河流域内的水污染企业的单位产出的主营业务成本的影响并不显著。这一结论，为2018年在中国全面实行的领导干部自然资源资产离任审计制度的经济影响提供了实证参考依据，即领导干部自然资源资产离任审计制度可能会限制水污染行业的发展，对水污染行业的生产规模有负向打击。

三　对基于行政问责的环境规制的有效性机制进行了设计研究

基于行政问责的环境规制有效性机制是环境规制有效性的基础，本书构建了基于行政问责的环境规制有效性机制设计模型，根据经济机制设计理论和本书构建的基于行政问责的环境规制有效性机制设计模型，对基于行政问责的环境规制有效性机制进行了设计，分别对领导干部存在隐匿信息和隐匿行为两种情况下的环境规制有效性机制进行了模型构建，同时对中国现行的环境规制有效性机制进行了系统的研究，本书针对中国环境规制有效性存在的问题，提出了审计监督型环境规制和领导干部自然资源资产责任审计制度，构建了领导干部自然资源资产责任审计制度框架，同时还提出了进一步提高中国环境规制有效性的意见与建议。

本书认为，环境规制的机制设计至关重要。现阶段中国在进行环境规制的机制设计时一定要转变思路、调整方向、突出重点。新形势下，环境规制机制一定要与现代经济社会的发展相适应。虽然从目前和不久的未来看，行政命令型的环境规制仍将是中国进行环境保护的最主要环境管制工具。但是，从更长远的角度来看，行政命令型的环境规制在现代社会不能适应经济社会发展的需要，行政命令型的环境规制由于没有把激励相容的因素考虑在环境规制的设计之中，导致环境规制实施的监督成本高、环境规制的有效性差。市场型环境规制的优点在于行政色彩比较淡薄，能充分利用市场机制，应该说比行政命令型环境规制有较大的进步，但由于信息的不对称以及信息成本方面的原因，市场型环境机制的定价以及费税率的确定无法实现科学合理，更不能从宏观上对污染排放进行有效控制。对公众自愿型的环境规制来说，本书认为这种环境规制的机制类型更适合中国现代社会的发展阶段，更能够调动环境参与者保护环境的积极性。在当代社会中，人们的环境保护意识不断提高，人们开始进行自我规制，自愿参与环境保护已经成为一种趋势与潮流。在这一大背景下，环境规制有效性机制设计一定要与之相适应，在环境规制有效性机制设计过程中，要充分体现激励相容原则，并且要充分考虑环境规制参与者的利益，以及要用市场机制调动环境规制参与者保护环境、实施环境规制的积极性。同时在环境规制有效性机制的设计过程中，要充分利用现代技术，加大环境信息披露力度，充分利用绿色认证，发展绿色商业，用新的环境规制有效性机制设计理念和新的环境规制有效性机制引导环境规制参与者绿色消费。

在对中国现行的环境规制有效性机制的分析研究基础上，本书认为：激励机制是把环境污染的负外部性内部化的最好手段，行政问责机制是激励机制的一种实施方式，责任审计制度是行政问责制的最优实现方式。生态环境资源属公共产品，环境污染有较强的外部性，如何把环境污染产生的外部性内部化，环境规制（如环境法律、法规、要求等）是最好的激励方式之一。

在中国，领导干部受人民群众委托管理国家生态环境资源。领导干部既是环境规制的制定者，又是环境规制的实施者。通常情况下，领导干部与环境事件的关系比较密切，大部分环境事件是"人祸"而不是"天灾"。领导干部受人民群众委托管理国家生态环境资源，那么谁来监督领导干部，怎么监督领导干部？本书提出，应对领导干部管理生态环境资源的情况运用审计制度作为监督工具，这是对干部监督方式的制度创新。审计监督型的环境规制有效性机制是环境规制有效性机制的制度创新。传统的审计监督主要是在经济监督的范畴内，对经济范围以外的监督审计机构基本没有介入。随着现代审计技术的发展，审计的范围不断扩大，审计目前已经进入到生态和环境领域。国家已于 2017 年 9 月出台了领导干部自然资源资产离任审计制度，但由于领导干部自然资源资产离任审计制度在实施过程中还存在一些问题。有鉴于此，本书提出了领导干部自然资源资产责任审计概念，构建了领导干部自然资源资产责任审计制度框架。建议国家在对领导干部自然资源资产离任审计制度总结、完善的基础上，尽快出台领导干部自然资源资产责任审计制度。领导干部自然资源资产责任审计制度是环境规制有效性机制设计创新，也是对领导干部监督工作的制度创新。

四　对领导干部实施环境规制情况的监督制度的影响机制进行了分析

本书以淮河流域领导干部水质目标责任考核制为例，探究对领导干部管理国家生态环境资源的监督管理制度的有效性。具体来说，淮河流域领导干部水质目标责任考核制度设置的水质考核指标只有两个，即氨氮和高锰酸盐指数。本书的实证研究结果发现，在实行淮河流域领导干部水质目标责任考核制后，非考核水质监测指标的水质表现并未得到显著的改善。甚至在制度实施后，"总汞""总铅"这两项非考核水质监测指标的浓度值有显著的上升。尽管非考核水质指标在制度实施后的水质表现不甚乐观，但淮河流域内的综合水质在制度实施后的第四年有明显改善。

这个实证结论足以说明，中国现行的对领导干部管理国家生态环境资源的监督管理办法仍不完善，需要进一步完善对领导干部管理国家生态环境资源的监督管理制度与办法，进一步加大行政问责的力度，不断提高中国环境规制有效性水平。这个实证结果也提示我们，在对领导干部管理国家生态环境资源监督管理制度或办法的设计过程中，考核指标的设计一定要科学合理，并且注意考核指标的设计应有很强的提示作用和指导意义。具体有两点：第一，目前中国刚刚开始对领导干部实行自然资源资产离任审计，领导干部自然资源资产离任审计完整的审计指标体系仍在形成过程之中。建议对领导干部自然资源资产离任审计的指标体系设计应该全面考虑，对政府环境规制实施前、后的生态环境效果进行综合测量和评价。具体来说，考核领导干部的环保责任履行情况时，不应只抓个别指标进行考核，而应该构建全面的环境指标绩效考核体系，完善领导干部环保责任履行绩效考核的管理制度，使环境能够得到切实的、整体性的改善。第二，设计全面的审计考核指标体系并不意味着不抓重点指标，领导干部自然资源资产离任审计的审计过程中对于影响自然资源或者生态环境的核心要素要着重关注。

第二节　政策建议

本书的研究结论是：基于行政问责的环境规制是有效的。本书的研究结论是从三个方面的研究得出的：一是建立了基于行政问责的环境规制有效性委托代理理论模型，经过对该模型的推导论证，本书从理论上证明了基于行政问责的环境规制的理论有效性。二是从机制设计角度，构建了基于行政问责的环境规制有效性机制设计模型，分别对领导干部存在隐匿信息和隐匿行为两种情况下的环境规制有效性机制进行了模型构建，提出了提高中国环境规制有效性机制政策建议。三是从实证层面，本书利用淮河流域领导干部水质目标责任考核制为例，对环境规制的实施有效性进行了实证检验。检验从环境规制对当地的环境与经济影响展开，实证检验的结果证明环境规制是有效的。本书认为，环境规制有效性机制是确保环境规制有效性得以实施的重要前提，即环境规制有效性机制的科学合理，确保了环境规制的有效实施。四是政策层面，本书在对基于行政问责的环境规制有效性研究的基础上，提出了领导干部审计监督型环境规制机制，构建了领导干部审计监督型环境规制和领导干部自然资源资产责任审计制度框架，是对领导干部监督工作的制度创新。根据本书的研究结论，提出如下政策建议。

第一，通过本书的研究已经证明，基于行政问责的环境规制对保护生态环境是有效的。这就要求我们进一步加强和完善中国的环境规制体系建设，加强对环境规制实施情况的监督，不断加大行政问责力度，不断创新环境规制有效性机制。在中国现有的环境规制虽然不少，但结构不合理，环境规制的质量不高。建议对中国现有的环境规制进行一次全面收集和整理，对过时的环境规制要及时清理，对需要改进的环境规制要及时补充完善。要对中国的环境规制的实施情况进行动态管理，对环境规制的有效性进行定期评估。对环境规制有效性差的环境规制查找原因并且有针对性地修改完善，同时要进一步加大对环境规制实施情况的监督检查力度。

第二，本书研究发现，在中国，领导干部在环境规制的有效性中发挥着重要且特殊的作用。目前中国对领导干部在自然资源与生态环境资源管理方面的监督力度还不够。建议国家对正在实施的领导干部自然资源资产离任审计制度实施情况进行不断总结完善，针对领导干部自然资源资产离任审计中存在的问题，尽快对正在实施的领导干部自然资源资产离任审计制度修改完善，出台领导干部自然资源资产责任审计制度。在设计领导干部自然资源资产责任审计制度时，应该考虑该制度对不同企业的异质性影响。根据本书实证部分的研究结论，领导干部自然资源资产责任审计制度可能对污染企业的产出规模产生负面影响。不应忽视的是，生产规模的收缩在长期势必会导致企业的劳动力规模的缩减，这对经济发展和劳动力的充分就业是不利的。尽管从本书的实证结果可以看出，污染企业在制度实施后增加了单位产出的固定资产投资，从而为环境改善的原因提供了有力的证据支持。因此，这部分企业（尤其是中、小型企业）可能是领导干部自然资源资产责任审计制度的"盲区"，是政府应该重点关注并扶持的企业。在对污染企业施加环境方面约束的同时，应该加大对中、小企业资金（如设立环保基金）、更新环保设备、引进环保工艺方面的扶持力度。

第三，要注意不断提高环境规制的质量与水平。环境规制的质量与水平直接影响着环境规制的有效性。中国现行的环境规制多、实施效果差的主要原因是设计的环境规制质量不高，环境规制在设计过程中缺乏充分的调研论证，环境规制的利益调节机制不合理，可操作性差等。本书的实证研究也表明，通过环境规制实施情况考核，考核指标明显改善，部分非考核指标不仅没有改善，有的甚至恶化。这也充分说明了中国环境规制设计的质量存在问题，考核的指挥棒作用没有发挥好。特别是在环境规制制定与修改完善过程中要充分考虑激励相容与信息效率，要大力提倡公众自愿型环境规制机制，要最大限度地调动社会公众自愿参与环境规制的制定和调整的积极性。

第四，建议加大公众自愿型生态环境方面的立法进程。从本书关于环境规制有效性机制设计部分的内容可以看出，中国的生态环境问题目前仍较为严重，由于公众自愿型环境规制机制能够更有效地调动环境参与者保护环境的积极性，并且随着人民环保意识的增强，本书建议要进一步加快公众自愿型环境规制建设，特别要进一步加大这方面的法制化建设进程。

第三节　研究的不足与未来展望

本书对基于行政问责的环境规制有效性进行了研究，取得了一些研究成果。但由于环境规制的有效性涉及范围很广、内容多，本研究只是针对行政问责的环境规制有效性进行了研究，并且研究的重点聚焦于领导干部和企业层面。本书认为，对环境规制有效性的研究还可以从不同的侧面与角度进行研究，比如从社会公众层面、信息披露层面等。

环境规制的有效性研究，这个问题表面上看是小问题，其实是个大问题。环境规制能否有效地实施，不仅取决于环境规制制定的质量与水平、行政问责的强度，同时也取决于领导干部实施环境规制的能力。环境规制与环境规制的规制者、实施者、规制对象、规制实施机制等多方面因素密切相关。要提高中国环境规制的有效性，需要进一步深化以下四个方面的研究。

第一，进一步加强对环境规制有效性理论研究的深度和广度。现阶段，中国在这方面的研究还比较少，特别是系统地对环境规制有效性进行研究的成果并不多。虽然中国对环境保护法律、法规相关的话题或研究并不陌生，近年来国家又非常重视生态环境保护工作，但是基于中国现行体制下、面对中国环保新问题的环境规制有效性的研究不多、进展不大，不能与形势的要求相适应。

第二，学习、借鉴国外环境规制有效性研究的成果与应用的经验。特别是发达国家在环境规制的有效性研究与应用方面有很多成熟的经验与做法，我们需要以开放的思维，学习、借鉴国外的先进经验，不断扩展中国环境规制有效性实施机制的途径。

第三，环境规制主要是用来规制规制对象的，环境规制在制定过程中要紧密结合中国的实际。特别是在环境规制的机制设计过程中，要通过环境规制机制设计，充分调动广大人民群众遵守环境规制的积极性，不断提高社会公众的环境保护意识；并且注意利用现代新技术挖掘新的环境规制的实施机制。

第四，进一步加大对环境规制执行情况的监督检查力度。对环境违规问题的处理、处罚如不到位，将严重影响环境规制有效性的发挥。关于环境规制处理处罚的法律法规体系一定协调配套，不能出现环境规制实施过程中出现了严重问题，但处理处罚的法律法规不配套，并且有些法律法规相互矛盾的情况，这将不利于对环境规制实施过程中发现问题的及时处理，影响环境规制有效性的发挥。

参考文献

蔡春、陈晓媛：《环境审计论》，中国时代经济出版社 2006 年版。

厉以宁、张铮：《环境经济学》，中国计划出版社 1995 年版。

马中：《环境经济与政策：理论及应用》，中国环境科学出版社 2010
　年版。

世界银行碧水蓝天编写组：《展望 21 世纪的中国环境》，中国财政经
　济出版社 1997 年版。

王俊豪：《管制经济学原理》，高等教育出版社 2014 年版。

王治国：《基于拍卖与金融契约的地方政府自行发债机制设计研究》，
　经济管理出版社 2018 年版。

张维迎：《博弈论与信息经济学》，上海人民出版社 2004 年版。

植草益：《微观规制经济学》，中国发展出版社 1992 年版。

[法] 卢梭：《社会契约论》，李平沤译，商务印书馆 2017 年版。

[美] 罗伯特·K. 莫茨、[埃及] 侯赛因·A. 夏拉夫：《审计理论结
　构》，文硕等译，中国商业出版社 1990 年版。

[以] 约拉姆·巴泽尔：《产权的经济分析》，费方域等译，上海人民
　出版社 1997 年版。

安家鹏、程月晴、安广实：《自然资源资产离任审计评价指标体系构
　建》，《南京财经大学学报》2016 年第 5 期。

包群、邵敏、杨大利：《环境管制抑制了污染排放吗?》，《经济研究》
　2013 年第 12 期。

蔡春、陈晓媛：《经济责任审计的基本理论依据》，《中国审计》2005
　　年第 3 期。

曹静、王鑫、钟笑寒：《限行政策是否改善了北京市的空气质量？》，
　　《经济学（季刊）》2014 年第 13 卷第 3 期。

陈朝豹、耿翔宇、孟春：《胶州市领导干部自然资源资产离任审计的
　　实践与思考》，《审计研究》2016 年第 4 期。

陈林、伍海军：《国内双重差分法的研究现状与潜在问题》，《数量经
　　济技术经济研究》2015 年第 7 期。

陈献东：《开展领导干部自然资源资产离任审计的若干思考》，《审计
　　研究》2014 年第 5 期。

陈钊、刘晓峰、汪汇：《服务价格市场化：中国医疗卫生体制改革的
　　未尽之路》，《管理世界》2008 年第 8 期。

成金华、吴巧生：《中国环境政策的政治经济学分析》，《经济评论》
　　2005 年第 3 期。

董大胜：《深化审计基本理论研究推动审计管理体制改革》，《审计研
　　究》2018 年第 2 期。

董秀红：《从审计假设看审计风险》，《福建财会管理干部学院学报》
　　2001 年第 3 期。

豆建民、沈艳兵：《产业转移对中国中部地区的环境影响研究》，《中
　　国人口·资源与环境》2014 年第 24 卷第 11 期。

杜钢建：《走向政治问责制》，《决策与信息》2003 年第 9 期。

方修宇：《关于以审计环境为基础构建审计假设的探讨》，《中国注册
　　会计师》2004 年第 11 期。

高小平：《生态安全与突发生态公共事件应急管理》，《甘肃行政学院
　　学报》2007 年第 1 期。

高燕妮：《试论中央与地方政府间的委托—代理关系》，《改革与战
　　略》2009 年第 25 卷第 1 期。

耿建新、刘尚睿、吕晓敏：《土地自然资源资产负债表与自然资源资
　　产离任审计》，《财会月刊》2018 年第 18 期。

郭鹏飞：《论领导干部自然资源资产离任审计的环境公正观》，《中国

审计》2018 年第 1 期。

韩超、胡浩然：《清洁生产标准规制如何动态影响全要素生产率——剔除其他政策干扰的准自然实验分析》，《中国工业经济》2015 年第 5 期。

韩剑琴：《行政问责制——建立责任政府的新探索》，《探索与争鸣》2004 年第 8 期。

胡耘通、苏东磊：《环境绩效审计评价指标体系研究现状与展望》，《财会通讯》2018 年第 28 期。

江东瀚：《论国有资本初始委托人缺位问题》，《广西大学学报》（哲学社会科学版）2007 年第 29 卷第 5 期。

江依妮、曾明：《中国政府委托代理关系中的代理人危机》，《江西社会科学》2010 年第 4 期。

李博英、尹海涛：《领导干部自然资源资产离任审计方法研究——基于模糊综合评价理论的分析》，《审计与经济研究》2016 年第 6 期。

李玲、陶锋：《中国制造业最优环境规制强度的选择——基于绿色全要素生产率的视角》，《中国工业经济》2012 年第 5 期。

李小平、卢现祥、陶小琴：《环境规制强度是否影响了中国工业行业的贸易比较优势》，《世界经济》2012 年第 4 期。

李雪、杨智慧、王健姝：《环境审计研究：回顾与评价》，《审计研究》2002 年第 4 期。

李祎：《环境审计在地方污染治理中的作用机制及路径创新研究》，《中外企业家》2017 年第 26 期。

李永友、文云飞：《中国排污权交易政策有效性研究——基于自然实验的实证分析》，《经济学家》2016 年第 5 期。

李挚萍：《20 世纪政府环境管制的三个演进时代》，《学术研究》2005 年第 6 期。

林忠华：《领导干部自然资源资产离任审计探讨》，《审计研究》2014 年第 5 期。

刘宝财：《基于 AHP 法的经济责任审计评价指标体系模型研究——以浙江省高校为例》，《财政监督》2016 年第 14 期。

刘晨跃、徐盈之：《环境规制如何影响雾霾污染治理？——基于中介效应的实证研究》，《中国地质大学学报》（社会科学版）2017 年第 6 期。

刘国常：《基于审计关系框架的审计假设体系构建》，《财会月刊》2006 年第 13 期。

刘厚金：《中国行政问责制的多维困境及其路径选择》，《学术论坛》2005 年第 11 期。

刘茜、许成安：《国家审计推进腐败治理的机理与路径研究》，《东南学术》2018 年第 1 期。

刘宇晨等：《草原资源资产负债离任审计评价指标构建研究》，《审计文摘》2018 年第 11 期。

刘郁、陈钊：《中国的环境规制：政策及其成效》，《经济社会体制比较》2016 年第 1 期。

龙小宁、万威：《环境规制、企业利润率与合规成本规模异质性》，《中国工业经济》2017 年第 6 期。

吕永霞：《乡镇领导干部经济责任审计评价指标体系研究》，《财会通讯》2018 年第 28 期。

吕永祥、王立峰：《高压反腐下行政不作为的发生机理与治理机制——以问责要素的系统分析为视角》，《东北大学学报》（社会科学版）2018 年第 1 期。

倪星：《论民主政治中的委托—代理关系》，《武汉大学学报》（哲学社会科学版）2002 年第 55 卷第 6 期。

聂辉华、江艇、杨汝岱：《中国工业企业数据库的使用现状和潜在问题》，《世界经济》2012 年第 5 期。

潘旺明等：《领导干部自然资源资产离任审计实务模型初构——基于绍兴市的试点探索》，《审计研究》2018 年第 3 期。

戚学祥：《中国环境治理的现实困境与突破路径——基于中央与地方关系的视角》，《党政研究》2017 年第 6 期。

钱学锋等：《出口与中国工业企业的生产率——自我选择效应还是出口学习效应？》，《数量经济技术经济研究》2011 年第 2 期。

任力、黄崇杰：《国内外环境规制对中国出口贸易的影响》，《世界经济》2015 年第 5 期。

申勇：《深圳企业外迁现象剖析及政策调整》，《当代经济》2008 年第 5 期。

沈庆劼：《资本压力、股权结构与商业银行监管资本套利：基于 1994—2011 年中国商业银行混合截面数据》，《管理评论》2014 年第 26 卷第 10 期。

宋文飞、李国平、韩先锋：《环境规制、贸易自由化与研发创新双环节效率门槛特征——基于中国工业 33 个行业的面板数据分析》，《国际贸易问题》2014 年第 2 期。

苏晓红：《环境管制政策的比较分析》，《生态经济（中文版）》2008 年第 4 期。

谭冰霖：《论第三代环境规制》，《现代法学》2018 年第 1 期。

陶然等：《地区竞争格局演变下的中国转轨：财政激励和发展模式反思》，《经济研究》2009 年第 7 期。

田国强：《经济机制理论：信息效率与激励机制设计》，《经济学（季刊）》2003 年第 2 卷第 2 期。

王春城：《行政问责制中主客体关系的平衡——基于委托—代理理论视角的分析》，《行政论坛》2009 年第 16 卷第 3 期。

王红梅：《中国环境规制政策工具的比较与选择——基于贝叶斯模型平均（BMA）方法的实证研究》，《中国人口·资源与环境》2016 年第 26 卷第 9 期。

王金南等：《排污交易制度的最新实践与展望》，《环境经济》2008 年第 10 期。

王延中、冯立果：《中国医疗卫生改革何处去——"甩包袱"式市场化改革的资源集聚效应与改进》，《中国工业经济》2007 年第 8 期。

王艳芳、张俊：《奥运会对北京空气质量的影响：基于合成控制法的研究》，《中国人口·资源与环境》2014 年第 24 卷第 165 期。

王永钦、丁菊红：《公共部门内部的激励机制：一个文献述评——兼论中国分权式改革的动力机制和代价》，《世界经济文汇》2007 年第 1 期。

王郅强、靳江好、赫郑飞：《健全行政问责制提高政府执行力——"行政问责制与政府执行力"研讨会综述》，《中国行政管理》2007年第 9 期。

魏后凯、白玫：《中国企业迁移的特征、决定因素及发展趋势》，《发展研究》2009 年第 10 期。

吴卫星：《排污权交易制度的困境及立法建议》，《环境保护》2010 年第 12 期。

肖光荣：《中国行政问责制存在的问题及对策研究》，《政治学研究》2012 年第 3 期。

肖浩、孔爱国：《融资融券对股价特质性波动的影响机理研究：基于双重差分模型的检验》，《管理世界》2014 年第 3 期。

肖兴志、李少林：《环境规制对产业升级路径的动态影响研究》，《经济理论与经济管理》2013 年第 33 卷第 6 期。

谢青洋、应黎明、祝勇刚：《基于经济机制设计理论的电力市场竞争机制设计》，《中国电机工程学报》2014 年第 34 卷第 10 期。

徐泓、曲婧：《自然资源绩效审计的目标、内容和评价指标体系初探》，《审计研究》2012 年第 2 期。

徐珂：《中国推行行政问责制的主要措施》，《中国行政管理》2008 年第 5 期。

徐现祥、王贤彬、舒元：《地方官员与经济增长——来自中国省长、省委书记交流的证据》，《经济研究》2007 年第 9 期。

闫志俊、于津平：《政府补贴与企业全要素生产率——基于新兴产业和传统制造业的对比分析》，《产业经济研究》2017 年第 1 期。

杨芳：《环境审计的经济学理论基础分析》，《陕西省行政学院、陕西省经济管理干部学院学报》1999 年第 3 期。

杨蕾：《领导干部自然资源资产离任审计评价指标体系构建》，《商业会计》2016 年第 16 期。

叶大凤、李林颖：《地方政府环境政策执行偏差及其矫正》，《管理观察》2017 年第 14 期。

余敏江:《生态治理中的中央与地方府际间协调:一个分析框架》,《经济社会体制比较》2011 年第 2 期。

余望成、刘红南:《行政问责制:由来、困惑与出路初探》,《湖南科技学院学报》2005 年第 26 卷第 6 期。

余长林、高宏建:《环境管制对中国环境污染的影响——基于隐性经济的视角》,《中国工业经济》2015 年第 7 期。

原毅军、刘柳:《环境规制与经济增长:基于经济型规制分类的研究》,《经济评论》2013 年第 1 期。

张成等:《环境规制强度和生产技术进步》,《经济研究》2011 年第 2 期。

张宏亮、刘长翠、曹丽娟:《地方领导人自然资源资产离任审计探讨——框架构建及案例运用》,《审计研究》2015 年第 2 期。

张晶、高运川:《环境审计的理论框架》,《环境科学动态》2004 年第 3 期。

张军、高远:《官员任期、异地交流与经济增长——来自省级经验的证据》,《经济研究》2007 年第 11 期。

张凌云、齐晔:《地方环境监管困境解释——政治激励与财政约束假说》,《中国行政管理》2010 年第 3 期。

赵琳:《环境审计准则体系建设初探》,《财会月刊》2004 年第 21 期。

钟文胜、张艳:《地方领导干部自然资源资产离任审计评价指标体系构建的思考》,《中国内部审计》2018 年第 4 期。

周黎安、李宏彬、陈烨:《相对绩效考核:关于中国地方官员晋升的一项经验研究》,《经济学报》2005 年第 1 期。

周黎安、陶婧:《官员晋升竞争与边界效应:以省区交界地带的经济发展为例》,《金融研究》2011 年第 3 期。

周天勇等:《科学发展观引领政绩考核导向》,《环境保护》2009 年第 16 期。

周亚越:《论中国问责文化的缺失与建构》,《宁波大学学报》(人文版)2008 年第 21 卷第 3 期。

陈力予:《中国行政问责制度及对问责程序机制的影响研究》,博士学位论文,浙江大学,2008年。

单长青:《中小企业固定资产投资管理研究》,博士学位论文,南京理工大学,2007年。

段振东:《行政同体问责制研究》,博士学位论文,吉林大学,2014年。

葛枫:《环境规制可以提升企业竞争力吗?》,博士学位论文,浙江大学,2015年。

寇凌:《行政问责主体研究》,博士学位论文,中国政法大学,2011年。

李丛:《党政领导干部经济责任审计评价指标体系构建及应用研究》,硕士学位论文,兰州理工大学,2013年。

龙岳辉:《行政问责制的异化及矫正对策研究》,博士学位论文,湖南师范大学,2010年。

石灿:《机制设计理论视角下中央巡视制度反腐研究》,博士学位论文,湖南大学,2016年。

杨清:《国有森林资源资产委托代理制度研究》,博士学位论文,东北林业大学,2003年。

杨智慧:《环境审计理论结构研究》,硕士学位论文,中国海洋大学,2003年。

张亚伟:《政府环境规制的有效性研究》,博士学位论文,中国地质大学(北京),2010年。

董瑞强:《13省市环保厅局长易帅,背后有何深意?》,2019年7月31日,经济观察网(http://www.eeo.com.cn)。

观察者网:《环保部专家:中国几乎所有污染物排放均世界第一》,2019年7月31日,观察者网(https://www.guancha.cn)。

搜狐新闻:《揭秘地方统计造假乱象:数字出官官出数字》,2019年7月31日,搜狐官网(http://news.sohu.com/)。

网易新闻:《专家解读"史上最严"新〈环保法〉》,2019年7月31

日，网易新闻（http：//news. 163. com）。

新华网：《组建生态环境部不再保留环境保护部》，2019 年 7 月 31
日，新华网（http：//www. news. cn/）。

新浪新闻：《安徽省淮河流域水污染防治目标责任书（2005—2010
年)》，2019 年 7 月 31 日，新浪新闻中心（https：//news.
sina. com. cn/）。

新浪新闻：《河南省淮河流域水污染防治目标责任书（2005—2010
年)》，2019 年 7 月 31 日，新浪新闻中心（https：//news.
sina. com. cn/）。

新浪新闻：《江苏省淮河流域水污染防治目标责任书（2005—2010
年)》，2019 年 7 月 31 日，新浪新闻中心（https：//news.
sina. com. cn/）。

中华人民共和国生态环境部：《2018 中国生态环境状况公报》，2019
年 7 月 31 日，中华人民共和国生态环境部官网（http：//www.
mee. gov. cn）。

中华人民共和国生态环境部：《关于全面落实绿色信贷政策进一步完
善信息共享工作的通知》，2019 年 7 月 31 日，中华人民共和国生
态环境部官网（http：//www. mee. gov. cn）。

中华人民共和国生态环境部：《水污染物排放标准》，2019 年 7 月 31
日，中华人民共和国生态环境部官网（http：//www. mee. gov. cn/）。

周宏春：《中国环境污染形势严峻 2018 年环保攻坚战怎么打?》，
2019 年 7 月 31 日，中国网（http：//news. china. com. cn/）。

The World Bank, *Water Quality Management—Policy and Institional Con-
siderataions*, accessed July 31, 2019, The World Bank official website
（https：//www. worldbank. org）.

Yale Center for Environmental Law & Policy, *Yale University：Environmen-
tal Performance Index*, accessed July 31, 2019, Yale Center for Environ-
mental Law & Policy website（https：//epi. envirocenter. yale. edu）.

Arik Levinson, 2008, *Pollution Haven Hypothesis.* New Palgrave Dictionary of Economics (Second Edition), UK: Palgrave Macmillan: Basingstoke.

Authur C Pigou, 1932, *The Economics of Welfare (4th Edition)* . London: Macmillan.

Bensal P, Hoffman A. , 2012, *The Oxford Handbook of Business and the Natural Environment.* Oxford, England: Oxford University Press.

Carroll J S, 1989, "A Cognitive-Process Analysis of Taxpayer Compliance" in *Taxpayer Compliance*, Philadelphia, PA: University of Pennsylvania Press.

David M. Kreps and Joel Sobel, 1994, "Signaling" in *Handbook of Game Theory*.

David M. Lampton, 1987, *Policy Implementation in Post-Mao China*, Berkeley: University of California Press.

David S. Clark, 2015, "Legal Systems, Classification of," in *International Encyclopedia of the Social and Behavioral Sciences (Second Edition)* .

Frank Wijen, Kees Zoeteman, Jan Pieters, Paul van Seters and Edward Elgar, 2012, *A Handbook of Globalisation and Environmental Policy: National Government Interventions in a Global Arena (Second Edition)*, Cheltenham, England: Edward Elgar.

Jae Ho Chung, 2000, *Central Control and Local Discretion in China*, Oxford, England: Oxford University Press.

James A. Mirrlees, 1974, *Notes on Welfare Economics, Information and Uncertainty in Essays on Economic Behavior under Uncertainty*, Amsterdam: North-Holland.

James Q. Wilson, 1989, *Bureaucracy: What Government Agencies Do and Why They Do it*, New York: Basic Books.

Jean-Jacques Laffont and David Martimort, 2002, *The Theory of Incentives*, New Jersey: Princeton University Press.

Jean-Jacques Laffont, 2005, *Regulation and Development*, Cambridge, England: Cambridge University Press.

Kathryn A. McDermott, 2011, *High-Stakes Reform: The Politics of Educa-*

tional Accountability, Washington, D. C. : Georgetown University Press.

Kenneth Lieberthal, 1995, *Governing China: From Revolution Through Reform*, New York: W. W. Norton and Co.

Leonid Hurwicz, 1972, "On Informationally Decentralized Systems" in *Decision and Organization: A volume in Honor of Jacob Marschak*, North-Holland, Amsterdam.

Michael Sherer and David Kent, 1983, *Auditing and Accountability*, London: Pitman.

Oliver O. Williamson, 1985, *The Economic Institutions of Capitalism: Firms, Markets, Relational Contracting.* New York: Free Press.

Joseph E. Stiglitz, 1989, "On the Economic Role of the State" in *The Economic Role of the State*, edited by Arnold Heertje, Cambridge, Mass. and Oxford: Basil Blackwell.

Haitao Yin, Francesca Spigarelli, Xuemei Zhang, et al. 2016, "Policies that Promote Environmental Industry in China: Challenges and Opportunities" in Francesca Spigarelli, Louise Curran and Alessia Arteconi, *China and Europe's Partnership for a More Sustainable World.* Bingley: Emerald Publishing Limited.

Abhijit V. Banerjee, Esther Duflo and Rachel Glennerster, "Putting a Band-Aid on a Corpse: Incentives for Nurses in the Indian Public Health Care System", *Journal of the European Economic Association*, Vol. 6, Issue 2 – 3, 2008.

Abhijit V. Banerjee, Sendhil Mullainathan and Rema Hanna, "Corruption", *Social Science Electronic Publishing*, Vol. 42, Issue 1, 2012.

Adam B. Jaffe and Karen Palmer, "Environmental Regulation and Innovation: A Panel Data Study", *Review of Economics and Statistics*, Vol. 79, Issue 4, 1997.

Adam B. Jaffe, Steven R. Peterson, Paul R. Portney and Robert N. Stavins, "Environmental Regulation and the Competitiveness of U. S. Manufacturing: What Does the Evidence Tell us?", *Journal of Economic*

Literature, Vol. 33, Issue 1, 1995.

Ajit Mishra, "Hierarchies, Incentives and Collusion in a Model of Enforcement", *Journal of Economic Behavior & Organization*, Vol. 47, Issue 2, 2000.

Alchian Armen A. and Demsetz Harold, "Production, Information Costs, and Economic Organization", *The American Economic Review*, Vol. 62, Issue 5, 1972.

Alex L. Wang, "The Search for Sustainable Legitimacy: Environmental Law and Bureaucracy in China", *Social Science Electronic Publishing*, Vol. 37, Issue 2, 2012.

Allen Blackman and Winston Harrington, "The Use of Economic Incentives in Developing Countries: Lessons from International Experience with Industrial Air Pollution", *The Journal of Environment & Development*, Vol. 9, Issue 1, 2000.

Ann Harrison, Benjamin Hyman, Leslie Martin, Shanthi Nataraj, "When Do Firms Go Green? Comparing Price Incentives with Command and Control Regulations in India", *Working Papers*, Issue 36, 2015.

Antoine Dechezleprêtre and Misato Sato. "The Impacts of Environmental Regulationson Competitiveness", *Review of Environmental Economics and Policy*, Vol 11, Issue 2, 2017.

Antonio Estache and Liam Wren-Lewis, "Toward a Theory of Regulation for Developing Countries: Following Jean-Jacques Laffont's Lead", *Journal of Economic Literature*, Vol. 47, Issue 3, 2009.

Ariel Rubinstein, "Equilibrium in Supergames with the Overtaking Criterion", *Journal of Economic Theory*, Vol. 21, Issue 1, 1979.

Arik Levinson and M. Scott Taylor, "Unmasking the Pollution Haven Effect", *International Economic Review*, Vol. 49, Issue 1, 2008.

Arik Levinson, "Environmental regulations and manufacturers' location choices: Evidence from the Census of Manufactures", *Journal of Public Economics*, Vol. 62, Issue 1 - 2, 1996.

Arild Vatn, "Input versus Emission Taxes: Environmental Taxes in a Mass Balance and Transaction Costs Perspective", *Land Economics*, Vol. 74, Issue 4, 1998.

Orley Ashenfelter; David Card, "Using the Longitudinal Structure of Earnings to Estimate the Effect of Training Programs", *Review of Economics and Statistics*, Vol. 67, Issue 4, 1985.

B. Peter Pashigian, "The Effect of Environmental Regulation on Optimal Plant Size and Factor Share", *Journal of Law & Economics*, Vol. 27, Issue 1, 1984.

B. W Ang, "Decomposition analysis for policymaking in energy: Energy Policy", *Energy Policy*, Vol. 32, Issue 9, 2004.

Baolong Yuan, Shenggang Ren and Xiaohong Chen, "Can Environmental Regulation Promote the Coordinated Development of Economy and Environment in China's Manufacturing Industry? -A Panel Data Analysis of 28 Sub-sectors", *Journal of Cleaner Production*, Vol. 149, 2017.

Barbara S. Romzek and Melvin J. Dubnick, "Accountability in the Public Sector: Lessons from the Challenger Tragedy", *Public Administration Review*, Vol. 47, Issue 3, 1987.

Beata Smarzynska Javorcik and Shang-Jin Wei, "Pollution Havens and Foreign Direct Investment: Dirty Secret or Popular Myth?", *Economic Analysis & Policy*, Vol. 3, Issue 2, 2004, Article 8.

Bengt Holmström and Paul Milgrom, "Aggregation and Linearity in the Provision of Intertemporal Incentives", *Econometrica*, Vol. 55, Issue 2, 1987.

Bengt Holmström and Paul Milgrom, "Multitask Principal-Agent Analyses: Incentive Contracts, Asset Ownership, and Job Design", *Journal of Law Economics and Organization*, Vol. 7, 1991.

Bengt Holmström, "Moral Hazard and Observability", *Bell Journal of Economics*, Vol. 10, Issue 1, 1979.

Benouit Laplante and Paul Rilstone, "Environmental Inspections and Emissions of the Pulp and Paper Industry in Quebec", *Journal of Environmental Economics and Management*, Vol. 31, Issue 1, 1996.

Bernard Sinclair-Desgagné and H. Landis Gabel, "Environmental Auditing in Management Systems and Public Policy", *Journal of Environmental Economics and Management*, Vol. 33, Issue 3, 1997.

Thomas Bernauer, Patrick M. Kuhn, "Is There an Environmental Version of the Kantian Peace? Insights from Water Pollution in Europe", *European Journal of International Relations*, Vol. 16, Issue 1, 2010.

Brian R. Copeland and M. Scott Taylor, "Growth, and the Environment", *Journal of Economic Literature*, Vol. 42, Issue 1, 2004.

Brian R. Copeland and M. Scott Taylor, "North-South Trade and the Environment", *The Quarterly Journal of Economics*, Vol. 109, Issue 3, 1994.

Bruce A. Blonigen, Ronald B. Davies, Glen, R. Waddell and Helen T. Naughton, "FDI in space: Spatial autoregressive relationships in foreign direct investment", *European Economic Review*, Vol. 51, Issue 5, 2007.

Callaway B, Sant'Anna P H C. Difference-in-Differences with Multiple Time Periods and an Application on the Minimum Wage and Employment. *Social Science Electronic Publishing*, 2018.

Carl Shapiro and Joseph E. Stiglitz, "Equilibrium Unemployment as a Worker Discipline Device", *American Economic Review*, Vol. 74, Issue 3, 1984.

Carlo Carraro and Domenico Siniscalco, "Environmental Innovation Policy and International Competition", *Environmental and Resource Economics*, Vol. 2, Issue 2, 1992.

Carlos Wing Hung Lo and Sai Wing Leung, "Environmental Agency and Public Opinion in Guangzhou: The Limits of a Popular Approach to Environmental Governance", *The China Quarterly*, Vol. 163, 2000.

Carlos Wing-Hung Lo, Gerald E. Fryxell and Wilson Wai-Ho Wong, "Effective Regulations with Little Effect? The Antecedents of the Perceptions of Environmental Officials on Enforcement Effectiveness in China", *Environmental Management*, Vol. 38, Issue 3, 2006.

Carolyn J. Heinrich, "Improving Public-Sector Performance Management: One Step Forward, Two Steps Back?", *Public Finance and Management*, Vol. 4, Issue 3, 2004.

Carolyn J. Heinrich, "Outcomes-Based Performance Management in the Public Sector: Implications for Government Accountability and Effectiveness", *Public Administration Review*, Vol. 62, Issue 6, 2006.

Chen Y, Jin G Z, Kumar N, et al. , "Gaming in Air Pollution Data? Lessons from China", *The B. E. Journal of Economic Analysis and Policy*, Vol. 12, Issue 3, 2012.

Chenggang Xu, "The Fundamental Institutions of China's Reforms and Development", *Journal of Economic Literature*, Vol. 49, Issue 4, 2011.

Chiara Franco and Giovanni Marin, "The Effect of Within-Sector, Upstream and Downstream Environmental Taxes on Innovation and Productivity", *Environmental and Resource Economics*, Vol. 97, Issue 9, 2013.

Chihhai Yang, Yuhsuan Tseng and Chiangping Chen, "Environmental Regulations, Induced R&D, and Productivity: Evidence from Taiwan's Manufacturing Industries", *Resource and Energy Economics*, Vol. 34, Issue 4, 2012.

Chris Marquis and Mia Raynard, "Institutional Strategies in Emerging Markets", *Academy of Management Annals*, Vol. 9, Issue 1, 2015.

Christer Ljungwall and Martin LindeRahr, "Environmental Policy and the Location ofForeign Direct Investment in China", *Governance Working Papers*, 2005.

Christopher Marquis and Cuili Qian, "Corporate Social Responsibility Reporting in China: Symbol or Substance?", *Organization Science*, Vol. 25, Issue 1, 2014.

Claire Brunel and Arik Levinson, "Measuring the Stringency of Environmental Regulations", *Review of Environmental Economics and Policy*, Vol. 10, Issue 1, 2016.

Clem Maidment, Pat Mitchell and Amanda Westlake, "Measuring Aquatic Organic Pollution by the Permanganate Value Method", *Journal of Biological Education*, Vol. 31, Issue 2, 1997.

Cohen M. A., Shimshack J. P. "Monitoring, Enforcement and the Choice of Environmental Policy Instruments", *Encyclopedia of Environmental Law: Policy Instruments in Environmental Law*, 2017.

Corwin Matthew Zigler and Francesca Dominici, "Point: Clarifying Policy Evidence with Potential-Outcomes Thinking—Beyond Exposure-Response Estimation in Air Pollution Epidemiology", *American Journal of Epidemiology*, Vol. 180, Issue 12, 2011.

Dalia Ghanem and Junjie Zhang, "'Effortless Perfection': Do Chinese Cities Manipulate Air Pollution Data?", *Journal of Environmental Economics and Management*, Vol. 68, Issue 2, 2014.

Daniel L. Millimet, "Environmental Abatement Costs and Establishment Size", *Contemporary Economic Policy*, Vol. 21, Issue 3, 2003.

Daniel L. Millimetand Jayjit Roy, "Empirical Tests of the Pollution Haven Hypothesis When Environmental Regulation is Endogenous", *Journal of Applied Econometrics*, Vol. 31, Issue 4, 2016.

Daozhi Zeng and Laixun Zhao, "Pollution havens and industrial agglomeration", *Journal of Environmental Economics and Management*, Vol. 58, Issue 2, 2009.

David M. Konisky and Neal D. Woods, "Environmental Free Riding in State Water Pollution Enforcement", *State Politics and Policy Quarterly*, Vol. 12, 2012.

David P. Baron and David Besanko, "Regulation, Asymmetric Information and Auditing", *Rand Journal of Economics*, Vol. 15, 1984.

David Popp and Richard Newell, "Where does Energy R&D Come from? Examining Crowding out from Energy R&D", *Energy Economics*,

Vol. 34, Issue 4, 2012.

David Simpson, "Do Regulators Overestimate the Costs of Regulation?", *Journal of Benefit-Cost Analysis*, Vol. 5, Issue 2, 2014.

Derek K. Kellenberg, "An Empirical Investigation of the Pollution Haven Effect with Strategic Environment and Trade Policy", *Journal of International Economics*, Vol. 78, Issue 2, 2009.

Dietrich Earnhart, "Regulatory Factors Shaping Environmental Performance at Publicly-owned Treatment Plants", *Journal of Environmental Economics and Management*, Vol. 48, No. 1, 2004.

Donald C. Clarke, "China's Legal System and the WTO: Prospects for Compliance", *Washington University Global Study Law Review*, Vol. 2, Issue 1, 2003.

Ebru Alpay, Steven Buccola and Joe Kerkvliet, "Productivity Growth and Environmental Regulation in Mexican and U. S. Food Manufacturing", *American Journal of Agricultural Economics*, Vol. 84, Issue 4, 2002.

Edward P. Lazear, "Performance Pay and Productivity", *American Economic Review*, Vol. 90, Issue 5, 2000.

Eric Maskin, "Mechanism Design: How to Implement Social Goals", *American Economic Review*, Vol. 98, Issue 3, 2008.

Eric Sjöberg and Jing Xu, "An Empirical Study of US Environmental Federalism: RCRA Enforcement from 1998 to 2011", *Ecological Economics*, Vol. 147, 2018.

Esther Duflo, "Schooling andLabor Market Consequences of School Construction in Indonesia: Evidence from an Unusual Policy Experiment", *American Economic Review*, Issue 91, 2001.

Esther Duflo, Michael Greenstone, Rohini Pande and Nicholas Ryan, "Truth-Telling by Third-Party Auditors and the Response of Polluting Firms: Experimental Evidence from India", *Quarterly Journal of Economics*, Vol. 128, Issue 4, 2013.

Eun-Hee Kim and Thomas P. Lyon, "Greenwash vs. Brownwash: Exaggeration and Undue Modesty in Corporate Sustainability Disclosure", *Organization Science*, Vol. 26, Issue 3, 2015.

Francesc Dilmé and Daniel F. Garrett, "Residual Deterrence", *CESifo Area Conference on Applied Microeconomics*, 2015.

Francesco Testa, Fabio Iraldo and Marco Frey, "The Effect of Environmental Regulation on Firms' Competitive Performance: The Case of the Building and Construction Sector in Some EU Regions", *Journal of Environmental Management*, Vol. 92, Issue 9, 2011.

Frank M. Gollop and Mark J. Roberts, "Environmental Regulations and Productivity Growth: The Case of Fossil-Fueled Electric Power Generation", *Journal of Political Economy*, Vol. 91, Issue 4, 1983.

Franklin Allen, Jun Qian and Meijun Qian, "Law, finance, and economic growth in China", *Journal of Financial Economics*, Vol. 77, Issue 1, 2005.

Fred Kofman and Jacques Lawarree, "Collusion in Hierarchical Agency", *Econometrica*, Vol. 61, Issue 3, 1993.

Frøystein Gjesdal, "Accounting for Stewardship", *Journal of Accounting Research*, Vol. 19, Issue 1, 1981.

Gary S. Becker, "Crime and Punishment: An Economic Approach", *Journal of Political Economy*, Vol. 76, Issue 2, 1968.

Genia Kostka, "Command without control: The Case of China's Environmental Target System", *Regulation & Governance*, Vol. 10, 2016.

George A. Akerlof, "The Market for 'Lemons': Quality Uncertainty and the Market Mechanism", *The Quarterly Journal of Economics*, Vol. 7, Issue 16, 1970.

George Kassinis and Nikos Vafeas, "Stakeholder Pressures and Environmental Performance", *Academy of Management Journal*, Vol. 49, Issue 1, 2006.

Greenstone M., Hornbeck R., Moretti E., "Identifying Agglomeration Spillovers: Evidence from Winners and Losers of Large Plant Openings",

Journal of Political Economy, Vol. 118, Issue 3, 2010.

Gregory Lewis and Patrick Bajari, "Moral Hazard, Incentive Contracts, and Risk: Evidence from Procurement", *Review of Economic Studies*, Vol. 81, Issue 3, 2011.

Gunnar S. Eskeland and Ann E. Harrison, "Moving to Greener Pastures? Multinationals and the Pollution Haven Hypothesis", *Journal of Development Economics*, Vol. 70, Issue 1, 2003.

Haitao Yin, Alex Pfaff and Howard Kunreuther, "Can Environmental Insurance Succeed Where Other Strategies Fail? The Case of Underground Storage Tanks", *Risk Analysis*, Vol. 31, Issue 1, 2011.

Haitao Yin, Howard Kunreuther and Matthew W. White, "Risk-Based Pricing and Risk-Reducing Effort: Does the Private Insurance Market Reduce Environmental Accidents?", *Journal of Law and Economics*, Vol. 54, Issue 2, 2011.

Han Shi and Lei Zhang, "China's Environmental Governance of Rapid Industrialization", *Environmental Politics*, Vol. 15, Issue 2, 2006.

Hanna Hottenrott and Sascha Rexhäuser, "Policy-Induced Environmental Technology and Inventive Efforts: Is There a Crowding Out?", *Industry and Innovation*, Vol. 22, Issue 5, 2015.

Haoyi Wu, Huanxiu Guo, Bing Zhang and MaoliangBu, "Westward Movement of New Polluting Firms in China: Pollution Reduction Mandates and Location Choice", *Journal of Comparative Economics*, Vol. 45, 2017.

Hilary Sigman, "Midnight Dumping: Public Policies and Illegal Disposal of Used Oil", *Rand Journal of Economics*, Vol. 29, Issue 1, 1998.

Hongbin Cai and Qiao Liu, "Competition and Corporate Tax Avoidance: Evidence from Chinese Industrial Firms", *Economic Journal*, Vol. 119, Issue 537, 2009.

Hongbin Li and Li-an Zhou, "Political Turnover and Economic Performance: The Incentive Role of Personnel Control in China", *Journal of Public Economics*, Vol. 89, Issue 9 – 10, 2005.

Howard C. Kunreuther, Patrick J. McNulty and Yong Kang, "Third-party Inspection as an Alternative to Command and Control Regulation", *Risk Analysis*, Vol. 22, Issue 2, 2002.

Howard Frant, "High-Powered and Low-Powered Incentives in the Public Sector", *Journal of Public Administration Research and Theory*, Vol. 6, Issue 3, 1996.

Hua Wang and Yanhong Jin, "Industrial Ownership and Environmental Performance: Evidence from China", *Environmental and Resource Economics*, Vol. 36, Issue 3, 2007.

Hua Wang, Nlandu Mamingi, Benoit Laplante and Susmita Dasgupta, "IncompleteEnforcement of Pollution Regulation: Bargaining Power of Chinese Factories", *Environmental and Resource Economics*, Vol. 24, Issue 3, 2003.

Hurwicz L. "Optimality and Informational Efficiency in Resource Allocation Processes", *Mathematical Models in the Social Sciences*, 1960.

Ian Jewitt, "Justifying the First-Order Approach to Principal-Agent Problems", *Econometrica*, Vol. 56, Issue 5, 1988.

Imbens G. M., Wooldridge J. M. Recent Development in the Econometrics of Program Evaluation. *NBER Working Papers* 14251, National Bureau of Economic Research, 2008.

Inés Macho-Stadler and DavidPérez-Castrillo, "Optimal Enforcement Policy and Firms' Emissions and Compliance with Environmental Taxes", *Journal of Environmental Economics and Management*, Vol. 51, Issue 1, 2006.

Ines Macho-Stadler, "Environmental Regulation: Choice of Instruments under Imperfect Compliance", *Spanish Economic Review*, Vol. 10, Issue 1, 2008.

Ingo Walter and Judith L. Ugelow, "Environmental Policies in Developing Countries", *Ambio*, Vol. 8, Issue 2/3, 1979.

Ingo Walter, "Environmentally Induced Industrial Relocation to Development Countries", *Environment and Trade*, 1982.

Ingo Walter, "The Pollution Content of American Trade", *Western Economic Journal*, 1973.

In-Koo Cho and David M. Kreps, "Signaling Games and Stable Equilibria", *Quarterly Journal of Economics*, Vol. 102, Issue 2, 1987.

Irene Henriques and Perry Sadorsky, "The Determinants of an Environmentally Responsive Firm: An Empirical Approach", *Journal of Environmental Economics & Management*, Vol. 30, Issue 3, 1996.

J. B. Smith and W. A. Sims, "The Impact of Pollution Charges on Productivity Growth in Canadian Brewing", *Rand Journal of Economics*, Vol. 16, Issue 3, 1985.

J. Vernon Henderson, "Effects of Air Quality Regulation", *American Economic Review*, Vol. 86, Issue 4, 1996.

James A. Mirrlees, "The Optimal Structure of Incentives and Authority within an Organization", *Bell Journal of Economics*, Vol. 7, Issue 1, 1976.

James Alm and Jay Shimshack, "Environmental Enforcement and Compliance: Lessons from Pollution, Safety, and Tax Settings", *Foundations and Trends in Microeconomics*, Vol. 10, Issue 4, 2014.

James Belke. "The Case for Voluntary Third-Party Risk Management Program Audits", *Working Paper*, 2001.

James E. Monogan, David M. Konisky and Neal D Woods, "Gone with the Wind: Federalism and the Strategic Location of Air Polluters", *American Journal of Political Science*, Vol. 47, 2017.

James. A. Mirrlees, "The Optimal Structure of Incentives and Authority within an Organization", *Bell Journal of Economics*, Vol. 7, Issue 1, 1976.

Jay P. Shimshack and Michael B. Ward, "Enforcement and Over-compliance", *Journal of Environmental Economics and Management*, Vol. 55, Issue 1, 2008.

Jay P. Shimshack and Michael B. Ward, "Regulator Reputation, Enforcement, andEnvironmental Compliance", *Journal of Environmental Economics and Management*, Vol. 50, Issue 3, 2005.

Jay P. Shimshack, "The Economics of Environmental Monitoring and Enforcement", *Annual Review of Resource Economics*, Vol. 6, Issue 1, 2014.

Jean-Marie Grether, Nicole A. Mathys and Jaime De Melo, "Unraveling the Worldwide Pollution Haven Effect", *The Journal of International Trade & Economic Development*, Vol. 21, Issue 1, 2012.

Jeffrey S. Banks and Joel Sobel, "Exploring the Locus of Profitable Pollution Reduction", *Management Science*, Vol. 55, Issue 3, 1987.

Jeremy J. Hall. "Direct versus Indirect Goal Conflict and Governmental Policy: Examining the Effect of Goal Multiplicity on Policy Change", *Working Paper*, 2007.

Jérôme Foulon, Paul Lanoie and Benoît Laplante, "Incentives for Pollution Control: Regulation or Information?", *Journal of Environmental Economics and Management*, Vol. 44, No. 1, 2002.

Jiahua Che, Kim-Sau Chung and Yang K. Lu, "Decentralization and Political Career Concerns", *Journal of Public Economics*, Vol. 145, 2017.

Jiankun Lu and Pi-Han Tsai, "Signal and Political Accountability: Environmental Petitions in China", *Economics of Governance*, Vol. 4, 2017.

JiannanWu, MengmengXu and PanZhang, "The Impact of Governmental Performance Assessment Policy and Citizen Participation on Improving Environmental Performance across Chinese Provinces", *Journal of Cleaner Production*, Vol. 184, 2018.

Jie He, "Pollution Haven Hypothesis and Environmental Impacts of Foreign Direct Investment: The Case of Industrial Emission of Sulfur Dioxide (SO_2) in Chinese Provinces", *Ecological Economics*, Vol. 60, Issue 1, 2006.

Jintian Yang and Jeremy Schreifels, "Implementing SO_2 Emissions Trading in China", *OECD Global Forum on Sustainable Development*: *Emissions Trading*, *Paris*: *OECD Global Forum on Sustainable Development*: *Emission Trading*, 2003.

Jitao Tang, "Testing the Pollution Haven Effect: Does the Type of FDI Matter?", *Environmental & Resource Economics*, Vol. 60, Issue 4, 2015.

Joel S. Demski and David E. M. Sappington, "Hierarchical Regulatory Control", *Rand Journal of Economics*, Vol 18, Issue 3, 1987.

Joëlle Noailly and Roger Smeets, "Directing Technical Change from Fossil-fuel to Renewable energy innovation: An Application Using Firm-level Patent Data", *Journal of Environmental Economics and Management*, Vol. 72, 2015.

Johan Brolund and Robert Lundmark. "Effect of Environmental Regulation Stringency on the Pulp and Paper Industry", *Sustainability*, Vol. 9, Issue 12, 2017.

John A. List and Catherine Y. Co, "The Effects of Environmental Regulations on Foreign Direct Investment", *Journal of Environmental Economics & Management*, Vol. 40, Issue 1, 2000.

John G. Riley, "Informational Equilibrium", *Econometrica*, Vol. 47, Issue 2, 1979.

John G. Riley, "Silver Signals: Twenty-Five Years of Screening and Signaling", *Journal of Economic Literature*, Vol. 39, Issue 2, 2001.

Jonathan Morduch and Terry Sicular, "Rethinking Inequality Decomposition, with Evidence from Rural China", *Economic Journal*, Vol. 112, Issue 476, 2002.

Josh Ederington, Arik Levinson and Jenny Minier, "Footloose and Pollution-Free", *Review of Economics & Statistics*, Vol. 87, Issue 1, 2005.

Judith M. Dean, Mary E. Lovely and Hua Wang, "Are Foreign Investors Attracted to Weak Environmental Regulations? Evaluating the Evidence from China", *Journal of Development Economics*, Vol. 90, 2009.

Julia Tao and Daphne Ngar-Yin Mah, "Between market and state: dilemmas of environmental governance in China's sulphur dioxide emission trading system", *Environment & Planning C Government & Policy*, Vol. 27, Issue 1, 2009.

Julie Doonan, Paul Lanoie and Benoit Laplante, "Determinants of Environmental Performance in the Canadian Pulp and Paper Industry: An Assessment from Inside the Industry", *Ecological Economics*, Vol. 55, Issue 1, 2005.

Junguo Liu and Hong Yang, "China Fights Against Statistical Corruption", *Science*, Vol. 325, Issue 5941, 2009.

Karen Fisher-Vanden, Erin T. Mansur and Qiong (Juliana) Wang, "Electricity Shortages and Firm Productivity: Evidence from China's Industrial Firms", *Journal of Development Economics*, Vol. 144, 2015.

Karen Palmer, Wallace E Oates and Paul R Portney, "Tightening Environmental Standards: The Benefit-Cost or the No-Cost Paradigm?", *Journal of Economic Perspectives*, Vol. 9, Issue 4, 1995.

Kathryn A. McDermott, "Capacity, and Implementation: Evidence from Massachusetts Education Reform", *Journal of Public Administration Research and Theory*, Vol. 16, Issue 1, 2006.

Kathryn Harrison, "Is Cooperation the Answer? Canadian Environmental Enforcement in Comparative Context", *Journal of Policy Analysis and Management*, Vol. 14, No. 2, 1995.

Kevin J. O' Brien and Lianjiang Li, "Selective Policy Implementation in Rural China", *Comparative Politics*, Vol. 31, Issue 2, 1999.

Klaus Conrad, "Taxes and Subsidies for Pollution-Intensive Industries as Trade Policy", *Journal of Environmental Economics and Management*, Vol. 25, Issue 25, 1993.

Kouroche Vafai, "Preventing Abuse of Authority in Hierarchies", *International Journal of Industrial Organization*, Vol. 20, Issue 8, 2008.

Lana Friesen and Dietrich Earnhart, "The Effects of Regulated Facilities' Perceptions about the Effectiveness of Government Interventions on Environmental Compliance", *Ecological Economics*, Vol. 142, 2017.

Lana Friesen, "Targeting Enforcement to Improve Compliance with Environmental Regulations", *Journal of Environmental Economics and Management*, Vol. 46, Issue 1, 2003.

Leonid Hurwicz, "The Design of Mechanisms for Resource Allocation", *American Economic Review*, Vol. 63, Issue 2, 1973.

Linda C. Angell and Robert D. Klassen, "Integrating Environmental Issues into theMainstream: An Agenda for Research in Operations Management", *Journal of Operations Management*, Vol. 17, Issue 5, 1999.

Lopamudra Chakraborti, "Do Plants' Emissions Respond to Ambient Environmental Quality? Evidence from the Clean Water Act", *Journal of Environmental Economics and Management*, Vol. 79, 2016.

Loren Brandt, Johannes Van Biesebroeck and Yifan Zhang, "Creative Accounting or Creative Destruction? Firm-Level Productivity Growth in Chinese Manufacturing", *Journal of Development Economics*, Vol. 97, Issue 2, 2012.

Lucas R. F. Henneman, Cong Liu, James A. Mulholland and Armistead G. Russell, "Evaluating the Effectiveness of Air Quality Regulations: A Review of Accountability Studies and Frameworks", *Air Repair*, Vol. 67, Issue 2, 2017.

Luke Clancy, Pat Goodman, Hamish Sinclair and Douglas W. Dockery, "Effect of Air-pollution Control on Death Rates in Dublin, Ireland: An Intervention Study", *Lancet*, Vol. 360, Issue 9341, 2002.

Lyon T., Yao Lu, Xinzheng Shi, et al., "How Do Investors Respond to Green Company Awards in China?", *Ecological Economics*, Vol. 94, Issue 5, 2013.

M. N. Murty and S. Kumar, "Win-win Opportunities and Environmental Regulation: Testing of Porter Hypothesis for Indian Manufacturing Industries", *Journal of Environmental Management*, Vol. 67, Issue 2, 2003.

M. R. Silva, M. A. Z. Coelho and O. Q. F., "Minimization of Phenol and

Ammoniacal Nitrogen in Refinery Wastewater Employing Biological Treatment", *Revista De Engenharia Térmica*, Issue 1, 2002.

Madhu Khanna and William Rose Q. Anton, "Corporate Environmental Management: Regulatory and Market-Based Incentives", *Land Economics*, Vol. 78, Issue 4, 2002.

Magali A. Delmas and Michael W. Toffel, "Organizational Responses to Environmental Demands: Opening the Black Box", *Strategic Management Journal*, Vol. 29, Issue 10, 2008.

Marc J. Roberts and Suan O. Farrell, "The Political Economy of Implementation: The Clean Air Act and Stationary Sources", *Approaches to Controlling Air Pollution*, 1978.

Maria Edin, "State Capacity and Local Agent Control in China: CCP Cadre Management from a Township Perspective", *China Quarterly*, Vol. 173, Issue 173, 2003.

Marianne Bertrand, Simeon Djankov, Rema Hanna and Sendhil Mullainathan, "Obtaining a Driver's License in India: An Experimental Approach to Studying Corruption", *The Quarterly Journal of Economics*, Vol. 122, Issue 4, 2007.

Mark A. Cohen and Jay Shimshack, "Monitoring, Enforcement and the Choice of Environmental Policy Instruments", *Encyclopedia of Environmental Law: Policy Instruments in Environmental Law*, 2017.

Mark A. Cohen, "Monitoring and Enforcement of Environmental Policy", *Social Science Electronic Publishing*, 1998.

Mark Beeson, "The Coming of Environmental Authoritarianism", *Geographical Research*, Vol. 19, 2010.

Martin L. Weitzman, "Efficient Incentive Contracts", *The Quarterly Journal of Economics*, Vol. 94, Issue 4, 1980.

Mary E. Deily and Wayne B. Gray, "Enforcement of Pollution Regulations in a Declining Industry", *Journal of Environmental Economics and Management*, Vol. 21, Issue 3, 1991.

Matthew A. Cole and Robert J. R. Elliott, "FDI and the Capital Intensity of 'Dirty' Sectors: A Missing Piece of the Pollution Haven Puzzle", *Review of Development Economics*, Vol. 9, Issue 4, 2005.

Matthew E. Kahn, Pei Li and Daxuan Zhao, "Water Pollution Progress at Borders: The Role of Changes in China's Political Promotion Incentives", *American Economic Journal Economic Policy*, Vol. 7, Issue 4, 2015.

Maureen L Cropper and Wallace E Oates, "Environmental Economics: A Survey", *Journal of Economic Literature*, Vol. 30, Issue 2, 1992.

Mehrotra A. , "To Host or Not to Host? A Comparison Study on the Long-Run Impact of the Olympic Games", *Michigan Journal of Business*, Vol. 5, Issue 2, 2012.

Meredith Fowlie, "Emissions Trading, Electricity Restructing, and Investment in Pollution Abatement", *American Economic Review*, Vol. 100, Issue 3, 2010.

Michael E Porter and Linde Claas van der, "Toward a New Conception of the Environment-Competitiveness Relationship", *Journal of Economic Perspectives*, Vol. 9, Issue 4, 1995.

Michael G. O'Loughlin, "What Is Bureaucratic Accountability and How Can We Measure It?", *Administration & Society*, Vol. 22, Issue 3, 1990.

Michael Greenstone and Rema Hanna, "Environmental Regulations, Air and Water Pollution, and Infant Mortality in India", *American Economic Review*, Vol. 104, Issue 10, 2014.

Michael Greenstone, "The Impacts of Environmental Regulations on Industrial Activity: Evidence from the 1970 and 1977 Clean Air Act Amendments and the Census of Manufactures", *Journal of Political Economy*, Vol. 110, Issue 6, 2002.

Michael Greenstone, John A. List and Chad Syverson, "The Effects of Environmental Regulation on the Competitiveness of U. S. Manufacturing", NBER *Working Papers*, Issue 18392, 2012.

Michael Rothschild and Joseph Stiglitz, "Equilibrium in Competitive Insur-

ance Markets: An Essay on the Economics of Imperfect Information",
Quarterly Journal of Economics, Vol. 90, Issue 4, 1976.

Michael Spence and Richard Zeckhauser, "Insurance, Information and In-
dividual Action", *American Economic Review Papers and Proceedings*,
Vol. 61, 1971.

Milton Harris and Artur Raviv, "Optimal incentive contracts with imperfect
information", *Journal of Economic Theory*, Vol. 20, Issue 2, 1979.

Minghui Tao, Liangfu Chen, Xiaozhen Xiong, Meigen Zhang, Pengfei Ma,
Jinhua Tao and Zifeng Wang, "Formation Process of the Widespread Ex-
treme Haze Pollutionover Northern China in January 2013: Implications
for Regional Air Quality and Climate", *Atmospheric Environment*,
Vol. 98, 2014.

Mitsutsugu Hamamoto, "Environmental Regulation and the Productivity of
Japanese Manufacturing Industries", *Resource and Energy Economics*,
Vol. 28, Issue 4, 2006.

Motoko Aizawa and Chaofei Yang, "Green Credit, Green Stimulus, Green
Revolution? China's Mobilization of Banks for Environmental Cleanup",
Journal of Environment and Development, Vol. 19, Issue 2, 2010.

Naoki Shiota, "Tax Compliance and Workability of the Pricing and Stand-
ards Approach", *Environmental Economics and Policy Studies*, Vol. 9,
Issue 3, 2008.

Nick Johnstone, Shunsuke Managi, Miguel Cárdenas Rodríguez, Ivan Hašč
iš, Hidemichi Fujii and Martin Souchier, "Environmental Policy Eesign,
Innovation and Efficiency Gains in Electricity Generation", *Energy Eco-
nomics*, Vol. 63, 2017.

OECD. *Environmental Compliance and Enforcement in China: An Assessment
of Current Practices and Ways Forward*, Paris, France: OECD Publish-
ing, 2006.

Paul Lanoie, Michel Patry and Richard Lajeunesse, "Environmental Regu-
lation and Productivity: Testing the Porter Hypothesis", *Journal of Pro-*

ductivity Analysis, Vol. 30, Issue 2, 2008.

Pei Li, Yi Lu and Jin Wang, "Does Flattening Government Improve Economic Performance?", *Journal of Development Economics*, Vol. 123, 2016.

Per G. Fredriksson, "The Political Economy of Trade Liberalization and Environmental Policy", *Southern Economic Journal*, Vol. 65, Issue 3, 1999.

Philippe Aghion, Antoine Dechezleprêtre, David Hemous, Ralf Martin and John Van Reenen, "Carbon Taxes, Path Dependency and Directed Technical Change: Evidence from the Auto Industry", *Journal of Political Economy*, Vol. 124, Issue 1, 2016.

Pierre Landry, "The Political Management of Mayors in Post-Deng China The Political Management of Mayors in Post-Deng China", *Copenhagen Journal of Asian Studies*, Vol. 17, Issue 17, 2003.

Randy Becker and Vernon Henderson, "Effects of Air Quality Regulations on Polluting Industries", *Journal of Political Economy*, Vol. 108, Issue 2, 2000.

Raymond Li and Guy C. K. Leung, "Coal Consumption and Economic Growth in China", *Energy Policy*, Vol. 40, Issue 1, 2012.

Ricardo A. López and Roberto Alvarez, "Exporting and Performance: Evidence from Chilean Plants", *Canadian Journal of Economics*, Vol. 38, Issue 4, 2005.

Richard D. Morgenstern, Winston Harrington, Jhih-Shyang Shih and Michelle L. Bell, "Accountability Analysis of Title IV Phase 2 of the 1990 Clean Air Act Amendments", *Res Rep Health Eff Inst*, Vol. 538, Issue 168, 2012.

Richard Damania, Per G. Fredriksson and John A. Liste, "Trade Liberalization, Corruption, and Environmental Policy Formation: Theory and Evidence", *Journal of Environmental Economics and Management*, Vol. 46, Issue 3, 2003.

Richard Schmalensee, Paul L. Joskow, A. Denny Ellerman, Juan Pablo Montero and Elizabeth M. Bailey, "An Interim Evaluation of Sulfur Dioxide Emissions Trading", *Journal of Economic Perspectives*, Vol. 12, Issue 3, 1998.

Robert E. Kohn, "The Limitations of Pigouvian Taxes as a Long-run Remedy for Externalities: Comment", *The Quarterly Journal of Economics*, Vol. 101, Issue 3, 1986.

Robert L. Glicksman and Dietrich H. Earnhart, "The Comparative Effectiveness of Government Interventions on Environmental Performance in the Chemical Industry", *Stanford Environmental Law Journal*, 2007.

Robert N. Stavins, "Transaction Costs and Tradable Permits", *Journal of Environmental Economics and Management*, Vol. 29, Issue 29, 1995.

Robert S. Main, "Simple Pigovian Taxes vs. Emission Fees to Control Negative Externalities: A Pedagogical Note", *The American Economist*, Vol. 12, Issue 3, 2010.

Robert W. Hahn, "Market Power and Transferable Property Rights", *Quarterly Journal of Economics*, Vol. 99, Issue 4, 1984.

Robert Wilson, The Structure of Incentive for Decentralization under Uncertainty, *Editions du Centre national de la recherché scientifique*, 1969.

Roberta Dessí, "Implicit Contracts, Managerial Incentives, and Financial Structure", *Journal of Economics and Management Strategy*, Vol. 10, Issue 3, 2001.

Roland N. Mckean, "Enforcement Costs in Environmental and Safety Regulation", *Policy Analysis*, Vol. 6, Issue 3, 1980.

Rolf Bommer and Gunther G Schulze, "Environmental Improvement with Trade Liberalization", *European Journal of Political Economy*, Vol. 15, Issue 4, 1999.

Ronald H Coase, "The Problem of Social Cost", *Journal of Law and Economics*, Vol. 2, 1960.

Ronghui Xie, YijunYuan and Jingjing Huang, "Different Types of Environmental Regulations and Heterogeneous Influence on 'Green' Productivity: Evidence from China", *Ecological Economics*, Vol. 132, 2017.

Roy Radner, "Monitoring Cooperative Agreements in a Repeated Principal-Agent Relationship", *Econometrica*, Vol. 49, Issue 3, 1981.

Ruxi Wang, Frank Wijen and Pursey P. M. A. R. Heugens, "Government's Green Grip: Multifaceted State Influence on Corporate Environmental Actions in China", *Strategic Management Journal*, Vol. 29, Issue 2, 2018.

Samuel Bowles and Sandra Polanis-Reyes, "Economic Incentives and Social Preferences: Substitutes or Complements?", *Journal of Economic Literature*, Vol. 50, Issue 2, 2012.

Sanford J. Grossman and Oliver D. Hart, "An Analysis of the Principal-Agent Problem", *Econometrica*, Vol. 51, Issue 1, 1983.

Sarah L. Stafford, "The Effect of Punishment on Firm Compliance with Hazardous Waste Regulations", *Journal of Environmental Economics and Management*, Vol. 44, Issue 2, 2002.

Seung-Hyun Hong, "Measuring the Effect of Napster on Recorded Music Sales: Difference-in-Differences Estimates Under Compositional Changes", *Journal of Applied Econometrics*, Vol. 28, Issue 2, 2013.

Shui-Yan Tang, Carlos Wing-Hung Lo and Gerald E Fryxell. "Enforcement Styles, Organizational Commitment, and Enforcement Effectiveness: An Empirical Study of Local Environmental Protection Officials in Urban China", *Environment and Planning A*, Vol. 35, Issue 1, 2003.

Shulan Wang, Jian Gao, Yuechong Zhang, Jingqiao Zhang, Fahe Cha, Tao Wang, Chun Ren and Wenxing Wang, "Impact of Emission Control on Regional Air Quality: An Observational Study of Air Pollutants Before, During and After the Beijing Olympic Games", *Journal of Environmental Sciences*, Vol. 26, Issue 1, 2014.

Sigman H., "International Spillovers and Water Quality in Rivers: Do Countries Free Ride?", *American Economic Review*, Vol. 92, Issue

4, 2002.

Silvia Albrizio, Tomasz Koźluk and Vera Zipperer, "Environmental Policies and productivity growth: Evidence across industries and firms", *Journal of Environmental Economics and Management*, Vol. 81, 2017.

Smita B. Brunnermeier and Arik Levinson, "Examining the Evidence on Environmental Regulations and Industry Location", *The Journal of Environment & Development*, Vol. 13, Issue 1, 2004.

Stanley Baiman, John H. Evans and James Noel, "Optimal Contracts with a Utility-Maximizing Auditor", *Journal of Accounting Research*, Vol. 25, Issue 2, 1987.

Stefanos Zenios and Erica L. Plambeck, "Performance-Based Incentives in a Dynamic Principal-Agent Model", *Manufacturing and Service Operations Management*, Vol. 2, Issue 3, 2002.

Stephen A Ross, "The Economic Theory of Agency: The Principal's Problem", *American Economic Review*, Vol. 63, Issue 2, 1973.

Steven J. Schueth, "Investing in Tomorrow", GEMI Conference Proceedings- Corporate Quality Environmental Management II: Measurements and Communications. *Global Environmental Management Initiative*, 1992.

Suk Bong Choi, Soo Hee Lee and Christopher Williams, "Ownership and Firm Innovation in a Transition Economy: Evidence from China", *Research Policy*, Vol. 40, Issue 3, 2011.

Susan Hayes Whiting, "The Micro-Foundations of Institutional Change in Reform China: Property Rights and Revenue Extraction in the Rural Industrial Sector", *University of Michigan Theses*, 1995.

Thomas J. Dean, Robert L. Brown and Victor Stango, "Environmental Regulation as a Barrier to the Formation of Small Manufacturing Establishments: A Longitudinal Examination", *Journal of Environmental Economics and Management*, Vol. 40, Issue 1, 2000.

Tracy R. Lewis and David E. M. Sappington, "Penalizing Success in Dynamic Incentive Contracts: No Good Deed Goes Unpunished?", *The*

RAND Journal of Economics, Vol. 28, Issue 2, 1997.

Uri Gneezy, Stephan Meier and Pedro Rey-Biel, "When and Why Incentives (Don't) Work to Modify Behavior", *Journal of Economic Perspectives*, Vol. 25, Issue 4, 2011.

Vaughan William J., Harrington, Winston Russell and Clifford S: Enforcing Pollution Control Laws. *RFF Press*, 1986.

Virginia D. McConnell and Robert M. Schwab, "The Impact of Environmental Regulation on Industry Location Decisions: The Motor Vehicle Industry", *Land Economics*, Vol. 66, Issue 1, 1990.

Wayne B. Gray and Jay P. Shimshack, "The Effectiveness of Environmental Monitoring and Enforcement: A Review of the Empirical Evidence", *Review of Environmental Economics and Policy*, Vol. 5, Issue 1, 2011.

Wayne B. Gray and Ronald J. Shadbegian, "Plant Vintage, Technology, and Environmental Regulation", *Journal of Environmental Economics and Management*, Vol. 46, Issue 3, 2003.

Wayne B. Gray and Ronald J. Shadbegian, "The Environmental Performance of Polluting Plants: A Spatial Analysis", *Journal of Regional Science*, Vol. 47, Issue 1, 2007.

Wesley A. Magat and W. Kip Viscusi, "Effectiveness of the EPA's Regulatory Enforcement: The Case of Industrial Effluent Standards", *Journal of Law & Economics*, Vol. 33, No. 2, 1990.

William P. Rogerson, "The First-Order Approach to Principal-Agent Problems", *Econometrica*, Vol. 53, Issue 6, 1985.

Winston Harrington, Richard D. Morgenstern and Peter Nelson, "On the Accuracy of Regulatory Cost Estimates", *Journal of Policy Analysis and Management*, Vol. 19, Issue 2, 2000.

Xiaodong Xu, Saixing Zeng and Chiming Tam, "Stock Market's Reaction to Disclosure of EnvironmentalViolations: Evidence from China", *Journal of Business Ethics*, Vol. 107, No. 2, 2012.

Xiaofeng Huang, Xiang Li, Lingyan He, Ning Feng, Min Hu, Yuwen Niu and Liwu Zeng, "5 – Year Study of Rainwater Chemistry in a Coastal Mega-city in South China", *Atmospheric Research*, Vol. 97, Issue 1 – 2, 2010.

Xiaoli Zhao, Chunbo Ma and Dongyue Hong, "Why Did China's Energy Intensity Increase during 1998 – 2006: Decomposition and Policy Analysis", *Energy Policy*, Vol. 38, Issue 3, 2010.

Xingyao Shen, "Do Local Government-Industry Linkages Affect Air Quality? Evidence from Cities in China", *Massachusetts Institute of Technology Theses*, 2017.

Xiqian Cai, Yi Lu, Mingqin Wu and Linhui Yu, "Does Environmental Regulation Drive Away Inbound Foreign Direct Investment? Evidence from a Quasi-natural Experiment in China", *Journal of Development Economics*, Vol. 123, 2016.

Yana Rubashkina, Marzio Galeotti and Elena Verdolini, "Environmental Regulation and Competitiveness: Empirical Evidence on the Porter Hypothesis from European Manufacturing Sectors", *Energy Policy*, Vol. 83, Issue 35, 2015.

Yang Yao and Muyang Zhang, "Subnational Leaders and Economic Growth: Evidence from Chinese Cities", *Journal of Economic Growth*, Vol. 20, 2015.

Ye Qi, Lingyun Zhang, "Local Environmental Enforcement Constrained by Central-Local Relations in China", *Environmental Policy and Governance*, Vol. 24, Issue 3, 2014.

Yi Lu and Zhigang Tao, "Contract Enforcement and Family Control of Business: Evidence from China", *Journal of Comparative Economics*, Vol. 37, Issue 4, 2009.

Yu-Bong Lai, "Auctions or Grandfathering: The Political Economy of Tradable Emission Permits", *Public Choice*, Vol. 136, Issue 1 – 2, 2008.

YuejunZhang, Zhao Liu, Changxiong Qin and TaideTan, "The Direct and Indirect CO_2 Rebound Effect for Private Cars in China", *Energy Policy*,

Vol. 100, 2017.

Yuquing Xing and Charles D. Kolstad, "Do Lax Environmental Regulations Attract Foreign Investment?", *Environmental and Resource Economics*, Vol. 21, Issue 1, 2002.

Yuyu Chen, Ginger Zhe Jin, Naresh Kumar and Guang Shi, "The Promise of Beijing: Evaluating the Impact of the 2008 Olympic Games on Air Quality", *Journal of Environmental Economics and Management*, Vol. 66, Issue 3, 2016.

Yvonne Jie Chen, Pei Li and Yi Lu, "Career Concerns and Multitasking Local Bureaucrats: Evidence of a Target-based Performance Evaluation System in China", *Journal of Development Economics*, 2018.

Zhaoguo Zhang, Xiaocui Jin, Qingxiang Yang and Yi Zhang, "An Empirical Study on the Institutional Factors of Energy Conservation and Emissions Reduction: Evidence from Listed Companies in China", *Energy Policy*, Vol. 57, Issue 3, 2013.

后　　记

环境规制实施中"有法不依、执法不严"的困局，在中国现阶段普遍存在。这导致中国虽然出台了越来越多的环境规制，但中国的突发环境案件仍然居高不下，环境污染仍长期得不到有效治理。产生这种现象的深层次原因是什么，如何提高环境规制实施的有效性，是中国当前亟待解决的重大问题。

本书基于行政问责的视角，对环境规制实施的有效性从理论到实证进行了研究。在理论层面，本书构建了基于行政问责的环境规制实施有效性的委托代理模型，论证了通过强化行政问责提升环境规制实施有效性的理论思路。在实证层面，本书以淮河流域领导干部水质目标责任考核制为例，从环境和经济两个角度对环境规制实施的有效性进行了实证研究。在政策层面，本书构建了领导干部审计监督型环境规制和领导干部自然资源资产责任审计制度框架。根据研究结论，本书提出了进一步提高中国环境规制有效性的政策建议。

上海交通大学安泰经济与管理学院尹海涛教授和上海财经大学公共经济与管理学院王峰教授在本书的撰写过程中给予了许多富有建设性的指导意见。同济大学政治与国际关系学院对本书的顺利出版给予了大力支持。同时我还要感谢我的父母，他们为我无私奉献多年，这本书的出版也算是我给他们的一份礼物。由于时间比较仓促，更重要的是自己水平有限，本书的缺点和错误在所难免，敬请谅解并批评指正。

李博英

2020 年 3 月于同济大学